城市水环境绿色基础设施的运营养护

许申来　韩志刚　周影烈　王永泉　刘奉喜　编著

科 学 出 版 社

北　京

内 容 简 介

城市水环境绿色基础设施的运营养护是继基础设施施工后的一项重要工作。本书着眼于居住小区、公共建筑区、工业区、城市道路、城市公园与广场、郊野公园与广场、水系7大类工程项目，将工程运营养护工作要点细化分解到6大类单项设施。本书系统介绍6类设施（渗滞设施、储存设施、调节设施、转输设施、截污净化设施、附属设施）的日常养护方案、季节养护方案、初期养护方案和病害养护方案等，同时介绍在线监测、模型模拟评估、管网检测及信息化等技术手段在运营维护工作中的应用，提出水环境基础设施智慧化运营维护解决方案。

本书内容丰富、简明实用、操作性强，可供水环境基础设施的设计人员、施工人员、监理人员、工程技术管理人员、运营养护技术人员日常工作使用，也可作为各类院校给排水、园林景观、环保等相关专业师生的参考用书。

图书在版编目（CIP）数据

城市水环境绿色基础设施的运营养护/许申来等编著. —北京：科学出版社，2019.11

ISBN 978-7-03-063206-7

Ⅰ. ①城… Ⅱ. ①许… Ⅲ. ①城市环境－水环境－基础设施－运营 ②城市环境－水环境－基础设施－维修 Ⅳ. ①TU99

中国版本图书馆CIP数据核字（2019）第250482号

责任编辑：惠 雪 曾佳佳/责任校对：杨聪敏

责任印制：徐晓晨/封面设计：许 瑞

科学出版社 出版

北京东黄城根北街16号

邮政编码：100717

http://www.sciencep.com

北京中石油彩色印刷有限责任公司 印刷

科学出版社发行 各地新华书店经销

*

2019年11月第 一 版 开本：720×1000 1/16

2019年11月第一次印刷 印张：16 1/2

字数：330 000

定价：129.00元

（如有印装质量问题，我社负责调换）

《城市水环境绿色基础设施的运营养护》
编 委 会

序

中国的城市化速度在不断加快，城市自然地表被人工不透水面分割，不仅增加城市内涝的风险，而且污染水环境。过去城镇化的建设都是遵循灰色基础设施建设模式的，从雨水的角度来说，主要实现雨水的快速排放及污染物的排放和转移。这种建设模式导致过去随着城市规模的迅速扩大，不透水表面以屋顶、道路、停车场等硬质铺装的形式急剧增加，降雨期间，水流从不透水表面迅速排放。为解决这些问题，国内外进行了一系列自然渗水储水和水环境治理的可持续发展路径的探索，如美国的雨洪最佳管理措施、低影响开发理念和绿色基础设施理念，英国的可持续排水系统，澳大利亚的水敏感城市设计和我国提出的海绵城市理念。海绵城市理念在学术界的首次提出是在该书作者韩志刚发表在《城市发展研究》期刊的文章《基于“生态海绵城市”构建的雨水利用规划研究》中，而这些理念面对城市复杂的水生态、水环境和水安全问题，都在反思以往灰色基础设施这类单一的工程措施，认为应该寻找更加多样、多尺度的自然生态方法，通过模拟自然生态系统，在源头吸收、减缓和过滤雨水，实现良性的城市水循环。将构建的生态水循环的绿色基础设施称为水环境绿色基础设施，反之为水环境灰色基础设施。

2013 年 12 月 12 日，习近平总书记在中央城镇化工作会议上提出利用“建设自然积存、自然渗透、自然净化的海绵城市”，实现雨水的资源化，这也是对水环境基础设施的一次革命性变更，使雨水工程建设从过去的仅仅依赖灰色基础设施向绿色基础设施的建设模式转变。国家高度重视水环境绿色基础设施的建设，财政部、住房和城乡建设部与水利部于 2015 年和 2016 年分别推出了两批共 30 个试点城市。同时水环境绿色基础设施的建设运动不光在试点城市中开展，全国各省市根据自身的城市建设和水资源情况，因地制宜地进行了水环境绿色基础设施的建设。迄今为止，绿色基础设施建设活动已启动五年多，多数海绵城市试点城市的水环境绿色基础设施也正式进入运营维护期。

水环境绿色基础设施行业学科综合性强，是集景观、市政、给排水、水利、水文、城市建设、地质等多个领域于一体的综合性学科。目前，全国范围内水环境绿色基础设施的运营维护并没有统一的标准和模式，造成多地水环境绿色基础设施建设完工后，有的城市按传统基础设施运营维护方法来进行，有的城市无章可循，进入运营困境，无法发挥基础设施的正常功能，违背建设初衷，甚至对城市排水系统和水环境治理建设起到了反作用。

我国幅员辽阔，各城市在水文、地理、环境、基础设施建设等方面都存在很大的差异。例如，位于北方地区的迁安市、庄河市、白城市等地，为北方寒冷地区，冬季有冻融的风险；位于长江三角洲地区的上海市、嘉兴市、镇江市、宁波市，地下水位高，土壤渗透率差；位于西北地区的西安市、西宁市、固原市等地，注重雨水资源的回收利用。全国各地水环境基础设施的运营维护是一项非常复杂的系统工程，各子系统又相互交错，互相制约与影响，运营维护时的方法既有通用特点，也有各自不同的特点，因此需要进行综合性、系统性的研究，该书作者在这方面开展了有效的工作。

《城市水环境绿色基础设施的运营养护》吸取了近年来水环境绿色基础设施运营维护工作中的成功经验，并融入了作者扎实的专业基础，是我国首部水环境绿色基础设施运营养护的专著。该书详细阐述水环境绿色基础设施各类系统工程和各类单项设施的运营维护技术及智慧运营技术，弥补了国内这一领域的空白。该书内容丰富，共 10 章，涉及项目工程的运营维护管理，单项设施的运营维护管理，涵盖养护过程中的初期维护、日常维护、病害维护、季节维护等内容，并且提出将在线监测、模型模拟评估、管网检测及信息化等技术手段用于实现水环境绿色基础设施智慧化运营维护，是一部系统性的著作。该书的出版对于解决我国水环境绿色基础设施的运营养护管理具有重大意义，值得推广实践。

王浩

中国科学院院士

2019 年 8 月 5 日

前　言

在我国城镇化高速发展的今天，城市建设取得显著成就的同时，下垫面过度硬化，城市原有自然生态本底和水文特征也显著改变。传统的城市发展方式对于自然水文循环的改变导致城市频繁内涝和水环境的退化。另外，我国大部分城市面临水资源严重短缺的问题。解决水资源供需矛盾、水环境污染和城市内涝等水的相关问题是我国所有城市面临的重大攻关课题。

水环境基础设施可分为水环境灰色基础设施和水环境绿色基础设施。水环境灰色基础设施指传统的如市政管网和污水厂等水环境基础设施。城市水环境绿色基础设施的概念由城市绿色基础设施和绿色雨水基础设施概念引申而来，其功能之一是城市水环境管理，绿色基础设施通过绿地、湿地和各种类型的水体等大量吸纳暴雨降水，调节城市雨洪，同时对城市“灰水”起到滞留和净化的作用，大大缓解城市洪涝灾害和水污染。在绿色基础设施基础之上美国西雅图公用事业局提出绿色雨水基础设施概念，它泛指用于雨洪管理领域内的各种绿色生态措施。近几年，我国大力开展海绵城市和黑臭水治理等工程建设以期解决城市内涝和水环境污染问题，而其中雨水利用低影响开发设施和水生态环境治理设施可以称为水环境绿色基础设施。

2013 年开始，北京壹墨建筑规划设计咨询有限公司致力于研究海绵城市、黑臭水治理等水环境创新技术，并成立了水环境绿色基础设施课题工作组，先后承担了 30 多项海绵城市、水环境治理和降雨径流污染控制等水环境绿色基础设施示范工程的设计、施工与专题研究。在多年研究和工程实践基础之上作者于 2018 年编著《海绵城市：低影响开发设施的施工技术》，用于指导低影响开发设施的施工管理。为进一步指导水环境绿色基础设施的运营养护管理，作者牵头编制这本《水环境绿色基础设施的运营养护》。

水环境绿色基础设施建设完成并验收合格后，随即进入 5～10 年甚至更长时间的运营养护期。为维持水环境绿色基础设施的功能性、美观性、科学性、合理性，需要一份有针对性、操作性的设施运营养护说明书，用于指导运营养护技术人员的工作。纵观国内外，关于水环境绿色基础设施的同类书籍，大多数着眼于规划设计、局点布置设计、水系统规划管理等方面，在运营养护方面，也仅仅局限于传统的景观绿地或道路、市政管网，并没有专门以缓解城市内涝和降雨径流污染为目标的水环境绿色基础设施的运营养护管理技术，甚至关于这方面的文献也少见，本书的出版以期填补这一领域的空白。

编写本书时，迁安市海绵城市建设将进入运营养护期。本书以迁安市等地区海绵城市建设为研究契机，借鉴国内外相关的排水绿色基础设施运营维护技术进行编写。编写过程中以理论知识为基础，以运营维护方案为主脉，以运营维护技术为重点，以运行工况为导向，注重实用性、可操作性。具体来讲，本书有以下几个方面的价值。

（1）在内容上，理论与实践相结合，涵盖居住小区、公共建筑区、工业区、城市道路、城市公园与广场、郊野公园与广场、水系 7 大类工程的运营维护标准，以及 7 大类 22 小类水环境中绿色分项设施的运营维护技术，工程和设施做到全覆盖。

（2）工程和设施的运营维护标准细化到运营维护考核，极具操作性；单项设施的运营维护方案从初期运营维护方案、日常运营维护方案到季节运营维护方案，覆盖设施运营维护的全时间段，运营维护技术从日常运营维护到病害运营维护，覆盖设施运营维护的全过程，内容全面清晰，其广泛性、结构性和系统性相结合，翔实易懂，满足运营养护过程中所有相关方面知识的需求。

（3）从设计出发，剖析运营维护的原理，到运营维护的运营维护频次、技术要点、正常运行状况，有原理、有技术，繁简结合，满足不同层次人员的需求。

（4）选取河北省迁安市为典型案例城市，从当地的地形、地貌、土壤特性、气候特征出发，结合实际情况，制定详细的运营维护方案，记录历月运营维护事项的频次和注意事项等内容，并制定出运营维护计划表、运营维护记录报表等表格，内容简明实用，以便技术人员掌握和利用。考虑运营维护同外界条件有紧密的影响作用，书中相关方案适用于北方地区，其他地区的运营维护可相应调整频次、方案和技术。

（5）借助在线监测、模型模拟评估、管网检测及信息化等技术手段来辅助运营，形成一套完善的水环境绿色基础设施评估、诊断、维护流程，制定出科学、经济、有效的设施修复养护方案和验收依据，提高城市市政建设、改造和维护的管理水平。

（6）编委会成员专业广、经验丰富，涵盖园林景观、给排水、岩土、结构、建筑等设计及管理人员，避免水环境绿色基础设施实际工作中设计与施工脱节、施工与运营维护脱节的问题，也避免单一专业、理解偏颇的问题，本书是良好的实用技术参考资料和工具书。

经过近些年海绵城市和黑臭水治理的示范工程建设，我国建设了大量的水环境绿色基础实施，如今它们已经全面进入运营养护管理阶段，很多城市已经在积极开展这方面的技术探讨工作。整体上水环境绿色基础设施的养护仍属于一个新的领域，北京壹墨建筑规划设计咨询有限公司已经牵头承接了多个城市和地区的低影响开发设施的养护管理技术服务，未来还有很多问题需要在实践中总结解决。

本书在编写过程中得到不同领导、多个部门和专家的指点与肯定，借此机会向给予本书诸多帮助的部门和专家表达最诚挚的感谢。本书的工程运营维护标准参考了迁安市建设局发布的相关考核标准，并得到了北京大岳咨询有限责任公司的相关技术支持，在此一并表示感谢。由于编写时间仓促，编写经验、理论水平有限，书中难免有疏漏、不足之处，敬请读者批评指正。赐教请联系邮箱2541646654@qq.com。

作　者

2019年5月

目　录

第1章　城市水环境基础设施概述

水环境基础设施工程是一项复杂系统性工程，涉及环保、给排水、园林景观、建筑工程、城市规划等多个专业。在我国大力开展海绵城市建设与城市水污染防治工作中，建设了大量水环境基础设施来缓解城市内涝和水体污染问题，水环境基础设施建设可实现径流总量控制、径流峰值控制、径流污染控制、雨水综合利用等目标，是系统性解决城市水安全、水环境、水生态问题的重要工程项目。但是，由于有害生物的侵袭、恶劣条件的影响、日常养护不当等因素，造成设施植被死亡、枯萎及设施堵塞等现象，水环境基础设施丧失了“渗、蓄、滞、净、用、排”的正常功能。因此，水环境基础设施运营养护工作对于正常发挥其效能至关重要。它是一项持续性的工作，有较高的技术要求。“三分建，七分养”[1]，只有高质量、高水平的运营养护管理水平，才能保障水环境基础设施长期、有效、稳定运行。

1.1　城市水环境基础设施的基本概念

1.1.1　水环境基础设施的含义

水环境基础设施是一个含义非常广泛的词，从园林景观、水利水电、给水排水、环境工程到城市建设都有水环境的内容。水环境基础设施可以分为灰色基础设施（gray infrastructure）和绿色基础设施（green infrastructure, GI）[2]。灰色基础设施也就是传统意义上的市政基础设施，以单一功能的市政工程为主导，由道路、桥梁、管道及其他确保工业化经济正常运作所必需的公共设施所组成，具体到排水排污方面，其基本功能是实现污染物的排放、转移和治理，但建设成本高；绿色基础设施的首个定义出现在1999年8月，是“具有自然生态系统功能的、能够维持空气与水环境质量，并能够为人类和野生动物提供多种利益的自然区域和其他开放空间的集合体”[3]。“绿色基础设施工作小组”（Green Infrastructure Work Group）定义绿色基础设施为一个由水道、湿地、森林、野生动物栖息地和其他自然区域，绿道、公园和其他保护区域，农场、牧场和森林，以及其他维持原生物种、自然生态过程，保护空气和水资源，提高社区和人民生活质量的荒野与开敞空间所组成的相互连接的网络[4]。

在海绵城市建设与水环境治理过程中，水环境灰色基础设施与水环境绿色基础设施相互协同、相互耦合、相互支撑，共同决定水环境治理水平，水环境灰色基础设施是水环境治理的基石，水环境绿色基础设施是恢复水生态过程的关键。在发达国家，结合或模拟自然生态系统并用于城市水环境建设的体系有许多，如英国的可持续城市排水系统（sustainable urban drainage system，SUDS），美国的低影响开发（low impact development，LID）和绿色基础设施，澳大利亚的水敏感性城市设计（water sensitive urban design，WSUD）等。国内在水环境领域里，也寻求多目标解决雨水问题，已从单一工程技术的解决方式走向与景观生态设计紧密结合的绿色基础设施和灰色基础设施相统一的解决方式[5]。

因此，水环境基础设施的运营养护不仅要关注灰色基础设施系统，更要关注绿色基础设施系统，任何一个系统运营养护不到位，都会影响整个水环境基础设施系统的正常运行。由于灰色基础设施已经具备比较成熟的运营养护模式，本书重点对水环境基础设施中的绿色基础设施运营养护及水环境基础设施智慧化运营维护进行探讨。

1.1.2　水环境绿色基础设施的种类

本书的水环境绿色基础设施（green stormwater infrastructure，GSI）定义：一种有别于传统开发模式的新型绿色基础设施，以可持续的、与自然充分和谐的、多功能的手段解决城市水环境问题，通过源头控制、中途截留、末端治理三种途径，以自然的方式控制城市雨水径流，减少城市洪涝灾害，控制径流污染，保护水环境，恢复与构建城市良性水文循环。本书中的GSI有以下几种主要特征。

（1）分布式。基础设施利用小规模的、分布在整个场地的系统代替过去集中的、大规模的设施。

（2）关联性。在建筑群集聚中心和需要提供的基础设施之间设有多种服务性功能的连通设施，包含资源的流动。

（3）一体化。把城市中的各个元素作为基础设施的系统元素加以整合，向社区尺度推进并形成一个完整的生态系统。

（4）以服务为导向。基础设施主要为用户提供服务，优化需求。

（5）协调性。规模较小的基础设施可以与当地环境相协调。

（6）可再生。按照当地自然生态系统进行设计。

（7）多用途。基础设施中的任何一个元素能够被设计成多用途的，为社会提供一系列的附加服务。

根据功能不同，GSI可以分为源头分散控制措施、中途转输控制措施和末端集中控制措施3大类[6]；根据用途不同，GSI可以分为渗滞设施、储存设施、调节设施、转输设施、截污净化设施和附属设施6大类[7]。表1-1列出了几种典型水环境绿色基础设施的分类、生态功能及适用场地。

表 1-1　典型水环境绿色基础设施的分类、生态功能及适用场地

水环境基础设施种类		生态功能	适用场地
大类	小类		
渗滞设施	简易型生物滞留设施	补充地下水	建筑与小区、城市道路、绿地与广场
	复杂型生物滞留设施	补充地下水，净化雨水	建筑与小区、城市道路
	下沉式绿地	补充地下水，净化雨水	建筑与小区、城市道路、绿地与广场
	渗透塘	补充地下水	建筑与小区、绿地与广场
	渗井	补充地下水	建筑与小区、绿地与广场
	透水砖铺装	补充地下水，截流污染物	建筑与小区、城市道路、绿地与广场
	透水混凝土铺装	补充地下水，截流污染物	城市道路
	透水沥青铺装	补充地下水	城市道路
	嵌草砖铺装	补充地下水	建筑与小区、绿地与广场
储存设施	蓄水池	集蓄利用雨水	建筑与小区、绿地与广场
	雨水罐	集蓄利用雨水	建筑与小区
	湿塘	集蓄利用雨水，削减峰值流量	绿地与广场
调节设施	调节池	削减峰值流量	绿地与广场
	调节塘	削减峰值流量	建筑与小区、绿地与广场
转输设施	植草沟	转输雨水，净化雨水	建筑与小区、城市道路、绿地与广场
	渗透管/渠	转输雨水	建筑与小区、城市道路、绿地与广场
	旱溪	转输雨水	建筑与小区、城市道路、绿地与广场
截污净化设施	雨水湿地	集蓄利用雨水，削减峰值流量，净化雨水	建筑与小区、城市道路、绿地与广场
	植被缓冲带	净化雨水	绿地与广场
	屋顶绿化	净化雨水	建筑与小区
	人工土壤渗滤	净化雨水	建筑与小区、绿地与广场
附属设施	初期雨水弃流设施	净化雨水	—
	环保型雨水口	—	—
	生态树池	—	—
	路缘石	—	—

1.2　水环境绿色基础设施的功能及养护的重要性

1.2.1　水环境绿色基础设施的功能

通过各类水环境基础设施的组合应用，可实现径流总量控制、径流峰值控制、径流污染控制等目标。

1. 径流总量控制

（1）场地开发时尽可能减少不透水面积的比例，增大绿色基础设施面积的比例，降低径流系数，保留现有植被，增加绿化覆盖率和原状土（特别是高渗透率的原生土）来减少径流总量。表 1-2 列出了不同下垫面的雨量径流系数和流量径流系数。

表 1-2　不同下垫面的雨量径流系数和流量径流系数

下垫面种类	雨量径流系数 φ	流量径流系数 ψ
绿化屋面（绿色屋顶，基质层厚度≥300mm）	0.30～0.40	0.40
硬屋面、未铺石子的平屋面、沥青屋面	0.80～0.90	0.85～0.95
铺石子的平屋面	0.60～0.70	0.80
混凝土或沥青路面及广场	0.80～0.90	0.85～0.95
大块石等铺砌路面及广场	0.50～0.60	0.55～0.65
沥青表面处理的碎石路面及广场	0.45～0.55	0.55～0.65
级配碎石路面及广场	0.40	0.40～0.50
干砌砖石或碎石路面及广场	0.40	0.35～0.40
非铺砌的土路面	0.30	0.25～0.35
绿地	0.15	0.10～0.20
水面	1.00	1.00

注：数据参照《室外排水设计规范》（GB 50014—2006）[8]和《雨水控制与利用工程设计规范》（DB 11/685—2013）[9]。

（2）运用生物滞留设施、雨水湿地、渗井等水环境基础设施，通过渗透、过滤和水流衰减来减少径流总量。每种水环境基础设施由于其结构构成、设施下方原生土及场地坡度、径流方式等不同，对径流总量控制的贡献率不尽相同。在对项目场地目标、地质、径流路径和可行性等进行评估后，筛选合适的基础设施，表 1-3 总结了各种水环境基础设施的径流总量削减率。

表 1-3　水环境基础设施径流总量削减率一览表

基础设施	径流总量削减率/%	径流峰值控制	径流污染控制	
			作用机理	贡献作用
透水砖铺装	100	有一定作用	沉淀、过滤、下渗、物理吸附、化学转化	有一定作用
透水混凝土铺装	45	有一定作用		有一定作用
透水沥青铺装	45	有一定作用		有一定作用
渗透塘	100	有一定作用	沉淀	有一定作用
渗井	100	有一定作用	沉淀	基本无作用

续表

基础设施		径流总量削减率/%	径流峰值控制	径流污染控制	
				作用机理	贡献作用
生物滞留设施	复杂型生物滞留设施	100	有一定作用	沉淀、过滤、下渗、物理吸附、生物吸附、离子交换、化学转化	有较大作用
	简易型生物滞留设施	60	有一定作用		有一定作用
湿塘		0	有较大作用	沉淀	有一定作用
雨水湿地		0	有较大作用	沉淀、过滤、物理吸附、生物吸附、离子交换、化学转化	有较大作用
屋顶绿化		50	有一定作用	过滤、物理吸附、生物吸附、离子交换、化学转化	有一定作用
调节池		0	有较大作用	沉淀	基本无作用
调节塘		0	有较大作用	沉淀	有一定作用
蓄水池		90	有一定作用	沉淀	有一定作用
雨水罐		50	有一定作用	沉淀	基本无作用
植草沟	砂土	20	基本无作用	沉淀、过滤、下渗、物理吸附、生物吸附、离子交换、化学转化	有较大作用
	壤土	15	基本无作用		
	黏土	10	基本无作用		
渗透管/渠		10	基本无作用	沉淀	基本无作用
植被缓冲带	砂土	50	基本无作用	沉淀、过滤、下渗、物理吸附、生物吸附、离子交换、化学转化	有较大作用
	壤土	30	基本无作用		
	黏土	25	基本无作用		

注：1. 表中数据参照《海绵城市建设技术指南——低影响开发雨水系统构建》[7]和 Slaney[10]的相关分析数据。
2. 表中数据为 25mm 降雨事件下的径流总量削减率。

我国幅员辽阔，不同地区降雨情况不一样，表 1-4 列出了我国部分城市年径流总量控制率对应的设计降雨量。

表 1-4　我国部分城市年径流总量控制率对应的设计降雨量值一览表

城市	不同年径流总量控制率对应的设计降雨量/mm				
	60%	70%	75%	80%	85%
酒泉市	4.1	5.4	6.3	7.4	8.9
拉萨市	6.2	8.1	9.2	10.6	12.3
西宁市	6.1	8.0	9.2	10.7	12.7
乌鲁木齐市	5.8	7.8	9.1	10.8	13.0
银川市	7.5	10.3	12.1	14.4	17.7
呼和浩特市	9.5	13.0	15.2	18.2	22.0

续表

城市	不同年径流总量控制率对应的设计降雨量/mm				
	60%	70%	75%	80%	85%
哈尔滨市	9.1	12.7	15.1	18.2	22.2
太原市	9.7	13.5	16.1	19.4	23.6
长春市	10.6	14.9	17.8	21.4	26.6
昆明市	11.5	15.7	18.5	22.0	26.8
汉中市	11.7	16.0	18.8	22.3	27.0
石家庄市	12.3	17.1	20.3	24.1	28.9
沈阳市	12.8	17.5	20.8	25.0	30.3
杭州市	13.1	17.8	21.0	24.9	30.3
合肥市	13.1	18.0	21.3	25.6	31.3
长沙市	13.7	18.5	21.8	26.0	31.6
重庆市	12.2	17.4	20.9	25.5	31.9
贵阳市	13.2	18.4	21.9	26.3	32.0
上海市	13.4	18.7	22.2	26.7	33.0
北京市	14.0	19.4	22.8	27.3	33.6
郑州市	14.0	19.5	23.1	27.8	34.3
福州市	14.8	20.4	24.1	28.9	35.7
南京市	14.7	20.5	24.6	29.7	36.6
宜宾市	12.9	19.0	23.4	29.1	36.7
天津市	14.9	20.9	25.0	30.4	37.8
南昌市	16.7	22.8	26.8	32.0	38.9
南宁市	17.0	23.5	27.9	33.4	40.4
济南市	16.7	23.2	27.7	33.5	41.3
武汉市	17.6	24.5	29.2	35.2	43.3
广州市	18.4	25.2	29.7	35.5	43.4
海口市	23.5	33.1	40.0	49.5	63.4

数据来源：《海绵城市建设技术指南——低影响开发雨水系统构建》[7]。

（3）在措施（1）和（2）的基础上，进行场地径流总量评估，当评估目标不达标或现有基础设施无法很好实现控制要求时，增加额外的雨洪设施。

2. 径流峰值控制

降雨暴雨强度是指某一连续降雨时段内的平均降雨量，即单位时间内的平均降雨深度；降雨落到下垫面产生的径流，即为径流量。在一场暴雨中，暴雨强度是随降雨历时变化的。自记雨量记录（图 1-1）上任一点的斜率表示降雨过程中任一瞬时的强度，即瞬时暴雨强度。可以看出，曲线上各点的斜率是变化的，曲线越陡，暴雨强度越大。暴雨强度最大点为暴雨强度峰值，相应产生的径流量为径流峰值。

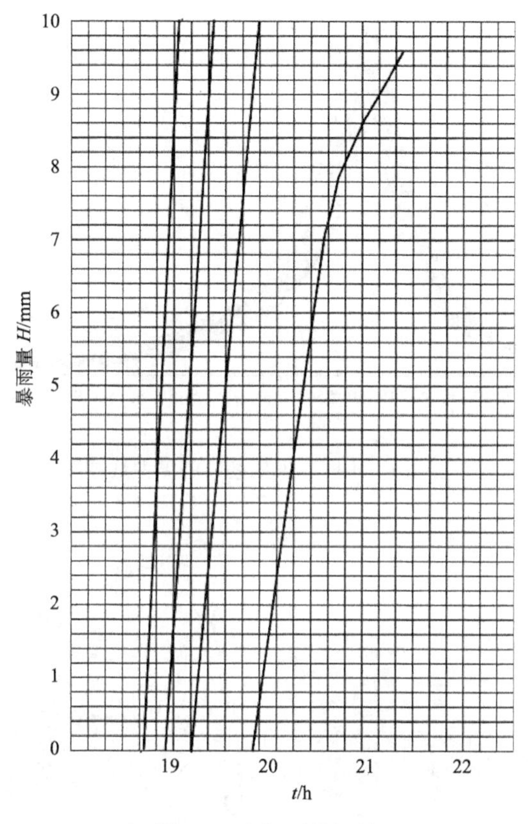

图 1-1　自记雨量记录

设计降雨重现期宜按 2 年、3 年、5 年、10 年、20 年、30 年、50 年、100 年统计，降雨重现期越大，暴雨强度相应也越大（图 1-2）。

场地开发后，由于对场地下垫面的改变，径流峰值会变大和提前。图 1-2 为江西省萍乡市某公园布置水环境基础设施后，径流峰值的变化。可以看出，在 2 h 设计降雨条件下，规划方案实施后的径流峰值较现状明显增加，且径流峰值提前约 5min 出现；在规划方案（图 1-3）实施的基础上，设置雨水利用措施后，与未实施措施的规划方案相比，径流峰值降低，且径流峰值延迟出现（图 1-4）；雨水利用措施实施后，项目区产生的总降雨径流量小于等于现状条件下产生的总径流量。

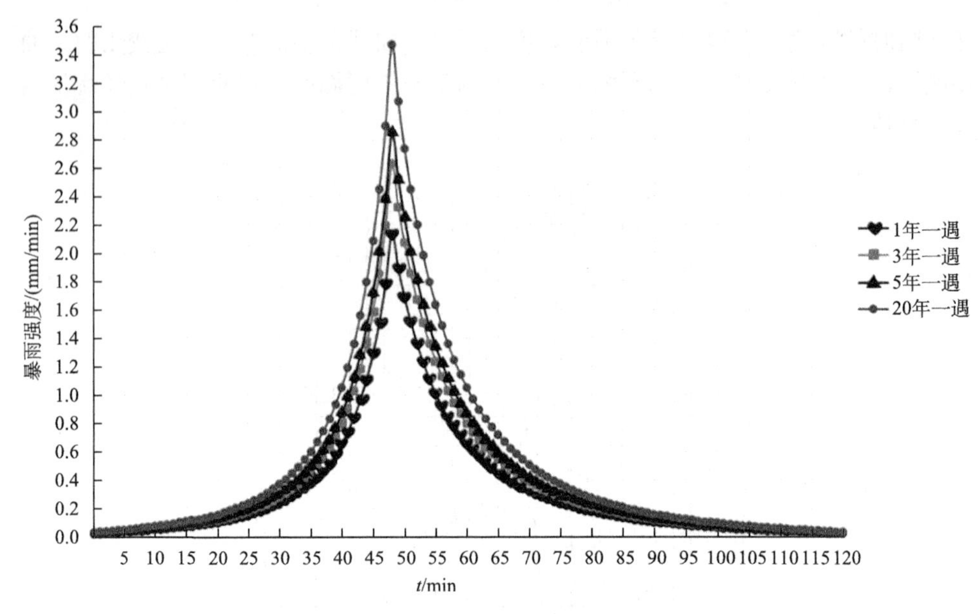

图 1-2　不同重现期暴雨强度曲线图

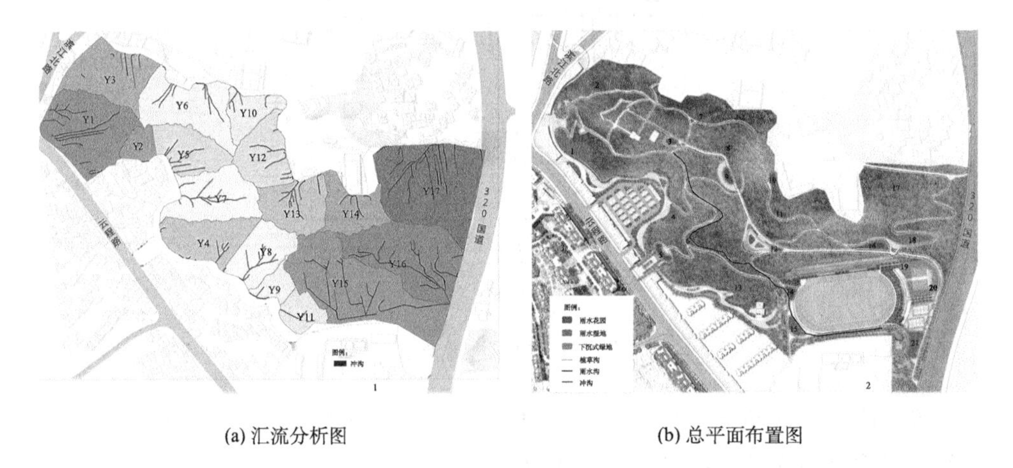

(a) 汇流分析图　　(b) 总平面布置图

图 1-3　江西省萍乡市某公园雨洪方案

不同基础设施对径流峰值的控制贡献率也不尽相同（表 1-3），因此需要合理配置各设施，实现峰值控制目标。对径流峰值控制作用比较大的基础设施有湿塘、雨水湿地、调节池、调节塘，主要作用机理为该类设施有较大调蓄空间。

3. 径流污染控制

根据雨水径流，水环境基础设施从“源头—过程—末端”布置，径流总量控制和径流峰值控制率通过这一过程逐一实现，且同设施规模成正比。而径流污染

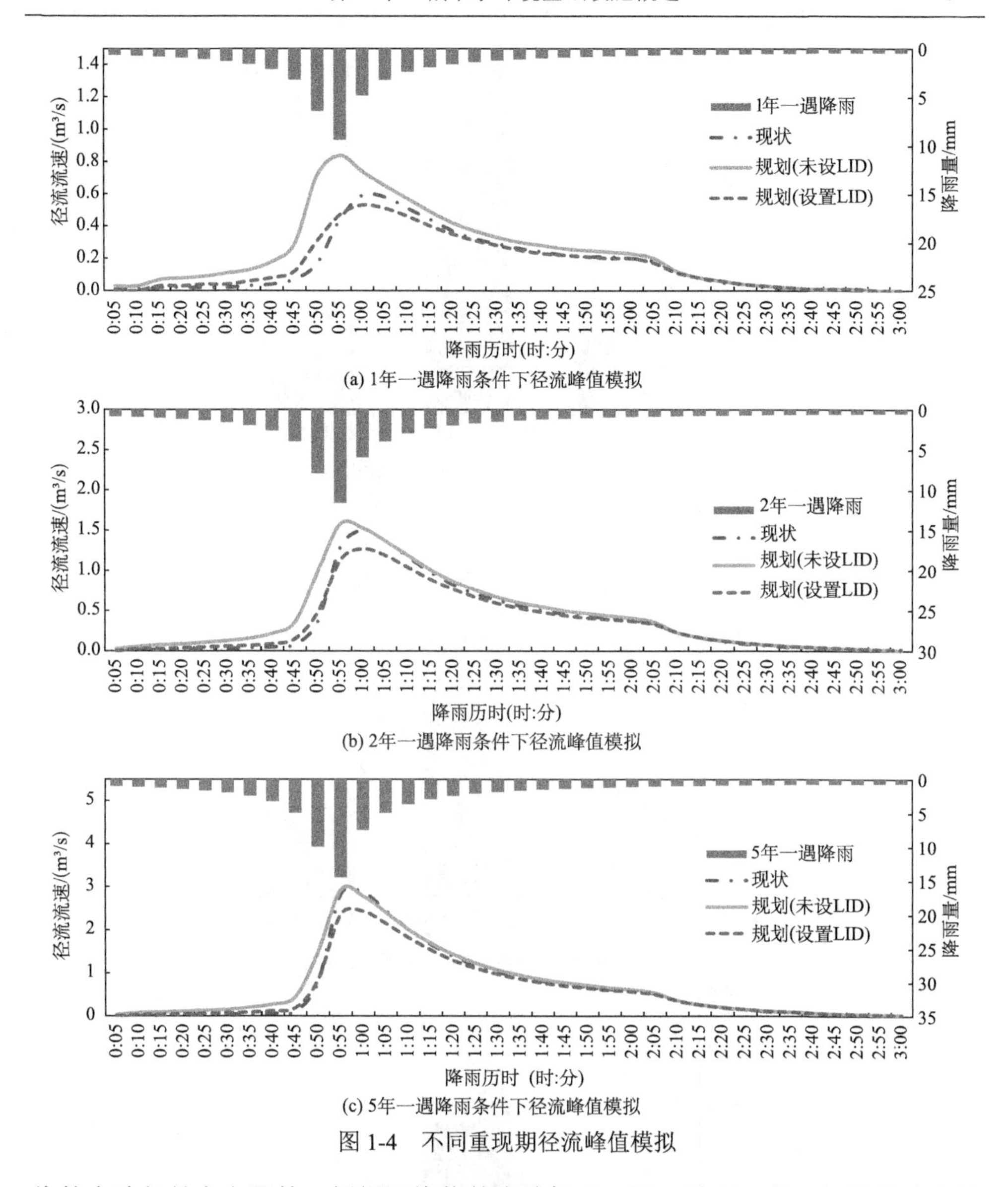

(a) 1年一遇降雨条件下径流峰值模拟

(b) 2年一遇降雨条件下径流峰值模拟

(c) 5年一遇降雨条件下径流峰值模拟

图 1-4　不同重现期径流峰值模拟

物的去除却是有上限的，根据污染物的去除机理，同一处理工艺，污染物浓度越大，去除率越大，反之则越小。

径流污染控制可通过径流总量的削减而减少，也可通过植被、基质等作用去除污染物，常见的有以下几个过程。

（1）重力分离（沉淀或沉降）：通过沉降法去除密度大于水的固态物，通过浮选法去除密度小于水的固态物。主要去除的污染物有泥沙等固态悬浮物、油、BOD、COD。参与作用的雨洪基础设施为蓄水池、透水铺装、植草沟、生物滞留设施、大容积雨水输送管道、雨水湿地、湿塘、调节塘等具有较大存储空间的设施。

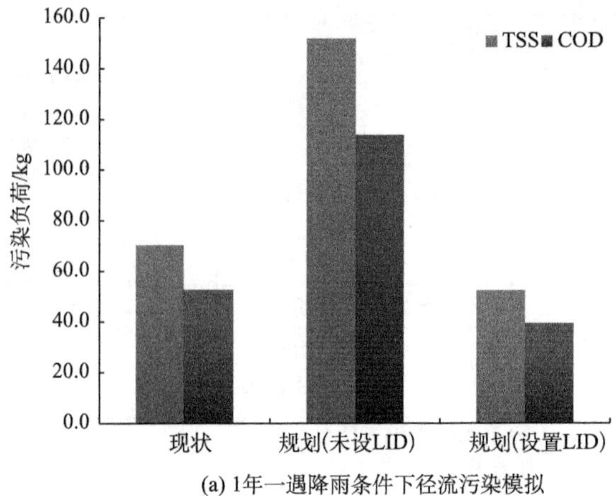

(a) 1年一遇降雨条件下径流污染模拟

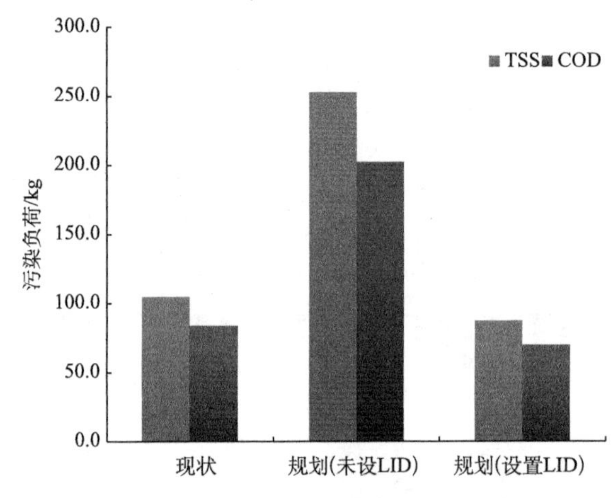

(b) 2年一遇降雨条件下径流污染模拟

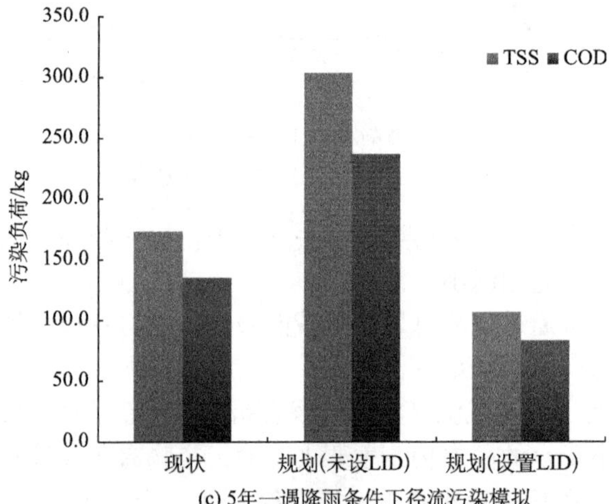

(c) 5年一遇降雨条件下径流污染模拟

图 1-5　不同重现期径流污染模拟

（2）过滤：滤料是此种去除过程的主体，当污染物流经滤料时，大颗粒污染物被滤料物理截留，或被附着在滤料上的微生物捕获。雨洪设施中的滤料通常有基质、碎石、卵石等。主要去除的污染物有生物需氧量（biological oxygen demand，BOD）、化学需氧量（chemical oxygen demand，COD）、病原体、金属微粒等。参与作用的雨洪基础设施有植被缓冲带、生物滞留设施、透水铺装、植草沟、屋顶绿化、雨水湿地。

（3）下渗：下渗是雨水在重力和毛细管引力的作用下进入土层，逐渐下渗，进入地下水，污染物被土壤层吸附的过程。主要去除的污染物有 BOD、COD、金属、有机物、营养盐、病原体等。参与作用的雨洪基础设施为植被缓冲带、生物滞留设施、透水铺装、植草沟、渗透塘等渗透设施。

（4）吸附：吸附指物理吸附，污染物被基质或土壤颗粒物吸附，该过程不包括离子交换。主要去除的污染物有溶解性磷、金属和有机物。参与作用的雨洪基础设施有植被缓冲带、生物滞留设施、透水铺装、植草沟、屋顶绿化、雨水湿地。

（5）生物吸收：雨水径流通过植物时，被植物的叶、茎、根等部位生物吸收，也包括通过叶片的水分蒸发。主要去除的污染物有碳氢化合物、营养盐、金属、有机物、BOD、COD。参与作用的雨洪基础设施有植被缓冲带、生物滞留设施、植草沟、屋顶绿化、雨水湿地。

（6）离子交换：雨水径流通过土壤及其他基质时，雨水中的离子同基质中的离子发生离子交换，从而去除了雨水中的污染物。主要去除的污染物有金属。参与作用的雨洪基础设施有植被缓冲带、生物滞留设施、植草沟、屋顶绿化、雨水湿地等。

（7）化学转化：污染物与其他物质发生化学反应，从而被去除。主要去除的污染物有氮（NH_4^+-N、NH_3^--N）、有机物、碳氢化合物。参与作用的雨洪基础设施有植被缓冲带、生物滞留设施、透水铺装、植草沟、屋顶绿化、雨水湿地。

从上述作用机理也可以看出，不同基础设施对径流污染的控制是有很大差别的（表 1-3），对径流污染削减率作用比较大的基础设施有生物滞留设施、植草沟、植被缓冲带、透水铺装、雨水湿地、屋顶绿化。植草沟除了作为转输设施外，还可以作为蓄水池、生物滞留设施等的预处理设施，防止污染物堵塞设施，或去除污染物以便雨水资源化利用。

对江西省萍乡市某公园进行模拟分析（图 1-5），未设置 LID 设施时，在 2 h 设计降雨条件下，规划方案实施后，项目区内的总径流污染负荷较现状明显增加；在规划方案的基础上实施雨水利用措施（图 1-3）后，与未实施措施的规划方案相比，项目区内的总径流污染负荷明显降低，总悬浮固体（total suspended solids，TSS）与 COD 的总污染负荷降幅均大于等于 65%；雨水利用措施实施后，项目区产生的总径流污染负荷小于等于现状条件下产生的污染负荷。

1.2.2 水环境绿色基础设施运营养护的重要性

目前，我国大力开展海绵城市建设和水环境治理，来缓解城市内涝，解决城市水体污染问题。通过水环境绿色基础设施建设，能够对雨水进行有效收集和利用，降低降雨径流污染。水环境绿色基础设施运营养护工作在水环境治理工作中起着举足轻重的作用，它是长效性的工作，有较高的技术要求。水环境基础设施效能的持久发挥取决于良好的运营维护，俗话说“三分建，七分养”，只有高质量、高水平的运营养护管理水平，才能保障水环境基础设施长期、有效、稳定运行。但是，目前我国水环境基础设施养护管理中依然存在较多问题，主要包括：

（1）水环境绿色基础设施建设管理体系与运营养护体系脱节，严重影响设施的正常运行。由于水环境基础设施设计施工与后续管养往往属于不同单位，管养单位无法切实掌握辖内设施基本信息、结构及其运作情况。另外，缺乏完善可靠的水环境基础设施资产管理技术规范使水环境基础设施数据缺乏有效的管理。

（2）粗放的管理方式由于对运营维护细节关注不足，针对性和时效性不高，运营维护效率较低，养护成本较高。由于不同类型设施在具体养护方法和频次等方面均存在差异，难以制定高效、有针对性的养护计划，水环境基础设施的管理养护随意性与主观性较大，影响水环境基础设施稳定运行。

（3）水环境基础设施项目边界和责任主体的划分较为复杂，涉及住建、园林、道路、水利（水务）等多方养护主体，缺少相应监测技术和可追溯的管理平台，很难对责任主体的运营养护效果进行绩效考核。

1.3 水环境绿色基础设施运营养护管理

1.3.1 运营养护管理一般规定

1. 绿色基础设施运营养护阶段

绿色基础设施运营养护阶段包括建设运营养护期和正式运营养护期。建设运营养护期是指单体绿色基础设施完工后，主体工程或其中任一子工程竣工验收前的养护，是正式运营养护期开始前的运营维护。正式运营养护是指主体工程或其中任一子工程通过竣工验收且工程竣工档案备案后 7 日内，并且出具了竣工证明，次日即为工程正式运营维护开始日。

2. 绿色基础设施运营养护移交

绿色基础设施的建设者和养护者往往不是同一单位，移交过程中，移交人要向被移交人提供明确的养护责任说明及相关运营养护的材料，包括：①项目场地土地使用权；②项目设计图纸、文件及运营养护项目设施所必需的技术资料；③项目竣工验收备案文件；④项目设施及其所涉及的所有建筑物和构筑物、设备、市政管道等与项目相关的其他相关资产，以及与项目设施相关的所有设备、机器、装置、零部件、备品备件等；⑤与项目设施相关的所有尚未到期的保证、保险和其他协议的利益（如果可以转让）；⑥项目承包商、供应商的所有未到期的保证和保修单；⑦在移交时将其订立的仍然有效的运营养护合同、设备合同、供货合同和其他合同一并移交。

3. 绿色基础设施运营养护责任主体

绿色基础设施运营养护部门包括城市市政、园林、交通、项目业主、项目公司及其他有关管理单位。运营养护主体单位应制定相应的管理制度，配备专职技术管理人员、巡查人员及日常养护人员，同时，各岗位人员应经培训后持证上岗。对于责任边界清晰，责任主体明确的项目，如小区、公建等，统一由责任主体负责养护管理，内部形成部门考核机制。对于养护边界交叉的单位，首先明确各自养护内容及责任，并组织联席会议加强沟通，雨季组成联合工作小组，共同完成雨水系统的养护保障工作。

4. 绿色基础设施分级养护体系

绿色基础设施运营养护执行分类分级养护体系（图 1-6）。第一级为业主、物业经理、市政养护人员、养护公司人员，主要养护内容为定期检查简单、微小的问题，并以方便高效的方式解决问题，这一层级是水环境基础设施养护的主要内容，也是保证设施长久使用和功能有效的关键；第二级为训练有素的市政工作人员，主要养护内容为解决超过第一级养护能力范围的问题；第三级为专业人员（专业工程师、景观设计师、园艺师等），主要养护内容为解决较为复杂的问题。

5. 绿色基础设施运营养护效果考核

绿色基础设施正式运营养护后第 2 个月起，运营养护责任主体应每月向考核机构提交上一月份的运营养护记录及自评估结果。运营养护效果按季度进行考核，考核机构每季度内，可不定期组织项目效果考核；考核机构每一季度结束后 5 日内，应将上一季度项目效果考核评分进行汇总，并计算上一季度平均得分。

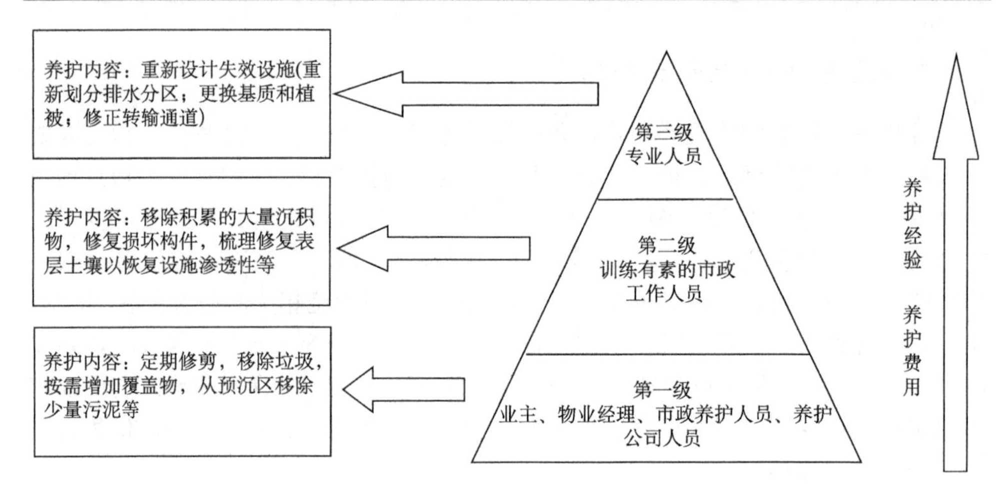

图 1-6　绿色基础设施分类分级养护体系

6. 绿色基础设施信息化与智慧化运营

水环境基础设施的养护管理部门宜对设施的效果进行监测和评估，确保设施的功能得以正常发挥。应加强水环境基础设施数据库的建立与信息技术应用，使用数字化信息技术手段，为雨水利用系统建设与运营提供科学支撑。

7. 其他管理要求

应建立健全水环境基础设施的养护管理制度和操作规程，配备专职管理人员和相应的监测手段，并对管理人员和操作人员加强专业技术培训。水环境基础设施的养护管理部门应做好雨季来临前和雨季期间设施的检修与养护管理，保障设施正常、安全运营。应加强宣传教育和引导，提高公众对海绵城市建设、低影响开发、绿色建筑、城市节水、水生态修复、内涝防治等工作中雨水控制与利用重要性的认识，鼓励公众积极参与水环境基础设施的建设、运营和养护。

1.3.2　设施对场地适宜性分析

场地类别是选择绿色基础设施的首要考虑因素，同时也将影响绿色基础设施运行的稳定性及运营养护成本。根据建设用地分类，绿色基础设施场地分为居住小区、公共建筑区、工业区、城市道路、城市公园与广场、郊野公园与广场、水系。

居住小区是以住宅楼房为主体，并被城市道路或自然分界线所围合，具有一定规模的，不为城市交通干道所穿越的完整地段。根据需要，区内设有一整套满足居民日常生活需要的基层公共服务设施和机构。居住小区开发项目这一类别的土地使用空间通常有限，而且根据住宅规模和道路宽度，雨水利用基础设施可能紧邻住宅区。因此，在选择基础设施时，公共安全问题、有害昆虫问题和雨水利用措施的养护问题是普遍关注的问题，通常选择生物滞留设施、雨水罐、渗井、透水铺装等小型、分散的基础设施。

公共建筑区是指满足住宅区居民日常生活服务需求的商业、文化、教育、医护、运动等设施及其用地。相较居住小区，其面积、土地使用、污染物负荷等更呈现出多样化，包含办公建筑（如写字楼、政府部门办公室等）、商业建筑（如商场、金融建筑等）、旅游建筑（如酒店、娱乐场所等）、科教文卫建筑（如文化、教育、科研、医疗、卫生、体育建筑等）、通信建筑（如邮电、通信、广播用房）、交通运输类建筑（如机场、高铁站、火车站、汽车站、冷藏库等）及其他（如派出所、仓库、拘留所）等。通常公共建筑区可能拥有大面积的绿地广场空间，其在雨水利用基础设施的选择上也更具有灵活性，除可选用用于住宅区的小型、分散的基础设施外，还可结合集中绿地或水景选用渗透塘、湿塘、雨水湿地等相对集中的水环境基础设施，并且衔接好整体场地的竖向与排水设计。

工业区在面积、土地使用性质等方面，同公共建筑区一样，工业区也具有多样性。但工业区又有别于公共建筑区，其主要目的是产生经济效益，选择绿色基础设施时更要注意同工业设施的协调性和隐蔽性，同时应增加工业场地潜在危险废物经雨水冲刷后弃流设施和水安全防护等附属设施。

城市道路是指供城市内交通运输及行人使用的道路，便于居民生活、工作及文化娱乐活动。根据道路等级，城市道路可划分为快速路、主干路、次干路、支路四级。城市道路不同于小区道路，选择雨水利用基础设施时需要考虑交通安全、大量的雨水输送及冬季融雪剂处理等问题。

城市公园与广场是指专门修建的供市民休息游玩和自然观赏的区域，通常有大面积的绿地、铺装，因此，雨水利用基础设施可利用空间较大，可选择范围也较广。

郊野公园与广场由于其地理位置的特殊性，需设置低成本和易养护的绿色基础设施。

水系是指城市系统中各类水体的集合体，包括流经城市的河流、湖泊、湿地等，也包括一定范围内的滨河生态廊道，在城市中具有防洪、排涝、景观的功能。

各类用地中的绿色基础设施选择可参照表 1-5 选用。

选择绿色基础设施时，除了要考虑各类用地性质、用地功能、用地构成外，当地的土壤特征、水文地质、地形地势、汇水范围等也是重要的选择因素，参照表 1-6 选用。

表 1-5　各类用地中的绿色基础设施适宜性一览表

基础设施	用地类型						
	居住小区	公共建筑区	工业区	城市道路	城市公园与广场	郊野公园与广场	水系
透水砖铺装	●	●	◎[6]	●	●	●	●[7]
透水混凝土铺装	●	●	◎[6]	●	○	○	○
透水沥青铺装	○	○	○	●	○	○	○
嵌草砖铺装	◎[1]	◎[1]	○	○	●	○	○
渗透塘	○[2]	○[2]	◎[6]	○[2]	●	◎[1]	●
渗井	○	○	◎[6]	○[2]	●	◎[1]	○
生物滞留设施	●	●	◎[6]	●	●	●	●[7]
蓄水池	◎[5]	●	○	○[2]	●	●	○
雨水罐	◎[5]	●	○	○	○	○	○
湿塘	○[2]	○[2]	○[2]	○[2]	●	●	●
调节池	○[2]	○[2]	●	○[2]	●	○	○
调节塘	○[2]	○[2]	●	○[2]	●	○	○
植草沟	●	●	◎[6]	●	●	●	○
渗透管/渠	○[3]	○[3]	○[3]	○[3]	●	○	○
雨水湿地	○[2]	○[2]	●	○[2]	●	●	●
植被缓冲带	○	○	○	○	○	○	●
屋顶绿化	◎[4]	●	●	○	○	○	○

注：●——首选；◎——受限；○——不适用；1——养护要求；2——场地限制；3——错综复杂的电缆等地下管线，对渗水性要求高；4——建筑屋顶的几何结构限制应用；5——场地受限及雨水回用对象的限制；6——根据工业场地产业类型选择，涉及产生危废工业区性质要求，限制渗透；7——适用于滨河生态廊道。

表 1-6　各类场地特征中绿色基础设施适宜性分析

基础设施	场地特征					
	土壤	地下水位深度[1]/cm	基岩深度[2]/cm	最低水位差[3]/cm	最大坡度[4]/%	影响范围比[6]/%
透水砖铺装	渗透要求高	60	30	60	1～3	根据设计要求
透水混凝土铺装	渗透要求高	60	30	60	1～3	根据设计要求
透水沥青铺装	渗透要求高	60	30	60	1～3	根据设计要求
嵌草砖铺装	渗透要求高	60	30	60	适用于停车位	根据设计要求
渗透塘	渗透要求高	60	60	120	0～5	1～4
渗井	渗透要求高	60	60	120	0～5	1～4
生物滞留设施	渗透要求高	30	30	120	1～5	4～6
蓄水池	无要求	无要求	无要求	根据设计要求	0	根据设计要求

续表

基础设施	场地特征					
	土壤	地下水位深度[1]/cm	基岩深度[2]/cm	最低水位差[3]/cm	最大坡度[4]/%	影响范围比[6]/%
雨水罐	无要求	无要求	无要求	根据设计要求	0	根据设计要求
湿塘	无要求	60	60	120	0～5	1～4
调节池	无要求	60	60	120	0～5	1～4
调节塘	无要求	60	60	120	0～5	1～4
植草沟	根据土壤渗透性设计不同种类植草沟	30	30	60	4[5]	3～5
渗透管/渠	渗透要求高	60	60	根据设计要求	10[5]	4～6
雨水湿地	无要求	无要求	60	120	0～5	3
植被缓冲带	无要求	30	30	无要求	6/8	15～25
屋顶绿化	适用于屋顶	适用于屋顶	适用于屋顶	根据设计要求	适用于屋顶	适用于屋顶

注：1——从基础设施底部到地下水位的垂直距离；2——从基础设施底部到基岩的垂直距离；3——从进水口到基础设施及其底部的垂直距离；4——基础设施的最大内坡度；5——场地坡度超过最大坡度要求时，设施可设计成阶梯状跌水形态；6——基础设施面积同汇水区域面积的比例。

《海绵城市建设先进适用技术与产品目录》[11,12]中详细列出了各项设施的适用范围，如表 1-7 所示。序号 1～8 为雨水收集利用技术，序号 9～13 为透水铺装技术，序号 14～18 为绿色屋顶技术，序号 19～22 为蓄水设施技术，序号 23～27 为转输技术，序号 28～32 为截污净化技术，序号 33～40 为黑臭水体治理技术。

表 1-7　绿色基础设施先进适用技术与产品和适用范围

序号	项目名称	主要技术内容	适用范围
1	硅砂雨水收集利用系统	该系统由硅砂砖、集水管等设施构成，对雨水有渗透、净化、存储作用。其中，硅砂砖应符合《砂基透水砖》（JG/T 376—2012）的要求，设计施工应符合《硅砂雨水利用工程技术规程》（CECS 381—2014）的要求	适用于建筑与小区、广场、公园等区域的雨水收集利用
2	雨水收集利用系统	该系统由截污弃流装置、过滤装置、雨水模块或蓄水池及相关管道（件）等组成，具有截污弃流、雨水存储和回用等功能。技术性能应符合现行国家标准《建筑与小区雨水控制及利用工程技术规范》（GB 50400—2016）的要求	适用于绿地、道路广场、建筑与小区雨水收集利用
3	太阳能压力罐雨水收集自动灌溉装置	该系统由太阳能光伏电池、压力罐、雨水过滤系统和灌溉系统等组成，利用太阳能光伏电池提供动力，处理后雨水可用于绿化灌溉，设施占地面积小，自动化程度高	适用于建筑屋面、地面雨水收集和灌溉

续表

序号	项目名称	主要技术内容	适用范围
4	虹吸雨水收集系统	该系统由虹吸式雨水斗、管材（连接管、悬吊管、立管、排出管）管件、固定系统等组成，利用屋面与地面间的压差形成虹吸效应，水在管道内呈满管流动状态，快速抽吸屋面雨水。虹吸式雨水斗必须带有格栅，产品性能应符合现行行业标准《虹吸雨水斗》（CJ/T 245—2007）的要求，管材和管件应符合现行行业标准《建筑排水用高密度聚乙烯（HDPE）管材及管件》（CJ/T 250—2018）的要求	适用于大面积建筑屋面雨水收集
5	雨水口支管截留式道路改造技术	该技术在道路雨水口设置储水单元和溢流管，在道路两侧设置蓄渗单元。当降雨量较少时，雨水进入储水空间和蓄渗单元，实现雨水收集和回渗；当雨量较大时，雨水通过储水单元的溢流管进入预设管道排放	适用于设有人行道和绿地的城市道路排水系统改造
6	行道树雨水收集回用保护装置	该装置由行道树保护板和三通管组成行道树树池和绿化带保护体，可在保证安全步行，避免道路垃圾流入的同时，使树池具有一定的储水空间，增加雨水渗透，方便养分与氧气供给，有利于树木生长	适用于行道树和绿化带周边保护和雨水收集
7	雨水收集预处理装置	该装置在雨水管道检查井内设置不锈钢滤网（穿孔）挡板和弃流装置，在雨水收集过程中可过滤截留泥沙和垃圾	适用于收集端的雨水管道检查井
8	下凹式绿地雨水收集利用系统	该系统由弃流式雨水口、弃流式雨水井、垃圾收集沟等组成，通过下凹式绿地，雨水中的垃圾进入垃圾收集沟，雨水中的沉积物经重力流分流后，排入城市污水管道。处理后的雨水进入玻璃钢蓄水池，实现雨水收集与利用	适用于下凹式绿地与道路、广场等结合部位的雨水收集与利用
9	透水路面砖	该砖采用天然骨料或以废弃物等块状无机非金属材料为骨料，与水泥浆等搅拌，经振动成型、养护等工艺制成，具有多孔自透水功能，或利用缝隙、凹凸榫卯结构、凹槽孔腔结构或底部空腔等结构形式实现结构透水。产品性能应符合现行国家标准《透水路面砖和透水路面板》（GB/T 25993—2010）的要求	适用于建筑与小区、广场、公园人行道及非重载路面等场合
10	透水沥青混凝土路面（彩色）	在透水或不透水路基上现场摊铺透水沥青混凝土，形成具有透水功能的沥青混凝土路面。其中，排水式路面结构可分排水导和应力吸收层。透水性沥青混凝土由特定级配集料、改性沥青等配制而成，也可添加明色剂等制成彩色透水性沥青混凝土。技术性能应符合现行行业标准《透水沥青路面技术规程》（CJJ/T 190—2012）的要求	适用于建筑小区、公园人行道，广场、停车场等路面，轻型车辆车行道及各种体育设施的地面
11	整体互通式植草停车场	该停车场地面通过现场拼装专用模具预留植草孔，铺设钢筋网后浇筑混凝土而成，植草孔腔彼此连通，且与土层相通，植草成活率高	适用于有透水绿化需求的停车场

续表

序号	项目名称	主要技术内容	适用范围
12	透水型多功能混凝土植草砖	以干硬性混凝土为主要原料，采用二次布料成型技术，经压制而成，铺装时可实现四角互锁，或具有球面承压凸台。除了砖体的竖向开孔结构形成路面雨水下渗的主要通道外，砖体混凝土自身也具有一定的透水能力，透水率≥1.0×10^{-2}cm/s（试验方法《透水路面砖和透水路面板》（GB/T 25993—2010）。植草砖基体混凝土可使用部分固废材料生产。产品相关技术性能指标应符合《植草砖》（NY/T 1253—2006）的要求	适用于有透水要求的停车场、公园步道等场合。当路面荷载较高时，可选用普通混凝土成型的四角互锁开孔植草砖
13	透水水泥混凝土路面	主要技术指标：孔隙率为 15%～25%，抗压强度为 15～30MPa，抗折强度为 3～5MPa，表观密度为 1700～2200 kg/m^3，透水率≥1.0×10^{-2}cm/s	适用于建筑小区、公园人行道、广场、停车场等路面，轻型车辆车行道及各种体育设施的地面
14	异型屋面种植袋	该种植袋采用无纺土工布制成，选用质量轻、持效性长的基质材料，以多样性和共生性为原则选择绿化植物，施工工艺简单、周期短、对周围环境影响小	适用于异型和坡度不大于60°的屋面
15	种植屋面耐根穿刺防水体系	该体系由具有耐根穿刺的防水卷材和普通防水材料等组成，阻隔种植屋面绿化植物根系穿透防水层。技术性能应符合现行行业标准《种植屋面工程技术规程》（JGJ 155—2013）的要求	适用于屋顶绿化
16	屋顶绿化储水箱	该水箱由蓄水模块、导水管、土工布等组成，铺设于屋顶绿植土壤与楼板之间。降雨时，雨水通过屋顶绿植土壤、土工布渗透进入由蓄水模块组成的蓄水箱。绿植缺水时，雨水在毛细作用下通过导水管进入绿植土壤中，有利于提高绿植成活率	适用于屋顶绿化
17	容器式屋顶绿化	该容器主要由保温隔热层、蓄水排水层、阻根层、过滤层组成。所有容器使用聚丙烯（polypropylene，PP）材料，保证容器使用寿命。容器底部设有蓄水槽，雨水进入种植容器，渗入介质吸收饱和后储存于蓄水槽内。当蓄水槽内水位超过其侧壁的溢水口时，水自行溢出，排入通风排水槽，再被排出	适用于建筑屋顶绿化工程
18	轻质屋面绿化系统	该技术包含了蓄排水层、过滤层、基质层和植被层，其中蓄排水层为双面有凹凸感的蓄排水板，可将多余的水量储存起来，并具有对植物阻根功能，在美化屋面景观的同时，对屋顶有保护作用，并可有效截留雨水，减少地表径流，将多余的雨水引流收集再利用	适用于地下室顶板、裙房屋面、架空层屋面和其他有种植要求的建筑屋面绿化工程
19	高密度聚乙烯（high density polyethylene，HDPE）大口径结构壁雨水储罐	该储罐以大口径 HDPE 管材缠绕设备生产的管道为罐体，管道两端采用封板密封，储存容积可调整。通过将管壁结构由实壁变成结构壁，减少了材料消耗，提高了罐体环刚度和内外承压能力	适用于建筑小区、市政道路、绿地等场所的雨水收集

续表

序号	项目名称	主要技术内容	适用范围
20	塑料雨水模块	该雨水模块以PP树脂为主要原料，利用注塑工艺制成，耐酸碱，对存储水无二次污染。该模块可通过拼装，配合不同材料包覆，并根据环境特点和设计需要组合为储水单元，施工方便快捷。储水单元储水率达95%。在敷设时应考虑上浮力影响	适用于建筑小区、市政道路、绿地等场地的雨水收集
21	硅砂蜂巢结构净化蓄水池	该产品由硅砂定型设计的砌体拼装成六边形井室，形成蜂窝状储水空间，实现砌块净水与结构储水的有机结合，结构稳定，储水率可达90%。砌块本体具有净化功能，可提高水体溶解氧，延长雨水储存时间。池顶的覆土深度不宜超过2m	可用于城市广场、建筑小区、绿地与湿地
22	玻璃钢雨水调蓄装置	该产品由筒体和封头两部分组成。筒体由玻璃纤维增强不饱和树脂经缠绕成型，封头由不饱和树脂灌入模具中成型，经专用设备进行拼装及隔仓，可制成雨水储存罐（池）或调节池。产品初始环刚度为5000～10000N/m^2，单个产品容积最大为100m^3。产品应符合国家或行业相关标准	适用于一般工业和民用建筑雨水传输与调节系统
23	HDPE雨水渗透管	该渗透管是采用专用设备，在HDPE实壁管材壁上开多排渗水孔制成，易与各种管件及配件配套，具有质量轻、耐腐蚀、抗冲击、施工安装方便等特点。通过控制开孔率，满足不同环刚度和渗透率要求，在管外侧包覆土工布，可避免泥沙进入管道造成堵塞	适用于建筑小区、绿地、广场等
24	渗透排放一体化系统	该系统由树脂混凝土线性排水沟、雨水井、渗透式PE穿孔管及配套管件等组成，其中雨水井、排水沟壁及底部开孔	适用于人行路面、绿地与广场等场所渗水排水。适用条件：与建筑基础边缘距离应不小于3m；渗透设施周边土壤渗透系数大于5×10^{-6}m/s；渗透设施底面距离地下水不小于1.5m
25	塑料排水管道	该排水管道按结构形式包括结构壁管、实壁管和纤维增强复合管等，具有耐腐蚀、重量轻、易施工安装等特点。其中，结构壁管以聚乙烯或PP等为基体，通过挤出、缠绕和熔接等不同工艺加工成A型或B型结构壁管材；实壁管以聚乙烯或PP等为原料，通过挤出成型实壁管材；纤维增强复合管常以HDPE管材树脂为基体，不同纤维为增强材料，通过挤出、缠绕、定型等工艺成型，可在管外侧螺旋缠绕PP等材料的肋管，形成多层复合管。产品性能应符合国家现行相关标准的要求	适用于无压埋地排水工程

续表

序号	项目名称	主要技术内容	适用范围
26	竹纤维复合管	该复合管由内衬层、增强层和外防护层组成，以竹材为增强材料，以热固性树脂为黏结剂，采用缠绕工艺加工成型。内衬层由防腐性能优异的树脂和竹纤维无纺布、竹针织毡制成，防渗且内壁光滑。增强层由长 0.5～3m、宽 5～20mm、厚度 0.5～1.5mm 的竹篾和氨基树脂制成。外防护层由防水防腐较好的树脂填料制成	适用于无压埋地排水工程
27	树脂混凝土线性排水沟	该排水沟主要以高分子树脂、颗粒填充材料、固化剂等为原料，工厂化预制生产；以线性进水方式取代传统雨水口点式进水方式，减小汇水找坡长度；沟体断面采用 U 形构造，排水沟底部可形成较大的流速，具有良好的自净能力。该产品还具有抗压强度高，抗冲击性能好，吸水率低，耐腐蚀性强，使用寿命长等特点	适用于公共交通路面、人行道、广场、公园等区域的地面或侧墙排水
28	多级结构生态岸带渗滤净化技术	该技术主要是利用植物等天然材料与其他工程材料相结合在岸带上构建缓冲带等生态修复系统，一般采用有生命力植物的根、茎（枝）或整体作为结构的主体元素，按一定的方式、方向插扦或种植在岸的不同位置，通过植物群落加固和稳定岸带，弥补硬化河道的不足，可提高雨水的截流能力，减少水土流失，有效控制径流污染，并具有一定的水质净化作用，有利于促进土壤水循环，恢复岸带生态和景观功能	适用于缓流水系或封闭水体的驳岸带新建或生态化改造
29	雨水截污装置	该装置是一种具有雨污合流管道截流作用或雨水（初次）管道截污作用的水力涡流分离设备，且具有水头损失小、结构紧凑等特点，对沉积物、油污和悬浮物有较好的截除效果；可设在雨污合流管道和雨水管道检查井或截留井内	可用于道路两侧、城镇街道排水管道或小区绿地雨水管道的井室截污处置
30	城市雨水生态净化技术	该技术将传统技术和生态净化技术相结合，采用渗滤系统处理面源污染，采用生物滤池与过滤滤池相结合的方式处理点源污染，采用由截水沟、沉砂井、沉淀池组成的多级过滤系统处理分散式污染的地表雨水径流，形成面源污染生态净化技术、点源污染生物净化技术、分散式地表雨水径流回收利用技术和集成净化技术，实现污染雨水收集、处理和利用的目的	适用于点源、面源及分散式污染的雨水收集净化和回用
31	人工湿地垂直流生态滤床	人工湿地垂直流生态滤床主要包括垂直流生态滤床、沉淀池（塘）、粗滤床等预处理设施，根据需要设有深度处理塘、污泥生态干化滤床。采用 PLC 控制技术，达到均匀配水、充分富氧；生态滤料无须清洗、更换；可以采用水位控制和时间控制两种方式。对 COD、TN、TP、氨氮去除率可达 85%以上	可用于建筑、道路、停车场、公园等汇水面的雨水处理或污水处理厂的出水深度处理

续表

序号	项目名称	主要技术内容	适用范围
32	小区分散式雨污水处理技术	该技术通过对小区生活污水和雨水采用景观型组合生态技术、节地型污水生态处理、多级景观污水处理、地下渗滤及屋顶垂直绿化与雨水花园等多种技术组合，实现对小区及建筑的雨污水的有效拦截处理和资源化利用	适用于建筑小区及公用设施生活污水和雨水净化处理
33	基于磁混凝沉淀技术的河道黑臭水体综合治理工艺	该工艺以磁混凝沉淀技术为核心，整合纳米气泡、高效微生物和湿地原位修复等技术，实现黑臭水体的治理，具有占地面积小、处理速度快、投资省、运行费用低等特点	适用于黑臭水体的治理、净化与修复
34	基于底泥洗脱污染转移的水体治理技术	该技术集清污、覆盖、净化功能于一体，采用行走型底泥洗脱器，将污泥污染物转移到洗脱水中，洗脱泥沙原位覆盖湖底，再通过污水净化单元净化洗脱液，对水环境影响小	适用于城市景观水体、小型湖泊和江河入水口的底泥治理
35	水体微生物活化技术	该技术采用以聚氨酯为主要成分的生物膜改性填料、吸附粉末活性炭和PHA生物活性材料，能吸收和降解有毒物质，提高生态系统稳定性；通过驯化、激活水体本土微生物，提高微生物的有效生物量和功能性，有助于水体生态系统恢复自净能力，实现水体的原位修复	适用于黑臭水体的治理、净化与修复
36	干垒挡土墙用混凝土砌块	该砌块以混凝土或再生骨料混凝土为原材料，具有多孔结构，与土木格栅组合可用于干垒挡土墙。产品性能应符合现行行业标准《干垒挡土墙用混凝土砌块》（JC/T 2094—2011）的要求	适用于具有生态修复或生态景观要求的回填式挡土墙
37	生态护坡用混凝土异形砌块	该砌块以混凝土为原材料，采用专用成型机制成具有空心或异形结构。砌块底面可为平面或斜面，铺设时砌块顶面保持水平，有利于植物在砌块空腔内生长。应根据护坡的坡度选择砌块和铺设方法	适用于具有生态修复或生态景观要求的回填式挡土墙
38	柔性生态护坡技术	该产品是以聚酰胺为原材料，采用干拉工艺一次性加工制成的呈倒金字塔状弹性均匀构形、孔隙率大于95%的土工合成材料。利用该土工合成材料制成水土保护毯，可为植物生长提供额外的加筋立体护坡体系。产品铺设后，将被植物根系缠绕，使土壤得以整体性锚固，为植物提供地面保护，减少水土流失	适用于水土保护与景观工程、防洪工程和裸露山体的绿化
39	多孔质生态环境修复技术	该技术将透水混凝土、凝胶材料和添加剂制成的多孔质基材护砌至堤坝坡面，具备面层植被缓冲、多孔质骨架防护、植物根系加固三重防护功能，具有强度高、构造利于植物生长、低碱环境和适用范围广的特点	适用于老旧硬质边坡改造修复及新建边坡防护
40	基于“仿生态系统”的城市河道治理技术	该技术采用河水自净原理建造仿生态系统，对水环境进行修复，包括曝气、过滤与生态岛三大单元：采用多类型曝气法向被污染的水体进行人工充氧，满足水体中动物和好氧微生物对水中氧的需要，增加水体的自净能力；水循环过滤，滤除水中固体颗粒；生态岛系统包括水生植物浮岛和附着微生物的水下生态基	适用于城市河湖水体的水质治理。适用条件：以能有效控制外源和内源污染物为前提，生态净化措施不得与水体的其他功能冲突

1.3.3　场地运营养护管理

1. 建筑与小区养护管理

建筑与小区包括居住小区、公共建筑区（商业、学校、医院等）、工业区三类场地。其主要特点包括：①路面径流雨水通过有组织的汇流与转输，经截污等预处理后引入绿色基础设施，因空间限制等不能满足控制目标的建筑小区，径流雨水还可通过城市雨水管渠系统引入城市绿地与广场内的绿色基础设施。②场地绿色基础设施的选择除生物滞留设施、雨水罐、渗井等小型、分散的绿色基础设施外，还可设计渗透塘、湿塘、雨水湿地等相对集中的水环境基础设施，有景观水体的小区，雨水进入景观水体之前应设置前置塘、植被缓冲带等预处理设施，同时可采用植草沟转输雨水，以降低径流污染负荷。景观宜采用非硬质池底及生态驳岸，为水生动物提供栖息或生长条件，并通过水生动植物对水体进行净化，必要时可采取人工土壤渗滤等辅助手段对水体进行循环净化。③建筑绿色基础设施的选择包括屋顶绿化、屋面雨水收集、雨水罐等水环境基础设施。水资源紧缺地区可考虑优先将屋面雨水进行集蓄回用，采取雨落管断接或设置集水井等方式将屋面雨水断接并引入周边小型、分散的绿色基础设施，或通过植草沟、雨水管渠将雨水引入场地内的集中调蓄设施。④道路排水宜采用生态排水的方式。路面雨水首先汇入道路绿化带，并通过设施内的溢流排放系统与城市雨水管渠系统、超标雨水径流排放系统相衔接。⑤道路径流雨水进入绿地前，应建设沉淀池、前置塘等对进入绿地内的径流雨水进行预处理。

建筑与小区的建设主体和养护主体往往不是同一单位，绿色基础设施往往作为附属涉及养护管理的移交。公共建筑区与工业区的移交较简单，由建设者向不动产所有人提供雨水利用养护说明书、污染防治说明书、雨水排放说明书及其他相关的养护责任。居住小区的责任移交相对复杂，涉及开发商、业主和物业公司（图 1-7、图 1-8）。

根据《海绵城市建设技术指南——低影响开发雨水系统构建》、《国家卫生城市标准》（2014 版）及其他相关规定，运营养护方应确保项目设施的安全管理、运营及养护，保证项目设施能正常发挥功能。按照建筑小区海绵化改造工程运营服务质量考核表（表 1-8）自行或委托第三方对项目的管理和养护情况进行项目效果考核，并记录到建筑小区海绵化改造工程运营养护记录报表（表 1-9）。

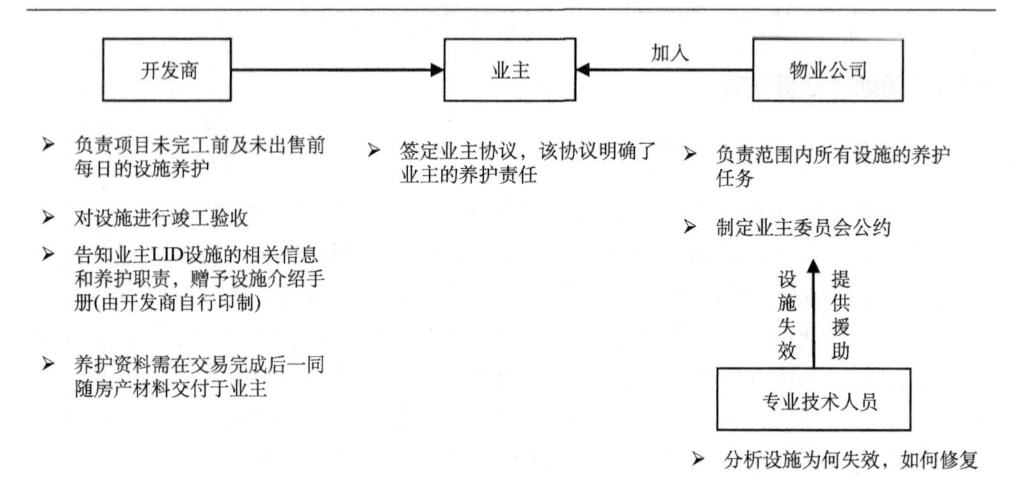

图 1-7　居住小区水环境基础设施运营养护交接

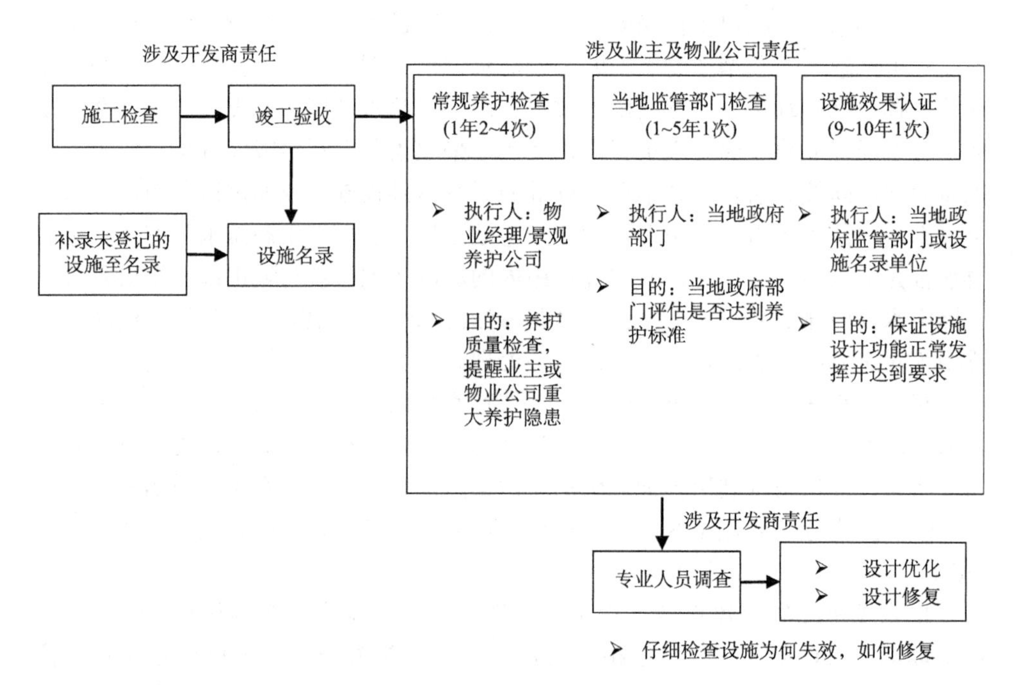

图 1-8　居住小区水环境基础设施各责任方图解

2. 城市道路绿色基础设施的运营养护管理

城市道路径流雨水通过有组织的汇流与转输，经截污等预处理后引入道路红线内外绿地内，并通过设置在绿地内的以雨水渗透、储存、调节等为主要功能的低影响开发设施进行处理设施的选择，应因地制宜、经济有效、方便易行，如结

表 1-8　建筑小区海绵化改造工程运营服务质量考核表

考核项目	考核内容	计分标准	得分		备注
			小计	合计	
保洁考核（20分）	保洁考核主要包括项目范围内透水铺装、下沉式绿地、植草沟等海绵化设施的保洁。相关政府部门每月定期抽查，对保洁情况进行季度考评	透水铺装的路面、公共场地无泥沙，无明显垃圾和积水，每天至少打扫 1 次，保持整洁（6 分）			
		绿地、草坪、植草沟、下沉式绿地等无枯枝落叶、果皮、饮料罐、烟头、杂物等垃圾，发现垃圾 24h 内清理干净，并做清理记录（6 分）			
		蓄水池、雨水池、景观池等雨水调蓄设施保持清洁，遇有垃圾应 24h 内清理干净，并做清理记录（4 分）			
		雨水综合利用等设施应每月清理、疏通 1 次，保持设备能正常运转（4 分）			
绿化养护（25分）	主要考核项目范围内植被的绿化养护情况，保证绿地、草坪、树木、花草的正常生长、生态效益。相关政府部门每月对运行记录进行抽查，对绿化养护情况进行季度考评	海绵化设施中植被正常生长，满足净化调蓄效果（5 分）			
		绿地植物应能耐受雨水浸泡，植草沟、下沉式绿地等应能吸收积水，净化截污，防治内涝（10 分）			
		项目范围内花草、树木的浇水、施肥、松土、除草、病虫害防治等工作有序进行，每月检查 1 次（5 分）			
		花草、树木景观效果的保持（5 分）			
基础设施养护（35 分）	主要考核项目设施是否按照适用法律和谨慎运营惯例进行维修养护，保证设施的正常运行，应满足国家卫生城市要求。相关政府部门每月对运行记录抽查，对设施养护情况进行季度考评	根据工作性质，安排相应的岗位和人员（5 分）			
		设施、设备检修和保养，做到迅速及时，保质保量（5 分）			
		对项目范围内的电器、机械、监控等海绵化设施设备应勤检勤查，发现问题 24h 处理完毕（10 分）			
		项目范围内出现设施设备故障应 24h 内维修或更换（8 分）			
		设置在建筑物内的设备、水泵等应采用减振装置，噪声排放应符合相关法律规定（3 分）			
		突发事件 24h 内采取妥善处理措施（4 分）			
社会服务责任（20 分）	保证对涉及运营管理方面的问题进行新闻曝光，投诉要在规定期限内办理完毕，不影响项目范围内正常运行。有关政府部门每月对运行记录抽查，对社会服务责任落实情况进行季度考评	合理安排工作，有投诉曝光事件应在 24h 内处理完成，保证有专人办理，有记录。避免影响正常运行（5 分）			
		运营管理工作满足城市管理要求，满足居民的正常生活环境需求，有效改善“小雨不积水，大雨不内涝”，降低对居民生活的影响（15 分）			
合计					

注：1. 每项实际标准优于考核标准，即得满分。

2. 每项最低分为 0 分。

3. 考核指标保留小数点后两位。

4. 子工程项目效果考核时，可根据实际情况调整运营服务质量考核表的计分标准。

表 1-9　建筑小区海绵化改造工程运营养护记录报表

报送单位：　　　　　　月份：

项目 日期	保洁记录	绿化养护记录	基础设施养护记录	社会服务责任记录

主管：　　　　　　　　填表人：

报送日期：　　　　　　联系电话：

合道路绿化带和道路红线外绿地优先设计下沉式绿地、生物滞留设施、雨水湿地等。城市道路雨水利用工程要转变传统的道路建设理念，统筹规划、设计符合低影响开发技术要求的道路高程、横断面、绿化带及排水系统，变快速汇水为分散就地吸水，提高道路对雨水的渗滞能力。新建道路应结合红线内外绿地空间、道路纵坡及标准断面、市政雨水排放系统布局等，优先采用植草沟排水。已建道路可通过路缘石改造，增加植草沟、溢流口等方式将道路径流引到绿地空间。道路红线外绿地空间规模较大时，可结合周边地块条件设置雨水湿地、雨水塘等雨水调节设施，集中消纳道路及部分周边地块雨水径流，控制径流污染。按照高水高排、低水低排的原则，收集利用城市桥梁路面径流雨水，在下穿式立交桥下建设大型雨水调蓄池，汛期用其解决桥下积水内涝，保障交通安全，旱季将调蓄池内的水作为绿化、道路保洁等用水。冬季清除海绵型道路积雪，应采用机械方式或环保融雪剂，防止对绿化带植物造成损害。城市道路工程运营和养护具体内容包括项目红线内路面、路口、人行道、绿化带、道路雨水管网、道路污水管网、水环境基础设施。垃圾外运由采购人或其指定机构负责。运营养护的内容主要包括保洁、绿化养护、基础设施养护、社会服务责任等。

城市道路水环境基础设施运营养护方较复杂，涉及城市交通、环卫公司、市政环卫、园林及其他有关管理单位，需建立“排水-园林-市政环卫-道路”一体化运营养护管理机制。各养护单位的养护工作频次有所差异，在明确各自养护内容的前提下，非雨季各自管理养护队伍，在雨季时（尤其是重大降雨事件前后），需组成联合工作小组，共同完成道路雨水系统的养护保障工作，相互监督，做到管理分离，管理目标统一。图 1-9 为城市道路水环境基础设施各养护单位职责分工图。

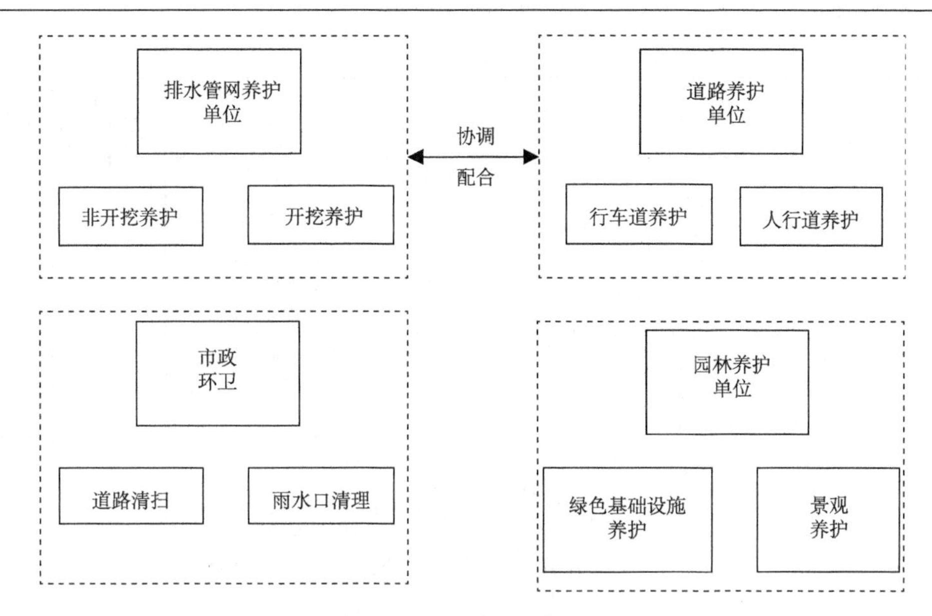

图 1-9　城市道路水环境基础设施各养护单位职责分工

按照道路及管网海绵化改造工程运营服务质量考核表（表 1-10）自行或委托第三方对项目的管理和养护情况进行项目效果考核，并记录到道路及管网海绵化改造工程运营养护记录报表（表 1-11）。

3. 公园与广场的养护管理

公园与广场雨水利用工程指绿地、广场及周边区域径流雨水通过有组织的汇流与转输，经截污等预处理后引入绿地内的，以雨水渗透、储存、调节等为主要功

表 1-10　道路及管网海绵化改造工程运营服务质量考核表

考核项目	考核内容	计分标准	得分		备注
			小计	合计	
保洁考核（15 分）	保洁考核主要包括项目范围内的路面、透水铺装、植草沟和调蓄池等海绵化设施的保洁。道路保洁应满足《城镇道路清扫保洁服务标准》（DB13（J）/T 88—2009）。有关政府部门每月定期抽查，对项目范围内保洁情况进行季度考评	改造路面、透水铺装区域应每日清扫，保持清洁。有杂物、落叶、人为垃圾应 24h 内清理完成，并做好清理记录（5 分）			
		道路两边绿地、草坪、植草沟、下沉式绿地等无人为垃圾、杂物（6 分）			
		调蓄池、蓄水池等应 24h 内清理完成，并做好清理记录，保持清洁（2 分）			
		雨水调蓄、雨水综合利用设施设备应每月清理 1 次，保持雨水流动畅通，设备能正常运转（2 分）			

续表

考核项目	考核内容	计分标准	得分		备注
			小计	合计	
绿化养护（30分）	主要考核项目范围内植被的绿化养护情况，保证绿地、草坪、树木、花草的正常生长、生态效益和雨水调蓄功能。绿化养护应达到《河北省城市园林绿地养护与水体景观管理技术导则》（2010年3月发布）标准。有关政府部门每月对运行记录抽查，对绿化养护情况进行季度考评	植草沟、下沉式绿地等雨水净化调蓄设施中的植被应根据需要进行修剪、养护，满足雨水净化调蓄要求（7分）			
		绿地植物应能耐受雨水浸泡，根据需要修剪、养护，保证能吸收雨水，防治内涝（10分）			
		项目范围内花草树木的浇水、施肥、松土、除草、病虫害防治等工作有序进行，每月检查1次（8分）			
		新植花草、树木保持景观效果，与原有绿化设施协调（5分）			
基础设施养护（45分）	主要考核项目设施是否按照适用法律和谨慎运营惯例进行维修养护，保证设施的正常运行。基础设施养护应达到《海绵城市建设技术指南》的相关要求，管网养护应满足《城镇排水管道维护安全技术规程》（CJJ 6—2009）要求。有关政府部门每月对运行记录抽查，对设施养护情况进行季度考评	根据工作性质，安排相应的岗位和人员（5分）			
		路面和人行道破损应24h内上报，并于1周内修复完成（4分）			
		设施、设备检修和保养，做到迅速及时，保质保量（8分）			
		对项目范围内的电器、机械、监控、监测等设备应勤检勤查，发现问题，应于24h内处理完成（6分）			
		项目范围内出现设施设备故障应24h内维修或更换，严禁带故障运行（6分）			
		管网无跑冒滴漏，勤检勤查，保证正常运行；非雨季节定期进行清理疏通（8分）			
		井圈井盖应及时检查，保证24 h使用安全（4分）			
		突发事件发生，24h内采取妥善处理措施（4分）			
社会服务责任（10分）	保证对涉及运营管理方面的问题进行新闻曝光，投诉要在规定期限内办理完毕，不影响项目范围内正常运行。有关政府部门每月对运行记录抽查，对社会服务责任落实情况进行季度考评	道路及管网海绵化改造达到城市管理有关要求，提高了群众的生活环境质量，方便群众出行（7分）			
		合理安排工作，有投诉曝光事件应24h内处理完成，保证有专人办理，有记录。保证本项目正常运行（3分）			
合计					

注：1. 每项实际标准优于考核标准，即得满分。

2. 每项最低分为0分。

3. 考核指标保留小数点后两位。

4. 子工程项目效果考核时，可根据实际情况调整运营服务质量考核表的计分标准。

表 1-11　道路及管网海绵化改造工程运营养护记录报表

报送单位：　　　　月份：

项目 / 日期	保洁记录	绿化养护记录	基础设施养护记录	社会服务责任记录

主管：　　　　填表人：

报送日期：　　　　联系电话：

能的水环境基础设施，消纳自身及周边区域径流雨水，并衔接区域内的雨水管渠系统和超标雨水径流排放系统，提高区域内涝防治能力。绿色基础设施的选择应因地制宜、经济有效、方便易行，如湿地公园和有景观水体的公园与广场宜设计雨水湿地、湿塘等。公园与广场雨水利用工程应因地制宜，采用透水铺装、生物滞留设施、植草沟、微地形、雨水花园、小型人工湿地、湿塘等分散式消纳与集中式调蓄相结合的绿色基础设施，提高雨水的蓄滞与资源化利用能力。应通过科学布局，尽可能地消纳周边道路、建筑与小区、市政设施等区域的径流雨水，提高区域雨水控制和内涝防治能力。公园与广场雨水利用工程运营养护的内容主要包括保洁养护、绿化养护、基础设施养护、社会服务责任等。

公园与广场雨水利用工程的运营养护主体是城市园林、城市市政、交通及其他有关管理单位。根据《海绵城市建设技术指南——低影响开发雨水系统构建》要求、有关公共卫生和安全的适用法律及其他相关规定，确保项目设施的安全管理、运营及养护。按照公园与广场海绵化改造工程运营服务质量考核表（表 1-12）自行或委托第三方对项目的管理和养护情况进行项目效果考核，并记录到公园与广场海绵化改造工程运营养护记录报表（表 1-13）。

4. 水系的养护管理

水系在排水、防涝、防洪及改善生态环境中发挥着重要作用，是水循环过程中的重要环节，湿塘、雨水湿地等雨水利用末端调蓄设施也是水系的重要组成部分，同时水系也是超标雨水径流排放系统的重要组成部分。水系设计应根据其功能定位、水体现状、岸线利用现状及滨水区现状等，进行合理保护、利用和改造，

表 1-12 公园与广场海绵化改造工程运营服务质量考核表

考核项目	考核内容	计分标准	得分		备注
			小计	合计	
保洁考核（20分）	保洁考核主要包括项目范围内的路面、透水铺装、下沉式绿地、植草沟等海绵化设施的保洁。相关政府部门每月定期抽查，对保洁情况进行季度考评	路面、透水铺装的路面、公共场地无泥沙，无明显垃圾和积水，每天至少打扫一次，保持整洁（6分）			
		绿地、草坪、植草沟、下沉式绿地等无枯枝落叶、果皮、饮料罐、烟头、杂物等垃圾，发现垃圾24h内清理完毕（6分）			
		蓄水池、雨水池、景观池等雨水调蓄设施应24h内清理完毕，保持清洁（4分）			
		雨水综合利用等设施应每月清理、疏通1次，保持设备能正常运转（4分）			
绿化养护（35分）	主要考核项目范围内植被的绿化养护情况，保证绿地、草坪、树木、花草的正常生长、生态效益和防洪排涝效益。相关政府部门每月对运行记录抽查，对绿化养护情况进行季度考评	海绵化设施中植被正常生长，满足净化调蓄效果（7分）			
		绿化带、植草沟、下沉式绿地等每月日常养护1次，保证吸收积水、净化截污、防治内涝的功能（15分）			
		项目范围内花草、树木的浇水、施肥、松土、除草、病虫害防治等工作有序进行，每月检查1次（6分）			
		花草、树木景观效果的保持，与周边环境协调（7分）			
水环境基础设施养护（25分）	主要考核项目设施是否按照适用法律和谨慎运营惯例进行维修养护，保证设施的正常运行，应满足国家卫生城市要求。相关政府部门每月对运行记录抽查，对设施养护情况进行季度考评	根据工作性质，安排相应的岗位和人员（1分）			
		设施、设备检修和保养，做到迅速及时，保质保量（3分）			
		对项目范围内的电器、机械、监控等海绵化设施设备应勤检勤查，发现问题24h内处理完成（4分）			
		雨水综合利用设施等勤检勤查，保证正常运行；非雨季定期进行清理疏通（4分）			
		井圈井盖应及时检查，保证24h使用安全（2分）			
		项目范围内出现设施设备故障应24h内维修或更换完成（5分）			
		水环境基础设施设备应每月疏通清理1次，满足规范要求（2分）			
		突发事件24h内采取妥善处理措施（4分）			

续表

<table>
<tr><th rowspan="2">考核项目</th><th rowspan="2">考核内容</th><th rowspan="2">计分标准</th><th colspan="2">得分</th><th rowspan="2">备注</th></tr>
<tr><th>小计</th><th>合计</th></tr>
<tr><td rowspan="2">社会服务责任（20分）</td><td rowspan="2">保证对涉及运营管理方面的问题进行新闻曝光，投诉要在规定期限内办理完毕，不影响项目范围内正常运行。有关政府部门每月对运行记录抽查，对社会服务责任落实情况进行季度考评</td><td>合理安排工作，有投诉曝光事件应 24h 内处理完成，保证有专人办理，有记录。避免影响正常运行（5 分）</td><td></td><td rowspan="2"></td><td></td></tr>
<tr><td>运营管理工作满足城市管理要求，满足居民的正常生活环境需求，有效改善“小雨不积水，大雨不内涝”，降低对居民生活的影响（15 分）</td><td></td><td></td></tr>
<tr><td colspan="3">合计</td><td colspan="3"></td></tr>
</table>

注：1. 每项实际标准优于考核标准，即得满分。

2. 每项最低分为 0 分。

3. 考核指标保留小数点后两位。

4. 子工程项目效果考核时，可根据实际情况调整运营服务质量考核表的计分标准。

表 1-13　公园与广场海绵化改造工程运营养护记录报表

报送单位：　　　　　月份：

项目／日期	保洁记录	绿化养护记录	基础设施养护记录	社会服务责任记录

主管：　　　　　填表人：

报送日期：　　　　联系电话：

在满足雨洪行泄等功能条件下，实现相关规划提出的低影响开发控制目标及指标要求，并与城市雨水管渠系统和超标雨水径流排放系统有效衔接。水系根据城市“蓝线”管理办法和城市防洪要求，合理制定水系保护与修复方案，优先利用现状河流、湖泊、湿地、坑塘、沟渠等自然水体，实现城市建设的目标要求。地势落差比较大的城区，可通过建设截洪工程和地下或地表水库，蓄积雨水，削减洪峰。城区雨水在排入自然水体前，可采用植物缓冲带、沉淀池、前置塘等设施，削减径流污染。在保证城区河道防洪需要的前提下，建设拦蓄设施，实现雨水的蓄滞，开展生态修复，改善河道生态环境。加强对城市池塘、河湖、湿地等水体自然形态的保护和恢复，积极采用生态驳岸、湖（河）滨湿地、自然河床等方式进行生态修复，营造多样生物生存环境。水系工程运营养护的内容主要包括河道治理、保洁养护、绿化养护、基础设施养护、社会服务责任等。水系工程运营养护存在的主要问题是岸上、岸下主体不同，应建立“岸上-岸下”一体化运营管理机制。

根据《海绵城市建设技术指南——低影响开发雨水系统构建》[7]要求、有关公共卫生和安全的适用法律及其他相关规定，确保项目设施的安全管理、运营及养护。按照河流水系整治工程运营服务质量考核表（表 1-14）自行或委托第三方对项目的管理和养护情况进行项目效果考核，并记录到河流水系整治工程运营养护记录报表（表 1-15）。

表 1-14 河流水系整治工程运营服务质量考核表

考核项目	考核内容	计分标准	得分		备注
			小计	合计	
河道治理（25 分）	主要考核河道的清淤疏浚情况、黑臭水体治理情况及达到排水排涝要求。有关政府部门每月定期抽查，对河道治理情况进行季度考评	河底沉积淤泥 1 周内开始清理疏浚工作，每年至少组织 1 次大规模清淤疏浚，保证河道畅通，排水排涝能力增强（8 分）			
		乱占河面、河岸，乱挖、乱填河道等现象，24h 内予以制止（3 分）			
		水环境良好（4 分）			
		项目范围内黑臭水体得到有效治理，水质主要指标保持在《地表水环境质量标准》（GB 3838—2012）Ⅳ类及以上标准（10 分）			
保洁养护（15 分）	主要考核项目范围内是否按照标准进行保洁养护，保证河道卫生，湿地工程、绿化带等项目范围内的清洁。有关政府部门每月定期抽查，对保洁养护情况进行季度考评	水面 24h 内清理完成，无漂浮物、垃圾等杂物（3 分）			
		河坡范围内 24h 内清扫完成，保证无生活生产垃圾、建筑垃圾及其他杂物堆放（2 分）			
		绿化带中无垃圾、杂物，无枯枝枯叶堆积（5 分）			
		湿地内无漂浮物，湿地内及周边无垃圾、杂物（3 分）			
		垃圾在 24h 内清运，无养护垃圾堆积、焚烧等现象（2 分）			
绿化养护（20 分）	主要考核项目范围内植被的绿化养护情况，保证两侧绿化带、湿地工程的绿地、草坪、灌木、乔木等的正常生长、生态效益和景观效益。有关政府部门每月对运行记录抽查，对绿化养护情况进行季度考评	两侧绿化带的植物根据需要修剪、养护，景观效果的养护（6 分）			
		湿地工程绿地、水域植物等植被根据需要养护，保证生态效益（5 分）			
		项目范围内花草、树木、绿地的浇水、施肥、松土、除草、病虫害防治等工作有序进行，保证植物的正常生长，每月检查 1 次（6 分）			
		项目范围内植被的补充，新植植被的养护（3 分）			

续表

考核项目	考核内容	计分标准	得分		备注
			小计	合计	
基础设施养护（30分）	主要考核项目设施是否按照标准进行维修养护，保证设施的正常运行。有关政府部门每月对运行记录抽查，对设施养护情况进行季度考评	根据工作性质配置稳定工作人员，有完善管理体系和规章制度，并得到很好执行（8 分）			
		定期对电器、机械、监控等设施、设备进行检修和保养工作，设施设备故障 24h 内维修或更换（5 分）			
		泵站按照适用法律和行业规范对变压器、电动机、水泵、配电起动设备、水工建筑物等每月检查、保养 1 次（6 分）			
		项目范围内出现设施设备故障、功能性损坏影响美观时，应 24h 内维修或更换（3 分）			
		突发事件 24h 内采取妥善处理措施（8 分）			
社会服务责任（10分）	保证对涉及运营管理方面的问题进行新闻曝光，投诉要在规定期限内办理完毕，不影响项目范围内正常运行。有关政府部门每月对运行记录抽查，对社会服务责任落实情况进行季度考评	河道黑臭水体治理改造达到城市管理有关要求，给群众提供了良好的生活环境质量（7 分）			
		合理安排工作，有投诉曝光事件应 24h 内处理完成，保证有专人办理，有记录。保证本项目正常运行（3 分）			
合计					

注：1. 每项实际标准优于考核标准，即得满分。

2. 每项最低分为 0 分。

3. 考核指标保留小数点后两位。

4. 子工程项目效果考核时，可根据实际情况调整运营服务质量考核表的计分标准。

表 1-15　河流水系整治工程运营养护记录报表

报送单位：　　　　　　　　　月份：

项目 日期	河道治理情况	保洁记录情况	绿化养护记录	基础设施养护记录	社会服务责任记录

主管：　　　　填表人：

报送日期：　　联系电话：

河流水系两侧通常会设置郊野公园和生态走廊，其建设内容不同于一般公园与广场，运营养护要兼顾河流水系，其运营养护也不同于一般公园与广场的运营养护标准，按照河流水系郊野公园、生态走廊海绵化改造工程运营服务质量考核表（表 1-16）自行或委托第三方对项目的管理和养护情况进行项目效果考核，并记录到河流水系整治工程运营养护记录报表（表 1-15）。

表 1-16　河流水系郊野公园、生态走廊海绵化改造工程运营服务质量考核表

考核项目		考核内容	计分标准	得分		备注
				小计	合计	
郊野公园保洁养护情况	郊野公园保洁养护（14分）	保证郊野公园内路面、透水铺装、绿地和相关设施设备清洁卫生。有关政府部门每月检查项目公司的自查记录，对郊野公园保洁养护情况进行季度考评	广场、路面、树圈、停车场、湖边台阶、凉亭、透水铺装、木铺装等区域应每日清扫（3 分）			
			车辆、工具无乱停乱放现象（2 分）			
			调蓄池、净化设备等雨水综合利用设备设施保持清洁（3 分）			
			绿地、草坪、绿篱等地方无垃圾污物（3 分）			
			建筑物和构筑物保持清洁，定期打扫（2 分）			
			雨雪天气停止后就进行清雪，排积水（1 分）			
绿化养护情况	乔灌花木（32分）	保证郊野公园的乔灌花木修剪、施肥、打药、清理符合规范要求，保持景观效果。有关政府部门每月检查项目公司的自查记录，对乔灌花木养护情况进行季度考评	根据需要修剪，修剪符合规范要求（4 分）			
			根据需要施肥、打药（5 分）			
			树穴内无杂草、杂物，灌木丛中无垃圾污物等现象（3 分）			
			死亡的树木花草于 1 周内清理、更换完成（4 分）			
			24h 内清理完成枯枝残叶及树芽子（3 分）			
			乔灌木保存率达到 95%以上（4 分）			
			树木上无摊晒物品及拴绳挂物品现象（3 分）			
			重要位置片林内杂草高不超过 30cm（3 分）			
			显要位置树形及树穴规整划一，保持长期完好（3 分）			
	绿篱（24分）	保证郊野公园范围内的绿篱及时清理、修剪，符合规范要求。有关政府部门每月检查项目公司的自查记录，对绿篱养护情况进行季度考评	绿篱内无杂草，无因病虫害造成苗木死亡的情况（5 分）			
			死苗应于 1 周内清理、更换完成（4 分）			
			修剪后 24h 内完成清扫枝叶（3 分）			
			徒长枝不超过 10cm，重要位置不超过 6cm（4 分）			
			修剪绿篱做到“三面二线”，无边缘边界不清，无凸凹现象，两线条平直（5 分）			
			显要位置保持常态精细化管理（3 分）			

续表

<table>
<tr><th colspan="2" rowspan="2">考核
项目</th><th rowspan="2">考核内容</th><th rowspan="2">计分标准</th><th colspan="2">得分</th><th rowspan="2">备注</th></tr>
<tr><th>小计</th><th>合计</th></tr>
<tr><td rowspan="6">绿化养护情况</td><td rowspan="6">草坪（15 分）</td><td rowspan="6">保证郊野公园范围内的草坪正常生长，无裸露、杂草、污物等现象，及时修剪，保持景观效果。有关政府部门每月检查项目公司的自查记录，对草坪养护情况进行季度考评</td><td>草坪内无大量裸露现象（小于 20cm×20cm）（3 分）</td><td></td><td rowspan="6"></td><td></td></tr>
<tr><td>草坪内无杂草、污物现象（2 分）</td><td></td><td></td></tr>
<tr><td>病虫害、旱情、涝情较轻，根据需要浇水、排涝、施肥、打药，草坪长势良好（2 分）</td><td></td><td></td></tr>
<tr><td>草坪修剪符合标准，修剪及时，无部分旺长而不修剪情况（4 分）</td><td></td><td></td></tr>
<tr><td>显要位置保持常态精细化管理（2 分）</td><td></td><td></td></tr>
<tr><td>草坪修剪后 24h 内清理完成（2 分）</td><td></td><td></td></tr>
<tr><td rowspan="4">基础设施养护情况</td><td rowspan="4">基础设施养护（10 分）</td><td rowspan="4">主要考核项目设施是否按照标准进行维修养护，保证设施的正常运行。有关政府部门每月检查项目公司的自查记录，对设施养护情况进行季度考评</td><td>根据工作性质，安排相应的岗位和人员（1 分）</td><td></td><td rowspan="4"></td><td></td></tr>
<tr><td>雨水综合利用设施设备等海绵化设施每月检修和保养 1 次，做到迅速及时，保质保量（2 分）</td><td></td><td></td></tr>
<tr><td>对郊野公园范围内电器、机械、监控等设备应勤检勤查，发现问题 24h 内处理完成（4 分）</td><td></td><td></td></tr>
<tr><td>项目范围内出现设施设备故障、功能性损坏影响美观时，应 1 周内维修或更换完成（3 分）</td><td></td><td></td></tr>
<tr><td>自查记录管理情况</td><td>自查记录（2 分）</td><td>运营服务质量定期自查，保证自查记录存档完整</td><td>按正常规程操作，安全意识强。自查记录完整、规范（2 分）</td><td></td><td></td><td></td></tr>
<tr><td rowspan="2">社会服务责任情况</td><td rowspan="2">社会服务责任（3 分）</td><td rowspan="2">保证与郊野公园相关的曝光、投诉及时处理，保证郊野公园的正常运行。有关政府部门每月检查项目公司的自查记录，对社会服务责任落实情况进行季度考评</td><td>本项的海绵化改造使群众的生活环境和生活质量得到提升（1 分）</td><td></td><td rowspan="2"></td><td></td></tr>
<tr><td>合理安排工作，有城市管理委员会督办、新闻曝光、投诉事件应 24h 内处理完成，保证有专人办理，并做好记录。避免影响郊野公园的正常运行（2 分）</td><td></td><td></td></tr>
<tr><td colspan="4">合计</td><td colspan="3"></td></tr>
</table>

注：1. 每项实际标准优于考核标准，即得满分。
2. 每项最低分为 0 分。
3. 考核指标保留小数点后两位。
4. 子工程项目效果考核时，可根据实际情况调整运营服务质量考核表的计分标准。

1.3.4 分项设施运营养护管理

1. 设施红线的养护管理

设施红线的养护是设施所有养护工作的基础。

（1）保护。保护设施不被侵占，若经上级批准临时占用，不准超过规定面积，如有违反，必须立即上报。应及时劝阻、制止侵占和破坏设施的行为。

（2）监管。设施红线内不准堆放东西，禁止行人进入，禁止各种车辆驶入和停放。不准在设施范围内进行有损设施正常运营和损坏植被的任何活动。

（3）补植。设施内植被如遭人为破坏，应及时修复，保证植被覆盖率。

（4）警示。警示标志和安全防护设施损坏或缺失时，应及时进行修复和完善。

2. 调蓄、调节、储存设施的养护管理

（1）调蓄、调节、储存设施兼作沉淀池时，应定期对设施的淤泥进行清理。

（2）调蓄、调节、储存设施主要用于蓄洪时，在雨洪期间应随时监测池中水位，当降雨量超过蓄水能力时应及时释放水量，保证足够的容积。

（3）当调蓄、调节、储存设施兼作景观水池时，应采取循环、净化等相应的水质保障措施，并加强养护管理，如清除落叶，修剪水生植物，清洗池底等。

（4）雨水湿地、湿塘、蓄水池等有水面的水环境基础设施必须保持水面及水池内清洁。必须及时清除杂物，定期排水，清除水池。

3. 渗透设施的养护管理

初期雨水径流常带有一定量的悬浮颗粒和杂质，为减少渗透装置或土壤层可能发生的堵塞现象，应采取相应的措施加强管理，具体措施详见第3～8章。主要养护措施包括：①应通过预处理措施尽量去除径流中易造成堵塞的杂质；②对渗透装置定期清理。例如，沥青多孔地面经吸尘器抽吸（每年吸2～3次）或高压水冲洗后，其孔隙率基本能完全恢复。对渗井底部的淤泥每年或每几年进行检查和清理有助于渗透顺利进行。

4. 转输、截污净化设施的养护管理

在转输和截污净化设施中，入流通道、植物吸收和土壤渗滤是水流通畅、污染物去除的两个重要过程。

1）防止植物遭受损坏

沉积物过多会使植物窒息，使土壤渗滤能力减弱。油类和脂肪也会导致植物死亡，在短时间内流入大量的这些污染物会对植物的净化作用产生冲击，所以应严格控制径流中的油类和脂肪。

2）保持入流均匀分散

要保持对径流的处理效率，让水流均匀分散地进入和通过转输、截污净化设施非常关键。集中流比分散流流速要快，会使径流中的污染物在没有被去除的情况下通过设施，尤其在茂密的植物尚未长成以前，设施更易受径流的冲蚀。所以

应尽量保持入流均匀分散。

3）植物的收割与养护

生长较密的植物会使设施对径流雨水的处理功能增加，但要防止植物过量生长，否则使过水断面减小，故需要适时对植被进行收割。收割必须操作规范，将草收割得太短会破坏草类，增加径流流速，从而降低污染物去除效率。如果草长得太高，在暴雨中就会被冲倒，同样也会降低处理效率和流量。

4）及时清除沉积物

沉积物会阻碍通道，降低过流能力，应及时清除堆积的沉积物。当清除沉积物时，要恢复坡度和深度至原始状况，沉积物的清除必然会打乱植物原来的分布，因此，必须在沉积物清除后重新补植。

5. 植物的养护管理

（1）植物管理的标准是植物生长旺盛，枝繁叶茂，无残缺，绿篱无断层；无垃圾、无病枝枯枝和落叶杂物堆积，无厚重粉尘覆盖，无坑洼积水；草坪和地被植物覆盖率不低于 90%。

（2）生长势。植被必须生长势好，生长势达到该种类规格的平均年生长量；无枯枝断枝。

（3）修剪。植被的修剪必须符合植物的生长特性，既造型美观又能适时开花，残花应及时修剪、摘除；必须与周围环境协调，增强园林美化效果。

（4）水肥管理。乔、灌木必须根据生长季节的天气情况和植物种类适当浇水，浇水要求浇透；在每年的春季、秋季根据实际需求施肥 2 次，施肥种类不得污染水质，肥料不得裸露。

（5）补植。及时拔除死苗，补植缺株，更换过于衰弱的植株或病株。当植被覆盖率低于 90%或设计标准时，需补植，补植苗木的品种和规格应与原来的品种、规格一致，以保证设施功能和优良的景观效果。

（6）植物收割。枯死病死植被要及时收割，以免死的植物残体堵塞水环境基础设施，如果不去除，还会溢出堤堰而影响出水质量，这种情况在秋季尤为明显。对于需要覆盖物的设施，可滞留一定量死的植物作为设施覆盖层。日常要做好清除杂草的工作，不得有明显高于草坪和地被植物的杂草。

（7）病虫害防治。及时做好病虫害防治工作，根据“预防为主、综合防治”的原则，早发现早处理。严禁使用国家明令禁止的剧毒、高毒、高残留农药。

第2章　水环境绿色基础设施规划设计

绿色基础设施良好的运营养护源于系统性的规划和优良的设计。本章将详细分析水环境绿色基础设施规划设计的各阶段，为后续运营维护方案的制定提供基础。

2.1　规划阶段

规划包括海绵城市总体规划、相关专项规划和海绵城市专项规划，如图 2-1 所示。

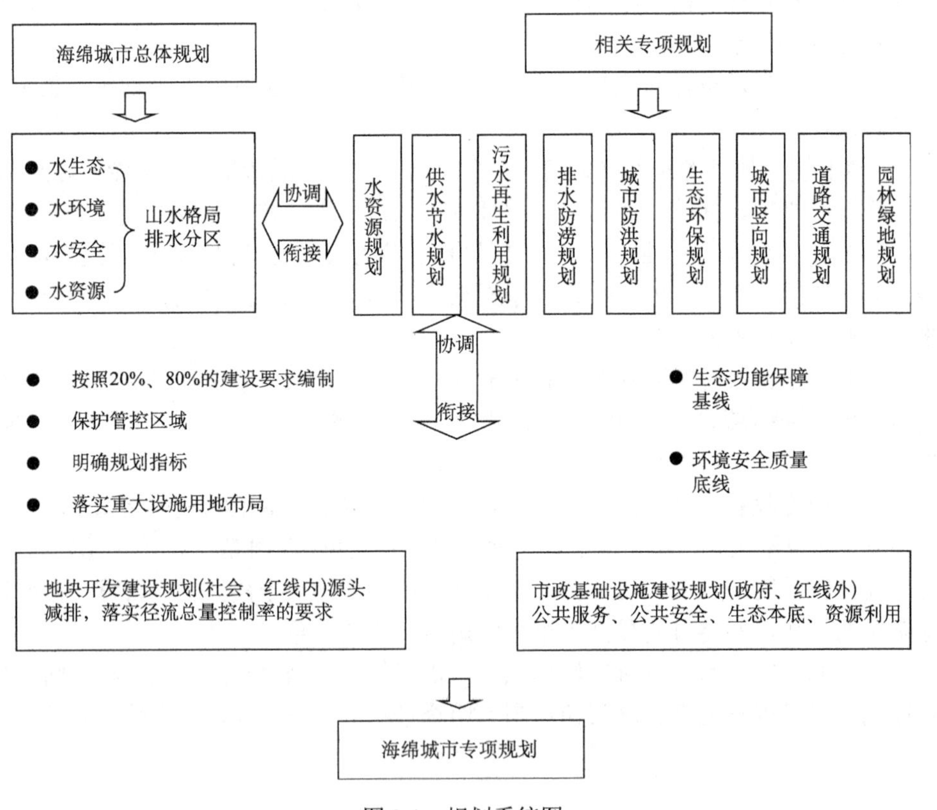

图 2-1　规划系统图

2.1.1　海绵城市总体规划

《海绵城市建设技术指南——低影响开发雨水系统构建》中明确规定，城市总体规划应解决如下几个问题。

（1）分析识别城市生态敏感地区，确保城市规划用地布局避开城市生态高敏感地区，最大限度保护城市原有“山水林田湖草”，保持城市原有生态安全格局；

（2）识别新规划土地中的低洼地、具有建设为湿地潜能的用地；

（3）识别需要恢复和新开挖的河湖水系；

（4）在城市雨水规划相关章节，明确低影响开发的目标。

2.1.2　相关专项规划

水资源规划中应明确如下问题。

（1）依据城市总体规划划定城市水域、岸线、滨水区，明确水系保护范围。城市开发建设过程中应落实城市总体规划明确的水生态敏感区保护要求，划定水生态敏感区范围并加强保护，确保开发建设后的水域面积应不小于开发前，已破坏的水系应逐步恢复原有的水系。

（2）保持水系结构的完整性，优化城市河湖水系布局，实现自然、有序排放与调蓄。水系规划应尽量保护与强化其对径流雨水的自然渗透、净化与调蓄功能，优化城市河道、湿地、湖泊布局与衔接，并与城市总体规划、排水防涝规划同步协调。

（3）优化水域、岸线、滨水区及周边绿地布局，明确低影响开发控制指标。水系规划应根据河湖水系汇水范围，同步优化、调整蓝线周边绿地系统布局及空间规模，并衔接控制性详细规划，明确水系及周边地块低影响开发控制指标。

园林绿地规划中应明确如下问题。

（1）提出不同类型绿地的低影响开发控制目标和指标；

（2）合理确定城市绿地系统低影响开发设施的规模和布局；

（3）城市绿地应与周边汇水区域有效衔接；

（4）应符合园林植物种植及园林绿化养护管理技术要求；

（5）合理设置预处理设施；

（6）充分利用多功能调蓄调控排放径流雨水。

排水防涝规划中应明确如下问题。

（1）明确低影响开发径流总量控制目标与指标；

（2）确定径流污染控制目标及防治方式；

（3）明确雨水资源化利用目标及方式；

（4）城市雨水管渠系统及超标雨水径流排放系统有效衔接；

（5）优化低影响开发设施的竖向与平面布局。

道路交通规划中应明确如下问题。

（1）提出各等级道路低影响开发控制目标；

（2）协调道路红线内外用地布局与竖向；

（3）道路交通规划应体现低影响开发设施。

2.1.3　海绵城市专项规划

海绵城市专项规划是确保海绵城市能否真正建成的关键。在专项规划阶段，主要是明确蓝线、绿线，将径流控制指标落实到地块上，如该地块的下沉式绿地的比例与面积，透水铺装的面积，雨水调蓄的容积等，对于资源型缺水的地区，需要明确雨水资源化的量。

编制海绵城市专项规划的核心目的，是系统分析本地生态本底、气象水文、土壤植被等基本情况，对海绵城市建设的重大项目进行安排，对重点区域进行识别，给出城市不同分区的不同技术和空间政策，编制近期实施计划和工程实施预算。专项规划中应明确如下问题。

（1）城市降雨分析与径流控制率分析；

（2）合流制区域、合流制溢流情况及其污染负荷贡献率分析；

（3）初期雨水污染及其负荷贡献率的分析；

（4）本地土壤、植被分析；

（5）城市不透水面积的空间分布情况；

（6）本地河湖水系及水敏感空间分析识别；

（7）本地各类绿地的空间识别及分析；

（8）海绵城市建设的分区；

（9）各种分区的技术指引；

（10）城市层面新建绿地、河湖湿地工程及安排；

（11）现状改造技术指引；

（12）新建绿色基础设施与现状灰色基础设施的接口及其协同作用分析；

（13）近期建设与实施计划；

（14）规划实施的政策分析与制定；

（15）规划实施的投入产出分析。

以某新城为例，该区域降雨量大、暴雨频发且地势低洼，内涝风险较高，地势平坦、水体流动性差，因此在建设过程中需要通过规划管控预留足够的调蓄空间，合理控制竖向以避免和降低内涝风险。

1）本底调查分析

专项规划编制过程中首先要对自然本底进行调查和有效分析，从而为后续方案与指标确定奠定基础。本底调查分析包括很多方面，针对这个区域的特点，重点对降雨及径流关系、低洼地和径流路径两个方面进行分析。

第一，进行降雨及径流分析。

首先，需要分析城市和区域的年降雨特征，包括年际特征（年降雨情况、丰平枯年降雨量、降雨日数）变化和年内变化（月降雨情况）。年降雨特征包括年径流总量控制率与设计降雨量对应关系（图 2-2）和累计降雨频次与降雨量对应关系（图 2-3）。其中，不同重现期的长历时降雨和短历时降雨的雨型分析用于内涝分析及设计校核雨水管网规模，历史暴雨情况用于内涝分析和模型参数率定，典型年的分析用于年径流总量控制的分析计算和污染测算（面源计算、CSOs 溢流计算等）、水资源配置方案的模拟分析。

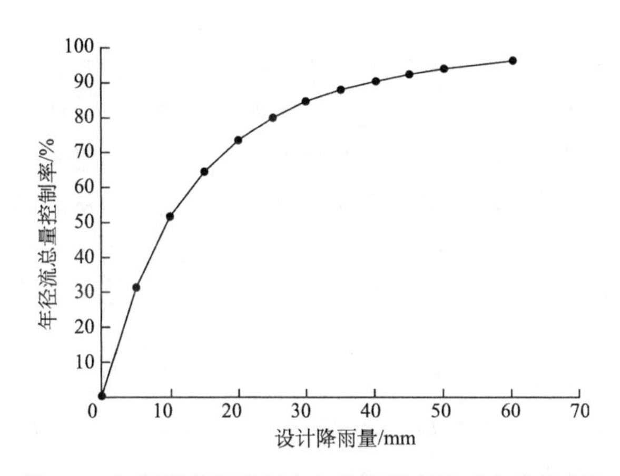

图 2-2　年径流总量控制率与设计降雨量对应关系曲线

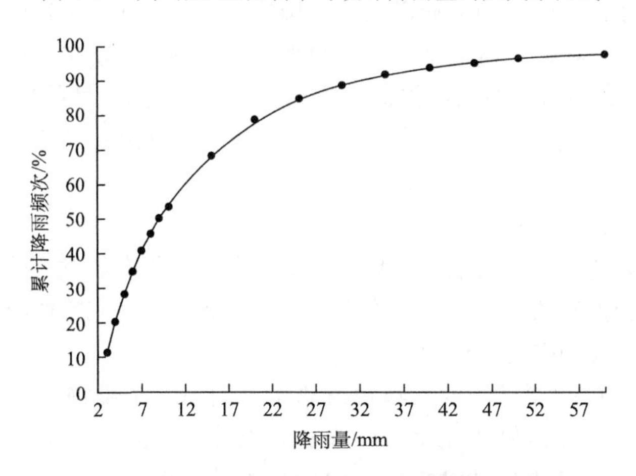

图 2-3　不同降雨量对应的累计降雨频次关系曲线

然后，需要根据水文地质资料分析地下水埋深情况，根据地质勘查数据分析土壤特征及主要特点和土壤渗透性情况（包含土壤特征、孔隙率、含水率、渗透系数等），从而明确区域的土壤和下渗特点。

最后，利用下垫面变化趋势、土壤特点、降雨特性等，分析降雨产汇流关系及其历史变化情况，从而为确定年径流总量控制率等指标提供依据。

第二，进行低洼地和径流路径分析。

在编制方案前，需要利用 GIS 等工具对区域的低洼地和径流路径进行分析，并重点分析其与城市建设用地的关系。对于现状建设用地阻碍径流或侵占低洼地区的情况提供整治方案，对于规划建设用地阻碍或侵占的情况可适当调整规划，避免阻碍天然产汇流路径和通道。

2）编制要点

首先，考虑区域整体低洼和排水困难，根据外河水位和本区域的降雨情况，选择最不利条件，明确区域 50 年一遇（24 h 长历时降雨）需要本地蓄滞并待机排放。在具体蓄滞方案制定中，需要综合考虑源头小区减排量和河湖湿地调蓄。根据区域天然降雨径流关系，明确年径流总量控制率要求，从而确定小区源头减排量；根据区域河湖、低洼地情况，结合需要调蓄水量，明确河道宽度和需要保留的蓄滞空间，特别是结合低洼地情况明确保留并适当扩挖中心湖并将其作为区域的内涝调蓄空间，通过湖泊调蓄和泵站强排实现区域的整体蓄排平衡。

然后，为了保证整个区域排水的安全和顺畅，结合径流路径的分析，对整个区域的竖向进行管控，保证区域都是向中心湖排水或者向中心湖的河道排水，并通过道路竖向管控避免出现人为低洼点。

最后，为了保护中心湖和河道水质，构建源头小区和城市道路两级径流水量管控体系。结合年径流总量控制率要求和小区建设特点，明确小区源头污染物削减要求，同时，在市政道路两侧修建“滤水带”（在道路线性的生物滞留池），并要求周边地块的径流排入“滤水带”，从而综合控制区域面源污染，保障中心湖和河道的水质。

3）最终产出和反馈

通过区域系统化方案的编制，从水安全和水环境角度出发明确具体的要求，为了提高设施和指标的落地性，最终将河湖水系蓝线、区域整体年径流总量控制率等反馈到总体规划中进行控制。

将道路竖向控制要求、地块年径流总量控制率、污染物去除率指标、地块竖向管控要求、道路两侧“滤水带”修建要求等纳入区域控制性详细规划之中加以落实。将这些产出反馈到规划之中，在建设过程中进行管控，保证了最终建设效果。

表 2-1 为总体规划和详细规划阶段，低影响开发控制指标及分解方法。

表 2-1　低影响开发控制指标及分解方法

规划层级	控制目标与指标	赋值方法
城市总体规划、其他专项规划	控制目标： 年径流总量控制率及其对应的设计降雨量	年径流总量控制率目标可通过统计分析计算年径流控制率及其对应的设计降雨量得到
海绵城市专项规划	综合指标： 单位面积控制容积	根据总体规划阶段提出的年径流总量控制率目标，结合各地块绿地率等控制指标，计算各地块的综合指标——单位面积控制容积
	单项指标： 下沉式绿地率及其下沉深度、透水铺装率、绿色屋顶率和其他	根据各地块的具体条件，通过技术经济分析，合理选择单项或组合控制指标，并对指标进行合理分配。指标分解方法如下。 方法 1：根据控制目标和综合指标进行试算分解。 方法 2：模型模拟

2.2　方 案 阶 段

传统工程建设思路中，规划过于偏重宏观，缺乏定量的工程指导，落地实施性较差；设计过于偏重微观，缺乏系统性，只关注具体项目，而不关注整体效果的达成。因此，水环境基础设施设计步骤中增加系统方案，系统方案主要用于解决传统工程的如下几个问题。

（1）不只关注本专业，更要关注整体实施效果。例如，雨水工程不只关注雨水管道和泵站的修建，还要关注整体是否能满足内涝的要求，完成从工程导向性向需求导向性思维的转变。

（2）从流域角度考虑项目的定位，合理统筹各系统、各项目之间的关系，实现单个碎片化的项目考虑向流域整体系统考虑的转变。

（3）从解决问题的角度思考，合理确定不同项目的建设要求，从简单套用规范标准设计向从需求计算设施规模转变。

（4）注意专业之间的协调性，拒绝“有功能没景观，有景观没功能”的工程，实现从单专业设计向多专业融合的转变。

以下对方案阶段的设计深度进行论述。建筑与小区工程、城市道路工程、绿地与广场工程、水系工程的侧重点有所不同，因此设计内容和设计深度也有所不同。

2.2.1　建筑与小区、绿地与广场雨水利用方案阶段

1）项目基本情况

（1）介绍国家、省级及市级等上位海绵城市建设的要求；

（2）介绍项目类型、区位、实施范围、地块用地性质等项目基本情况；

（3）介绍场地及周边条件分析。

2）设计目标、依据、思路及流程

（1）根据项目所在区域的海绵城市专项规划、控制性详细规划等上位规划，列表说明规划目标和控制指标，一般涉及年径流总量控制率、年径流污染控制率等；

（2）设计依据；

（3）项目设计思路及流程。

3）海绵城市方案设计

（1）根据建筑场地的总体竖向标高控制、道路布局、雨落管位置、雨水管网布置、绿化景观布局、海绵城市初步布置意向等场地汇水条件，划分场地汇水分区；

（2）根据《海绵城市建设技术指南——低影响开发雨水系统构建》、《城镇雨水调蓄工程技术规范》（GB 51174—2017），计算各海绵城市汇水分区的所需调蓄容积；

（3）综合考虑场地建筑、景观、道路等竖向设计、室外排水管道敷设等因素，保证在重力流顺坡排水及人员正常出行的情况下，进行合理的水环境基础设施竖向设计；

（4）综合考虑竖向高程、建筑雨落管、雨水管线等相关信息，重点关注水环境基础设施之间及水环境基础设施与灰色设施之间的衔接问题；

（5）水环境基础设施选择、布局与规模；

（6）水环境基础设施节点设计，包括典型场景设计及策略、重要节点设计剖面图、重要节点景观设计方案图等；

（7）结合项目地情况与场地现状条件，在植物品种选择及植物配置中充分发挥植物调蓄径流、净化水质、美化景观的作用，通过比选明确项目采用的植物种类，并对栽植方式加以说明；

（8）目标可达性分析。

4）投资概算、效益与运营维护成本分析

（1）投资概算；

（2）效益与运营养护成本。

5）附图

（1）项目总平面图（含比例尺）；

（2）海绵城市汇水分区图（包括汇水分区线、编号、面积等要素）；

（3）水环境基础设施布局总平面图（包括水环境基础设施平面位置、编号、名称、规模等要素）；

（4）竖向控制及汇流分析图（包括建筑正负零标高、场地道路标高、水环境基础设施标高、汇水箭头、坡度及建筑屋面坡向等要素)；

（5）项目排水设计图（包括溢流口、盲管、场地内雨水管道、雨水出口等要素)。

方案完成后应报地方海绵城市建设领导小组办公室进行审查并进行专家评审，方案设计人员根据有关部门意见对方案进行修改，并备案最终的方案。

2.2.2　城市道路雨水利用方案阶段

1）项目基本情况

（1）介绍国家、省级及市级等上位海绵城市建设的要求；

（2）介绍项目类型、区位、实施范围、道路排水管网、道路竖向、径流污染、周边客水汇入问题、道路交通问题、景观提升需求等项目基本情况；

（3）介绍场地及周边条件分析。

2）设计目标、依据、思路及流程

（1）根据项目所在区域的海绵城市专项规划、控制性详细规划等上位规划，列表说明规划目标和控制指标，一般涉及年径流总量控制率、年径流污染控制率等；

（2）设计依据；

（3）项目设计思路及流程。

3）海绵城市方案设计

（1）方案列选与比选论证；

（2）水环境基础设施选择、布局与规模；

（3）道路横断面；

（4）结合项目地情况与场地现状条件，在植物品种选择及植物配置中充分发挥植物调蓄径流、净化水质、美化景观的作用，通过比选明确项目采用的植物种类，并对栽植方式加以说明；

（5）目标可达性分析。

4）投资概算、效益及运营维护成本分析

（1）投资概算；

（2）效益及运营养护成本。

5）附图

（1）项目总平面图（含比例尺)；

（2）水环境基础设施布局总平面图（包括水环境基础设施平面位置、编号、名称、规模等要素)；

（3）典型道路横断面图（包括道路坡向及有关水环境基础设施断面)；

（4）排水管网建设平面图；

（5）项目排水设计图（包括主要标高、水流走向及涉及的各类水环境基础设施等要素）；

（6）重要节点景观效果图。

方案完成后应报地方海绵办进行审查并进行专家评审，方案设计人员根据有关部门意见对方案进行修改，并备案最终的方案。

2.2.3　水环境治理（含滨河景观带）方案阶段

1）项目基本情况

（1）介绍国家、省级及市级等上位对水环境的要求；

（2）介绍水系类型、区位、实施范围、周边水系等项目基本情况；

（3）介绍场地及周边条件分析，包括周边污染物排入问题、水系循环连通问题等。

2）设计目标、依据、思路及流程

（1）根据项目所在区域的海绵城市专项规划、控制性详细规划、水系规划等上位规划，列表说明规划目标和控制指标。

（2）设计依据；

（3）项目设计思路及流程。

3）水环境治理方案设计

（1）根据场地的总体竖向标高控制、周边客水分析、雨水管网布置、绿化景观布局、海绵城市初步布置意向等场地汇水条件，进行详细的海绵城市汇水分区划分；

（2）根据《海绵城市建设技术指南——低影响开发雨水系统构建》、《城镇雨水调蓄工程技术规范》（GB 51174—2017），计算水系可调蓄容积及防洪排涝要求；

（3）根据滨河竖向设计，控制和组织雨水径流方向；

（4）根据内源治理、外源控制、活水循环、生态修复原则实现水环境目标；

（5）水环境基础设施选择、布局与规模；

（6）水环境基础设施节点设计，包括典型场景设计及策略、重要节点设计剖面图、重要节点景观设计方案图等；

（7）结合项目地情况与场地现状条件，在植物品种选择及植物配置中充分发挥植物调蓄径流、净化水质、美化景观的作用，通过比选明确项目采用的植物种类，并对栽植方式加以说明；

（8）目标可达性分析。

4）投资概算、效益及运营维护成本分析

（1）投资概算；

（2）效益与运营养护技术。

5）附图

（1）项目总平面图（含比例尺）；

（2）汇水分区图（包括汇水分区线、编号、面积等要素）；

（3）水环境治理总平面图；

（4）水环境治理节点图（包括截污管、生态驳岸、雨水湿地、滨河景观、水利设施等）。

方案完成后应报地方海绵办进行审查并进行专家评审，方案设计人员根据有关部门意见对方案进行修改，并备案最终的方案。

2.3 设 计 阶 段

以下对施工图设计阶段的设计深度进行论述。建筑与小区工程、城市道路工程、绿地与广场工程、水系工程的侧重点有所不同，因此设计内容和设计深度也有所不同。

2.3.1 建筑与小区、绿地与广场雨水利用施工图设计阶段

1）施工图设计说明

（1）海绵城市相关指标计算表。

（2）设计指标：绿地总面积、下凹绿地面积及下凹深度；硬化面种类及面积，透水铺装种类及面积；水景面积及水量，雨水调蓄设施容积。

（3）场地高程控制：场地总体竖向条件；道路、广场与周边绿地竖向关系；市政道路与本区域室外地面高程的关系。

（4）场地排水设计标准：与市政雨水管网接驳口位置、标高及管径。

（5）海绵系统相关计算：包括但不限于控制目标、设计依据、公式与计算方法选择、技术路线图、重要参数选取、设施清单、主要设施规模及汇水面积对应计算表格。

（6）水环境基础设施设计参数、施工、运营维护要求等。

（7）水环境基础设施材料、设备参数、运营维护要求等。

（8）监测设备安装示意（可选）。

2）施工设计总图

（1）场地总平面图：采用不同的图例标出地下车库和地下构筑物、建筑屋面、硬化道路、停车位、透水铺装、下凹绿地、调蓄设施等，并注明相应的面积或容积。

（2）场地汇水分区图（包括汇水分区线、编号、面积等要素）。

（3）场地水环境基础设施布置总平面图（包括水环境基础设施平面位置、编

号、名称、规模等要素）。

（4）竖向控制及汇流图（包括建筑正负零标高、场地道路标高、水环境基础设施标高、汇水箭头、坡度及建筑屋面坡向等要素。标注室外场地的地面标高，明确道路、场地与周边绿地高程的关系，该图应与景观设计文件相关图纸内容一致）。

（5）项目排水设计图（主要涉及雨水排水管线、溢流口、盲管、雨水口、雨水井、雨水调蓄池等要素的布置，雨水设施溢流口接场地内部雨水管线位置及标高，场地排水管线与市政雨水管网的接驳口位置、管径及标高等内容）。

（6）场地景观种植总平面图，该图应与景观设计文件相关图纸内容一致。

（7）景观种植图、苗木种植表及运营维护要求。

（8）海绵城市雨水设施坐标与放线图。

（9）排水管网定位图等，该图应与排水（雨水）设计文件相关图纸内容一致。

（10）监测设施布置点位图（可选）。

3）施工设计详图（根据具体使用的水环境基础设施进行设计）

（1）水环境基础设施做法详图及运营维护要求（深度控制，种植要求，换填要求，通过计算确定盲管开孔率及管径等）；

（2）建筑雨落管断接做法详图；

（3）初期雨水弃流设施详图与运营维护要求；

（4）雨水调蓄池详图与运营维护要求；

（5）小区道路结构或铺装做法详图；

（6）小区道路开口道牙石详图；

（7）雨水井、雨水口、雨水收集设施、渗排水设施详图与运营维护要求；

（8）雨水回用设施的处理详图及回用流程等。

4）施工图设计预算报告书

2.3.2 城市道路雨水利用施工图设计阶段

1）施工图设计说明

（1）海绵城市相关指标计算表。

（2）主要设计指标包括：道路长度、宽度，道路绿地面积，下凹绿地、雨水花园等设施的面积及下凹深度，透水铺装种类及面积，末端集中调蓄设施位置、面积等。

（3）主要指标计算表。

（4）道路高程控制：总体竖向条件；道路与周边绿地竖向关系。

（5）道路排水设计标准：雨水管渠设计重现期及内涝防治设计重现期标准。

（6）海绵系统计算：包括但不限于控制目标、设计依据、公式与计算方法选择、技术路线图、重要参数选取、外围客水汇入量计算、设施清单、主要设施规模及汇水面积对应计算表格与图示。

（7）水环境基础设施设计参数、施工要求、运营维护要求等。

（8）海绵城市水环境基础设施材料、设备参数与运营维护要求等。

（9）监测设备安装示意（可选）。

2）施工设计总图

（1）道路海绵城市建设设施布置图（包括规模、位置、地面排水方向等）；

（2）道路汇水分区图（包括汇水分区线、编号、面积等要素）；

（3）道路排水管网平面图（雨水口、雨水井、雨水调蓄池位置，雨水排水管线的布置、排水方向、标高及坡度，雨水设施溢流口位置及接排水管网标高等）；

（4）典型道路横断面图（包括地面设施及地下管网）；

（5）道路景观种植图；

（6）景观种植图、苗木种植表与运营维护要求；

（7）设施坐标与放线图；

（8）道路排水管网定位图；

（9）监测设施布置点位图（可选）。

3）施工设计详图（根据具体使用的水环境基础设施进行设计）

（1）道路水环境基础设施详图（深度控制，种植要求，换填要求，通过计算确定盲管开孔率及管径等）；

（2）道路雨水初期弃流设施详图与运营维护要求；

（3）末端集中调蓄设施详图与运营维护要求；

（4）道路结构或铺装做法详图与运营维护要求；

（5）开口道牙石详图；

（6）雨水井、雨水口、雨水收集设施、渗排水设施详图与运营维护要求；

（7）雨水回用设施的处理详图及运营维护要求等。

4）施工图设计预算报告书

2.3.3　水环境治理（含滨河景观带）施工图设计阶段

1）施工图设计说明

（1）海绵城市相关指标计算表。

（2）主要专项指标：水面率、绿地总面积、蓄滞设施面积及下凹深度、硬化面种类及面积。

（3）透水铺装种类及面积；雨水蓄存利用设施容积；初雨蓄存设施容积；净化设施面积等。

（4）河道拓浚、水工建（构）筑物等施工技术要求及验收标准等。

（5）水污染控制措施、低影响开发设施、水质净化设施、水生态构建等施工、运营维护要求及验收标准等。

（6）滨河景观工程施工技术要求、工程量及验收标准等。

（7）监测设备安装示意（可选）。

2）施工设计总图

（1）工程平面总布局图：河道起止点、蓝线范围、护岸形式及位置、控制建（构）筑物布置，水环境基础设施平面位置、编号、名称、规模等要素，水污染控制措施布置、水生态系统构建措施布置、景观布置及重要节点位置等。

（2）绿地海绵城市汇水分区图（包括汇水分区线、编号、面积等要素）。

（3）竖向控制及汇流分析图（包括正负零标高、场地道路标高、水环境基础设施标高、汇水箭头、坡度、坡向等要素）。

（4）项目排水设计图（包括溢流口、盲管、场地内雨水管道、雨水出口等要素）。

（5）河道断面图：各典型断面高程、护岸材料、结构形式、亲水平台、植物带种植范围和高程、低影响开发设施布置、陆域布置等。

（6）河道疏拓工程断面图：在现有测量断面上标出设计断面等。

（7）景观种植图与运营维护要求。

（8）设施坐标与放线图。

（9）监测设施布置点位图（可选）。

3）施工设计详图（根据具体使用的水环境基础设施进行设计）

（1）生态护岸详图：生态护岸材料的单体规格、排列、固定及连接方式等。

（2）不同护岸形式的连接详图。

（3）控制建（构）筑物平面图及详图。

（4）水污染控制工程平面图及设施详图：河道沿线初期雨水收集弃流、生态拦截带、蓄滞设施等低影响开发设施的平面位置及规模等。

（5）水环境基础设施等平面及断面详图（通过计算确定盲管开孔率及管径等）。

（6）水生态系统构建及水质净化工程平面图与设施详图：水生植物、水质净化设施的位置、规模与运营维护等。

（7）曝气增氧、生态浮床等水质净化设施详图等。

（8）绿化平面布置图及断面图、景观节点详图。

4）施工图设计预算报告书

第3章 渗滞设施运营养护

渗滞设施是以“渗、滞”为主的设施，包括生物滞留设施、下沉式绿地、渗透塘、渗井、透水铺装、嵌草砖铺装。渗滞设施的主要功能是通过土壤缓慢下渗雨水、蓄滞雨水，削减雨水径流量，因此运营养护的关键是土壤的渗透性，在渗透率不满足要求的情况下，需要进行翻松或换土。本章从单项设施的初期养护、日常养护、季节养护、病害养护等着手，给运营养护技术人员提供一份简明扼要、操作性强的运营养护方案。

3.1 土　　壤

土壤是指地球表面的一层疏松的物质，由岩石风化而成的矿物质、动植物，微生物残体腐解产生的有机质、土壤生物（固相物质）以及水分（液相物质）、空气（气相物质），氧化的腐殖质等组成。对于渗滞设施来说，土壤是设施的基底部分，是决定设施能否良好渗透水的重要部分。所以，土壤的养护管理是渗滞设施养护管理工作的重点之一，土壤的密实度是必须关注的任务。

3.1.1 土壤条件

水环境基础设施所涉及的场地、范围、面积都是很复杂的，因此其土壤条件也是复杂的，有各种自然土壤，也有人为干预的人工土和田园土。

1. 土壤类型

根据土壤性能，大致可归纳为以下几类[13]：

（1）平原肥土。土壤熟化，养分累积，土壤结构和理化性质都已被改良的土壤。

（2）荒山荒地。土壤未很好地风化，孔隙度低，肥力差。

（3）水边低湿地。土壤紧实，湿润黏重，通气不良。

（4）煤灰土。人们生活及活动残留的废弃物，如煤灰、树叶、菜叶、菜根和动物的骨头等。

（5）建筑垃圾。建筑后的残留物，如砖头、瓦砾、石块、木块、木屑、水泥、石灰等。

（6）工矿污染地。在工矿区，生产、试验和人们生活排出的废水、废物、废气，造成土壤养分、土壤结构和理化性质都发生了变化。

（7）建设用地。建设用地包括建筑工程、水系改造、人防工程、广场修筑、道路铺装等。一般这些场地的土壤经人为翻动或填挖而成，通常将未熟化的心土翻到表层，使土壤结构不良，透气不好，肥力降低。另外，这些土壤施工时用机械碾压或夯轧过，土壤很紧实，通气不良。

（8）人工地基。人工修造的代替天然地基的构筑物，如屋顶花园、地下蓄水池、地下停车场的覆盖表土均为人工地基。人工地基一般是筑在小跨度的结构上面，与自然土壤之间用一层结构隔开，没有任何的连续性。

天然地基由于土层厚、热容量大，地温受气温的影响变化小。土层越厚，变化幅度越小，达到一定深度后，地温几乎恒定不变。人工地基则因为土层薄且温度既受外界气温变化的影响，又受下面结构物传来的热量的影响，所以土温的变化幅度较大，土壤容易干燥，湿度小，微生物的活动较弱，腐殖质形成的速度较慢。并且人工地基上的土壤没有地下毛细水的上升作用。

受建筑负荷的限制，人工地基土层的厚度会受到影响，通常比较薄。

（9）海边盐碱地。沿海地区的土壤形成的原因较复杂，有的是闪地，有的是填筑地，且均多带盐碱。如果土壤为砂性土，土壤内的盐分经过一定时间的雨水淋溶能够排除；如果土壤为黏性土，因排水性差，土壤内的盐分会长期残留。

（10）酸性土壤（又称红壤）。红壤呈酸性反应，土粒细，土壤结构不良。水分过多时，土粒吸水成糊状；干旱时，水分容易蒸发散失，土块变紧实、坚硬，又常缺乏氮、磷、钾等元素。

2. 土壤结构组成

土壤组成不均匀，形态结构也不均匀，由一系列不同性质和质地的层次构成，各类土壤都有一定的剖面构型。土壤层基本分为五层，依次为：耕土层，层厚 0.5m，主要由粉土组成，含植物根系，密度稍密，稍湿；杂填土，层厚 0.5～1m，主要由建筑垃圾和生活垃圾组成，稍密，稍湿；粉土层，层厚 2～4.5m，局部夹有细砂，较为密实，较湿；细砂层，层厚 0.5～2.7m，长石石英质，均粒结构，局部夹粉土薄层，稍密，稍湿；卵石层，层厚 1.5～4.8m，由岩石、花岗岩组成，一般可见粒径 20～35 mm，最大粒径 12 cm，充填物圆砾、细砂占 30%～40 %，较为密实，湿度较大，部分地区饱和。

国际土壤学会（the International Union of Soil Sciences）提出的土壤分层如图 3-1 所示。

土壤矿物质是以大小不同的颗粒状态存在的，不同粒径的土壤矿物质颗粒（土粒），其性质和成分都不一样。按粒径的大小将土粒分为若干组，称为粒组或粒级，同组土粒的成分和性质基本一致，组间则有明显差异，各组土粒粒径见表 3-1。

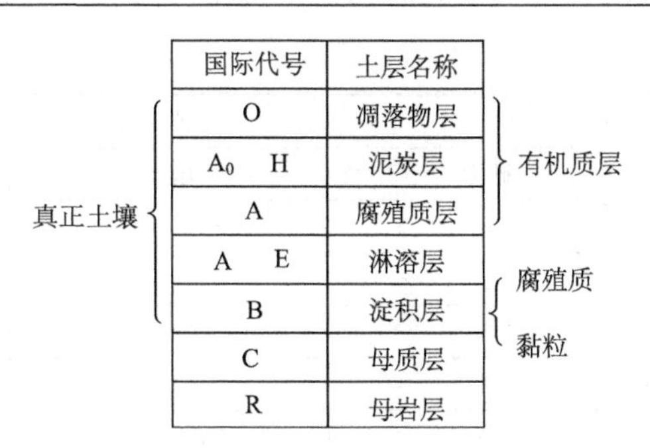

图 3-1　土壤分层结构

表 3-1　土粒分级标准

颗粒名称		粒径/mm
石块		＞10
石砾	粗砾	10～3
	细砾	3～1
砂粒	粗砂粒	1～0.25
	细砂粒	0.25～0.05
粉粒	粗粉粒	0.05～0.01
	细粉粒	0.01～0.005
黏粒	粗黏粒	0.005～0.001
	细黏粒	＜0.001

表格来源：《土壤环境质量建设用地土壤污染风险管控标准（试行）》（GB 36600—2018）[14]。

土壤质地在一定程度上反映了土壤矿物组成和化学组成，同时土壤颗粒大小和土壤的物理性质密切相关，并且影响土壤孔隙状况，因此其对土壤水分、空气、热量的运动和养分转化均有很大的影响[20]。质地不同的土壤表现出不同的性状，壤土兼有砂土和黏土的优点而克服了两者的缺点，是质地理想的土壤。表 3-2 列出了各类土壤的质地与性状，表 3-3 为各类土壤的渗透系数。

表 3-2　土壤质地与土壤性状

土壤性状	土壤质地		
	砂土	壤土	黏土
比表面积	小	中等	大
紧密性	小	中等	大
孔隙状况	大孔隙多	中等	细孔隙多
通透性	大	中等	小

续表

土壤性状	土壤质地		
	砂土	壤土	黏土
有效含水量	低	中等	高
保肥能力	小	中等	大
保水分能力	低	中等	高
在春季的土温	暖	凉	冷
触觉	砂	滑	黏

表 3-3　土壤渗透系数列表

土壤类型	渗透系数/（cm/s）
黏土	$<1.2\times10^{-6}$
粉质黏土	$1.2\times10^{-6}\sim6.0\times10^{-5}$
粉土	$6.0\times10^{-5}\sim6.0\times10^{-4}$
黄土	$3.0\times10^{-4}\sim6.0\times10^{-4}$
粉砂	$6.0\times10^{-4}\sim1.2\times10^{-3}$
细砂	$1.2\times10^{-3}\sim6.0\times10^{-3}$
中砂	$6.0\times10^{-3}\sim2.4\times10^{-2}$
粗砂	$2.4\times10^{-2}\sim6.0\times10^{-2}$
砾石	$6.0\times10^{-2}\sim1.8\times10^{-1}$

3.1.2　土壤的改良

水环境基础设施根据渗透目的不同，大致可分为三种情况[1]：一是以控制初期径流污染为主要目的，如植草沟；二是以减少雨水的流失，减小径流系数，增加雨水的下渗为主要目的，但没有对调蓄利用雨水量和控制峰值流量的严格要求，如渗透管/渠、透水铺装；三是以调蓄利用（补充地下水）或控制峰值流量为主要目标，要求达到一定的设计标准，如生物滞留设施、渗透塘、渗井。第一种情况和第二种情况不需要进行特别的水力和调蓄计算，对土壤的渗透性能有一定的要求，但没那么严格。

水环境基础设施根据景观效应不同，可以分为两种情况：一是结构景观营造，通常种植有绿化植被，如生物滞留设施、渗透塘、雨水湿地、湿塘、植被缓冲带、植草沟等；二是以蓄水为目的，如蓄水池、雨水罐等。第一种情况的土壤除满足水环境基础设施基本的渗透性能要求外，还应满足植物生长的水肥要求。景观工程师建议[15]，良好的景观土壤应具有以下几个特性。

（1）土壤养分均衡。基效养分和速效养分，大量、中量和微量养分比例适宜；

有机质含量应在 1.5%～2%，肥效长；心土层、底土层也应有较高的养分含量。

（2）土体构造上下适宜。在 1～1.5m 深度范围内，土体为上松下实结构，特别是在 40～60cm 处（植被大多数吸收根分布区内），土层要疏松，质地较轻；心土层较坚实，质地较重。这样，既有利于通气、透水、增温，又有利于保水保肥。

（3）理化性状良好。物理性质主要是指土壤的固、液、气三相物质的组成及其比例，它们是土壤通气性、保水性、热性状、养分含量等各种性质发生变化的物质基础。一般情况下，大多数园林植被要求土壤质地适中，耕性好，有较多的水稳性和临时性的团聚体，当 40%～57%、20%～40%、15%～37%分别为固相物质、液相物质和气相物质适宜的三相比例，1～1.3g/cm^3 为土壤密度时，有利于植被生长发育。

当土壤受人流践踏，机械、车辆的碾压时，土壤密实度增加，密度有时可达 1.5～1.8g/cm^3，土壤板结，孔隙度小，含氧量低。受压后孔隙度的变化与土壤的机械组成有直接的关系，不同的土壤在一定的外力作用下，孔隙度变化不同，粒径越小的受压后孔隙度减少得越多，粒径大的砾石受压后几乎不变化。砂性强的土壤受压后孔隙度变化小；孔隙度变化较大的是黏土。

各类土壤改良措施[16]如表 3-4 所示。

表 3-4　土壤改良措施列表

<table>
<tr><th colspan="2">土壤类型</th><th>改良措施</th><th>适用条件</th></tr>
<tr><td colspan="2">荒山荒地</td><td>深翻熟化和施有机肥</td><td>不适用于水环境基础设施</td></tr>
<tr><td colspan="2">水边低湿地</td><td>填土或直接用于湿地景观</td><td>种植耐水湿的植被，通常用于雨水湿地或湿塘营造湿地景观</td></tr>
<tr><td colspan="2">煤灰土</td><td>可掺入一定的良土作为种植土</td><td>煤灰土对植被的生长有利无害，可作为水环境基础设施的隔离层</td></tr>
<tr><td rowspan="2">建筑垃圾</td><td>砖头、瓦砾、木块、木屑</td><td></td><td>可作为水环境基础设施的覆盖层</td></tr>
<tr><td>水泥、石灰及其灰渣</td><td>清除</td><td></td></tr>
<tr><td colspan="2">工矿污染地</td><td>设置排污管道或经过污水处理厂处理。“工矿用地排除出的废水、废气、废物不回收，工厂不准予开工；污染的工矿用地不处理，不准予利用”</td><td></td></tr>
<tr><td colspan="2">建筑用地</td><td>深翻土壤</td><td></td></tr>
<tr><td rowspan="2">人工地基</td><td>屋顶花园</td><td>选用的土壤基质要轻，应混合保水保肥和通气性强的各种多孔性的材料，如蛭石、珍珠岩、煤灰土、泥炭、陶粒等</td><td>拟种植的植被体量要小、重量要轻</td></tr>
<tr><td>地下蓄水池、停车场上的表层土壤</td><td></td><td>作为一般绿化用地，不适宜作为生物滞留设施等水环境基础设施用地</td></tr>
</table>

续表

土壤类型		改良措施	适用条件
海边盐碱地	砂性土	经过一定时间的雨水淋溶能够排除	选用耐海潮风的植被，如海岸松、柽柳、银杏、杜松、圆柏、糙叶树、木瓜、女贞、木槿、黑松、珊瑚树、无花果、罗汉松等
	黏性土	必须要进行盐碱地改良	
酸性土壤		需要经过土壤改良；可增施有机肥、磷肥、石灰等，或扩大种植面，并将种植面与排水沟相连或在种植面下层设置排水层	

3.1.3 土壤的翻松

在荒山荒地、低湿地、建筑周围、土壤下层有不透水层的地方、人流的践踏和机械压实过的地方，土壤表现为板结、黏重、通气透水不良、肥力不够，需要对土壤进行翻松。

土壤翻松可分为全面深翻和局部深翻。全面深翻是指将土壤进行全部深翻，此方法熟化作用好，应用范围小。局部深翻是针对具体红线范围进行小范围翻垦，此方法应用较广。局部深翻又可分为行间深翻、隔行深翻、环状深翻和辐射状深翻。行间深翻是指在需要深翻的土壤范围内，人为按植被的行间距来划定长条形深翻沟，以达到对植被种植范围内深翻的目的；隔行深翻是指扩大深翻间距，按植被行间距隔行进行深翻；环状深翻和辐射状深翻通常适用于水环境基础设施中的生态树岛，指在乔木或大型灌木树冠边缘内，即树冠的地面垂直投影线内挖取环状深翻沟或辐射状深翻沟，既有利于树木根系向外扩展，也有利于近根茎附近根系更新。

土壤翻松的深度与地区、土质、种植植被、设施深度、地下水位等有关。黏性土壤深翻时要翻得较深，砂性土壤深翻深度可适当减少，地下水位高时宜浅翻。下层为半风化岩石时，宜加深以增加土层厚度；深层为砾石或砂砾时也应翻得深些，并捡出砾石增加好土，以免水土流失；地下水位低，土层厚，栽植深根性树木时，则宜深翻，反之则浅。下层有不透水层或为黄淤土、白干土、胶泥板及建筑地基等残存物时，深翻深度则以打破此层为宜，以利渗水。可见，深翻深度因地、因植被而异，在一定范围内，翻得越深效果越好，一般为60～100cm。

土壤深翻后，良好的透水性能和土壤的熟化作用可以保持数年，深翻效果持续年限的长短与土壤特性有关。一般黏土地、涝洼地翻后易恢复紧实，保持年限较短，每1～2年深翻一次；疏松的砂壤土保持年限则长，可每4～5年深翻。地下水位低，排水良好的土壤，翻后即可显示出深翻的效果，多年后效果尚较明显；地下水位高，排水不良的土壤，保持深翻效果的年限较短。

常见的土壤翻松机械有犁和松土机。松土机是土壤翻松施工中用齿形松土器耙松硬土、冻土、旧路面乃至中等硬度岩石的机械。松土机有种类繁多的杆部设计，杆的设计影响松土机性能、柄强度、表面和残渣扰动、压裂土壤的有效性和拉动底土所需的马力。

杆柄有翼状尖端和常规尖端，如图 3-2 所示。翼状尖端通常可以间隔得更远，因为它们比常规尖端能够更大范围地翻松土壤。翻松的土壤范围宽度要均匀，深度不可过深。

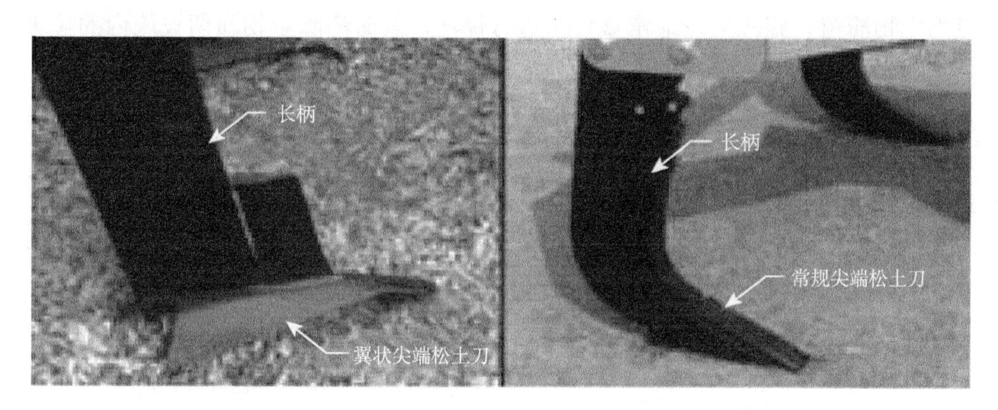

（a）翼状尖端松土机　　（b）常规尖端松土机

图 3-2　翼状尖端松土机和常规尖端松土机具

3.2　生物滞留设施

生物滞留设施由蓄水层、覆盖层、植被及种植土层、人工填料层和砾石层五部分组成，对径流控制效果较好，建设费用与养护费用均较低，其主要功能是蓄滞雨水。

3.2.1　初期养护

生物滞留设施形式多样，适用区域广，易与景观结合，径流控制效果好，建设费用与养护费用较低；但地下水位与岩石层较高、土壤渗透性能差、地形较陡的地区，应采取必要的换土、防渗、阶梯设置等措施避免次生灾害的发生，将增加建设费用与养护费用。

生物滞留设施建成初期，因新种植物尚未完全成活，运行效果不能得到完全发挥，应根据植物种类和周边环境等情况进行初期养护；初期养护时间宜为 3～6

个月，具体时间根据植物种类和生长情况确定。

初期养护期应定期观察植物生长情况，旱季进行有规律的浇灌，雨季加强排水系统检查，并根据生物滞留设施蓄水、渗水、排水等工况对溢流口高度进行细微调整。

3.2.2　日常巡检与养护

生物滞留设施日常养护重点是防止人工填料层和砾石层堵塞导致的雨水无法下渗。生物滞留设施的养护管理子项包括设施区域、积水、种植土、进水口、出水口、溢流口、排水管、植被、覆盖层、动物、公共卫生、安全检查。养护要点为生物滞留设施应按绿地常规要求进行保洁，及时清除生物滞留设施内的垃圾与杂物。

各区域的检测养护频次如表 3-5 所示。

表 3-5　生物滞留设施巡检内容及频次

巡检区域	巡检内容	养护频次
设施区域	是否存在沉积物大量累积的现象，这会使渗透率显著降低或雨水蓄存能力显著受影响	每年 1 次； 60mm 以上降雨后
	是否存在设施有落叶而堵塞排水口或使水流受阻的现象	秋季落叶期间或之后
	边坡有无坍塌，坡度是否符合设计要求	每 3 个月 1 次； 雨季前； 60mm 以上降雨后
积水	在设计降雨量条件下，设施出现溢流情况；降雨结束 24h 后（或根据设计文件），设施中是否仍有积水	降雨后
种植土	种植土是否被压实，渗透性能检测	每年 1 次
	厚度是否满足设计要求	
	种植土是否裸露（出现在植株移栽或替换时）	
	是否出现明显的侵蚀、流失	
进水口（管道缘石或洼地）	是否存在地表径流无法顺利流入设施的情况，造成雨季设施仍然无水	降雨后
	路缘石边缘是否有沉积物，减弱进水口的进水能力	每月 1 次； 雨季和降雨前
	路缘石边缘是否有落叶	秋季落叶期间 1 周进行 1 次
	水流长期冲刷是否导致进水口被侵蚀	雨季后
管道进水口、出水口	管道是否损坏	每年 1 次
	管道是否堵塞	雨季每月 1 次

续表

巡检区域	巡检内容	养护频次
管道进水口、出水口	沉积物、碎屑、垃圾或其他覆盖物减弱进水口、出水口的进、出水能力	每年1次； 60mm以上降雨后
	在进水口处是否积有落叶	秋季落叶期间1周进行1次
	是否保持通道畅通	每年1次
溢流口	是否存在泥沙、碎屑或其他沉积物积聚的现象，降低了溢流出水能力	每月1次； 60mm以上降雨后
	周边是否有落叶	秋季落叶期间1周进行1次
排水管	是否有植物根、沉积物或碎片降低排水管排水能力的现象	至少每半年清洁1次（在雨季需要增加频率）
植被	植物覆盖率在种植后的两年内降至75%以下	秋季和春季
	在运输过程中，植被受损，影响栽植	春季
	植物患病	根据需要
	根据需要修剪	所有修剪季节（时间因物种而异）
	乔木和灌木影响设施的正常功能或影响养护人员进入设施	每年1次
	植被死亡	秋季和春季
	成熟乔木下和周围作业	秋季和春季
	需要安装树支撑架	秋季和春季
	植被过度生长阻碍视野或形成安全问题	每年1次
	残花修剪或摘除	每年1次
观赏草（多年生植物）	上一生长周期死亡的树叶未清除	冬季和春季
观赏草（常绿）	枯萎	秋季和春季
杂草	是否出现有毒有害杂草	（3～10月）每月1次，种子播撒前
	是否出现其他杂草，物种替代	（3～10月）每月1次，种子播撒前
植被过度繁殖	低洼植被生长超过设施边缘到人行道、路径或街道边缘，造成行人安全隐患；或者植被过度生长造成叶片堵塞相邻的可渗透路面	5月中旬～9月中旬，每月1次
	植被密度过大，阻碍雨水下渗或流动而堵塞设施	根据需要
植被水肥管理	是否缺水，是否有肥力	根据需要
覆盖层	土壤裸露裸地（无覆盖层）或覆盖层深度小于5cm	除草后
灌溉系统	喷灌或滴灌喷头定位不准确，或者喷灌或滴灌喷头设计区域不恰当导致部分植物浇洒过度或无水	每年1次
有害动物	有害动物侵蚀设施，损害植物或设施中积有粪便	根据需要
昆虫害虫	有存在害虫的迹象，如枯萎叶、咀嚼叶和树皮、斑点或其他表明存在昆虫害虫的迹象	根据需要
公共卫生	是否有蚊蝇	每年2次； 60mm以上降雨后
安全检查	警示标志、护栏等是否完好	每月1次

以河北省某市为例，根据其降雨、地质等实际情况，生物滞留设施各项养护内容历月巡检养护频次详见表 3-6。表中各内容的养护次数应根据项目地实际情况进行调整，在遇暴雨、多雨年份、少雨年份等特殊情况下相应调整养护次数；当设施位于径流污染严重、下游排放受纳水体水质要求高、设施底部渗透面距离季节性最高地下水位小于 1m 且距离建筑物基础小于 3m（水平距离）的区域时，则需要增加日常养护频次。

表 3-6　生物滞留设施历月巡检养护事项及频次　　（单位：次）

内容	1月	2月	3月	4月	5月	6月	7月	8月	9月	10月	11月	12月
日常清扫	31	28	31	30	31	30	31	31	30	31	30	31
设施沉积物清除	1	1	1	2	4	4	4	4	4	2	1	1
设施落叶清扫	0	0	0	0	0	0	0	0	0	4	4	0
设施渗透性能检查	0	0	0	0	0	0	0	0	1	0	0	0
设施雨后排空检查	0	0	0	2	4	6	6	6	4	2	0	0
设施边坡检查	0	0	1	0	0	1	1	1	1	0	0	1
种植土性能检查	0	0	0	0	0	0	0	0	0	1	0	0
种植土厚度检查	0	0	0	0	0	0	0	0	0	1	0	0
种植土裸露检查、覆盖层补充	0	0	0	0	0	0	0	0	0	1	0	0
进水口、溢流口沉积物清除	1	1	1	2	4	4	4	4	4	2	1	1
进水口、溢流口侵蚀检查	0	0	0	0	0	0	0	0	1	0	0	0
进水口、溢流口性能检查	0	0	0	0	0	1	1	1	1	0	0	0
植被补植	0	0	1	0	0	0	0	0	0	1	0	0
植被修剪	0	1	0	0	1	0	0	1	0	0	1	0
植被生长势检查	1	1	1	1	1	1	1	1	1	1	1	1
植被疾病感染检查	1	1	1	1	1	1	1	1	1	1	1	1
蚊蝇清除	0	0	0	2	4	6	6	6	4	2	0	0
管渠排水性能检查	1	1	1	1	1	1	1	1	1	1	1	1
管渠安全检查	0	1	0	0	1	0	0	1	0	0	1	0
灌溉系统检查	0	0	0	1	0	0	0	0	0	0	0	0
标志检查	1	1	1	1	1	1	1	1	1	1	1	1

生物滞留设施各区域日常运营养护要点如下。

1）种植土

为使生物滞留系统正常运营，雨水必须通过生物滞留土自由渗透。如果土壤过于压实（如行人和车辆交通负荷使之压实），则土壤入渗率会降低。雨水渗入地下时，生物滞留土可以很好地净化雨水。介质类型及深度应满足出水水质要求，还应符合植物种植及园林绿化养护管理技术需求。若生物滞留土被压实，则会大大降低雨水下渗速率和净化效果，故应防止生物滞留土被压实。

为了避免土壤压实而需要进行换土，应该保护设施红线范围内免受外部负荷作用。尤其在雨季土壤水饱和时，压实的风险较高，所以在潮湿条件下应避免生物滞留设施中的任何类型的负荷。

生物滞留设施内种植土的养护管理应符合下列规定。

（1）种植土厚度应每年检查 1 次，根据需要补充种植土到设计厚度。

（2）在进行植株移栽或替换时应快速完成种植土的翻耕，减少土壤裸露时间。

（3）在土壤裸露期间应在土壤表面覆盖塑料薄膜或其他保护层，以防止土壤被降雨和风侵蚀。

（4）种植土出现明显的侵蚀、流失时应分析原因并纠正。

2）进水口

雨水可以通过多种方式流入生物滞留设施，包括：穿过区域的分散流，穿过不渗透区域的片流，或者通过路缘切口或管道流入口的集中流。进水口必须保持畅通无阻，以确保雨水按设计进入设施。

应定期巡检设施进水口，若发生堵塞或淤积导致的过水不畅时，应及时清理垃圾与沉积物；汛期前及暴雨后应对进水口、溢流口是否有垃圾堵塞进行重点检查。

在集中流的区域（如管道入口或狭窄路缘）中也必须采取侵蚀控制措施。当暴雨冲刷造成水土流失时，应设置碎石缓冲或采取其他防冲刷措施。边坡出现变形或者坍塌时，应进行加固或者修整。

3）蓄水层

蓄水层是指设施下凹部分，用来暂时储存无法下渗的雨水。蓄水层深度应根据植物耐淹性能和土壤渗透性能来确定，一般为 200～300mm，并应设 100mm 的超高。如果设施位于斜坡上，还需在垂直于斜坡方向修建低渗透性坝，以保证蓄水。

蓄水层的关键养护注意事项包括：

（1）必须保持土堤和盆地墙的完整性，必须保护土壤区域免受侵蚀，并且必须清除累积的沉积物。

（2）降雨停止后的 24 h 内，蓄水层内暂时储存的雨水必须全部下渗，不可有积水。土壤如果长期处于潮湿积水状态，容易滋生蚊子等昆虫。若 48 h 内无法全部下渗，则排水管可能被堵塞或生物滞留土可能被过度压实而导致下渗速度慢。

（3）清理沉积物时应注意避免影响覆盖层和种植土层，若造成破坏应恢复坡度和深度至原始状况。

（4）沉积物清理若影响到原有植物分布，清除后应重新补栽植物。

维修措施包括清除灌渠障碍物，部分或完全更换生物滞留土以恢复生物滞留设施功能。

4）有机覆盖物

生物滞留土上有一层有机覆盖物，通常为树木木屑、堆肥或岩石。该层有机覆盖物可以减少杂草生长，同时调节土壤温度和湿度，并向土壤中添加有机物质，保护植物根系。有机覆盖物必须定期予以补充。

5）植被

与植被相关的定期养护活动包括除草、修剪和水肥管理。

（1）生物滞留设施杂草宜手动清除，不宜使用除草剂和杀虫剂，特别是在生长期，应限制使用。

（2）生物滞留设施应根据植被品种定期修剪。

（3）定期巡查、评估植被是否存在疾病感染、长势不良等情况，如果出现上述情况，应分析原因并采取措施。当植被出现缺株时，应定期补种。

（4）旱季应按照植被生长需求进行浇灌。

6）溢流设施

超过设施容量的雨水通过溢流结构（如管道、路缘石、土路）排出。溢流设施的主要养护重点是保持清洁、防止堵塞，以确保雨水顺利溢流，避免设施积水和漫流。

7）排水管（根据实际需要）

排水管是生物滞留设施的可选组件。当土壤渗透系数低时，在设计降雨条件下，雨水无法在48h内下渗完，则需要设置渗透排水管，以顺利排除滞留的雨水。穿孔排水管安装在生物滞留土下方、砾石层上方，通常由穿孔管组成，周边包裹上透水土工布。排水管的管径需要根据汇流面积和设计降雨量计算得到，以保证雨水顺利排放。

穿孔排水管的养护包括定期清除植物根部或碎片，避免其堵塞；若清除后排水管仍然堵塞，则需要予以更换。也可在穿孔排水管周围包裹透水土工布及砾石，降低其堵塞的可能性。如果排水管安装有限流器（如孔口）以减弱流动，则孔口必须定期检查和清洁。

3.2.3　病害养护

生物滞留设施在日常巡检养护时，设施出现病害需要进行病害养护的养护步骤及养护后正常运行状况如表3-7所示。

表 3-7　生物滞留设施病害养护表

养护区域	需要养护的状况	养护要点	正常运行状况
设施调蓄空间	沉积物淤积导致调蓄能力不足	定期清理沉积物，清理时应注意避免影响覆盖层和种植土层，若造成破坏应恢复坡度和深度至原始设计状况	调蓄能力符合设计文件相关要求
设施底部区域	沉积物大量累积，使渗透率显著降低或雨水蓄存能力显著受影响	去除沉积物； 因沉积物积聚和清除而损坏或破坏的植被； 重新种植新植被； 识别沉积物来源，并加以控制； 如果沉积物来源无法控制，而导致沉积物反复大量沉淀，增加预沉降或预处理措施	无沉积物堆积； 无落叶
	设施有落叶堆积而堵塞排水口或使水流受阻	清除落叶	
积水	在设计降雨量条件下，设施出现溢流情况；降雨结束 24h 后（或根据设计文件要求），设施中仍有积水	确认设施底部是否有叶片或碎屑等堆积，阻碍渗透。如果有堆积，清除叶片、碎屑等。 确保排水管（如果存在）没有堵塞。如果堵塞，清除堵塞。 检查是否有水源非法汇入，如污水。 验证设施的规模大小是否满足汇水区域的径流量。确认汇水区域是否有增加。 如果前面步骤没有解决问题，则生物滞留土可能被表面处的沉积物积聚堵塞或被过度压实。可通过挖小洞来观察土壤剖面并识别压实深度或堵塞前部以帮助确定是否要移除生物滞留土或以其他方式修复（如耕作）	设计降雨量条件下，设施无溢流； 降雨结束 24h 后（或根据设计文件要求），设施中无积水
种植土	种植土被压实	将设施外部压力（行人和车辆）降至可被接受的程度，以防止生物滞留土被压实； 严禁在设备红线范围内施加其他外在负荷； 在土壤水饱和条件下被压实的可能性会大大提升，在潮湿条件下，应把任何外部压力（行人和车辆）降低至最低值； 考虑如果必须有大量客流量或必须将其他设备放置在设施中时，可采用分散负荷的措施，如将木板放置在设施表面以分散负载； 如果土壤被压实，可采用松动措施或以其他方式将其恢复到原始设计状态	种植土渗透性能满足设计要求； 种植土无裸露； 种植土无侵蚀、无流失； 种植土厚度满足设计要求
	种植土厚度不够	补充种植土到设计厚度	
	种植土裸露（出现在植株移栽或替换时）	应快速完成种植土的翻耕，减少土壤裸露时间； 土壤裸露期间应在土壤表面覆盖塑料薄膜或其他保护层，以防止土壤被降雨和风侵蚀	
	出现明显的侵蚀、流失	更换土壤，推荐使用渗透性能良好的、以土壤为基底的、有一定有机质含量的填料混合物	

续表

养护区域	需要养护的状况	养护要点	正常运行状况
进水口（管道缘石或洼地）	地表径流无法顺利流入设施，造成雨季设施仍然无水	重新评估设置设施位置； 在设施周边设置植草沟等引导措施将雨水引入设施中； 加大进水口规模或进行局部下凹等	降雨期间，周边地表径流雨水能顺利汇入设施； 进水口无冲刷、无侵蚀； 进水口周边无落叶； 进水口周边无沉积物
	水流长期冲刷导致进水口被侵蚀	对防冲刷设施（如消能碎石）进行合理养护，保持其设计功能	
	路缘石边缘积有落叶	清扫落叶（对于主要进水口和长条形设施低点尤其需要进行养护）	
	通道不畅通	在进水口、出水口 0.3m 范围内不得有植物，保持进水口、出水口通道畅通； 建议与景观设计师协商，清除、移植或采取其他景观小品替代植物	
管道进水口、出水口	管道损坏	维修、更换	管道无损坏； 管道无堵塞； 进水口、出水口周边无落叶； 进水口、出水口周边无植物，通道畅通
	管道堵塞	移除堵塞物	
	沉积物、碎屑、垃圾或其他覆盖物、减弱进水口、出水口的进、出水能力	清除堵塞； 确定堵塞的来源，并采取预防措施，以防止再次被堵塞	
	在进水口、出水口处积有落叶	清扫落叶（对于主要进水口和长条形设施低点尤其需要进行养护）	
	通道不畅通	在进水口、出水口 0.3m 范围内不得有植物，保持进水口、出水口通道畅通； 建议与景观设计师协商，清除、移植或采取其他景观小品替代植物	
溢流口	泥沙、碎屑或其他沉积物积聚，降低了溢流能力	清除泥沙、碎屑等	溢流口周边无泥沙、碎屑等沉积物； 溢流口周边无落叶
	溢流口边缘有落叶	清扫落叶	
排水管	植物根、沉积物或碎片降低排水管排水能力，长期表面积水	采用喷射清洁的方式来清洁排水管； 如果排水管为穿孔排水管，为减少雨水排除量，增加雨水下渗量，则必须定期清洁孔口	排水管排水畅通，无积水
植被	植物覆盖率在种植后的两年内降至 75%以下	找出植物生长不良的原因和需要的生长环境； 分析现场生长环境是否满足现有植被物种的生长环境，若不满足，则需要移植或更改植物物种； 必要时需要补植，以保证覆盖率在 75%以上	植物生长良好，覆盖率在 75%以上
一般植被	植物患病	移除所有患病植物或植物患病部分，并堆放至指定位置进行处理处置，以避免将疾病传播给其他植物； 修剪后需要消毒园艺工具，以防止疾病的传播； 修剪后需要进行补植，以保证覆盖率在 75%以上	无患病植物或植物无患病部位，覆盖率在 75%以上

续表

养护区域	需要养护的状况	养护要点	正常运行状况
乔木和灌木	根据需要修剪	根据物种类别，选择合适的方式进行修剪。修剪应由具有熟练修剪技术的专业人员进行	植物高度合适，满足要求
	乔木和灌木影响设施的正常功能或影响养护人员进入设施	移除乔木和灌木	乔木和灌木不影响设施正常功能
	植被死亡	收割死亡植被； 在收割后的30天内更换死亡植被（根据天气、种植季节而定）； 确定死亡植被的原因并解决问题，如果该植物具有高死亡率，评估原因并采用其他物种进行替代	无死亡植被
	成熟乔木下和周围作业	当在成熟乔木下和周围进行作业时，注意尽量减少对树根的任何损坏，避免土壤压实； 在某些情况下，可能需要在成熟乔木下种植小灌木或地被；小灌木或地被应主要使用球茎、裸根或直径不超过10cm花盆的植物进行种植；单株灌木体积应不大于4L	不对成熟乔木造成任何损坏
	需要安装树支撑架	在施工作业前，检查设施土工布和排水管（如果有的话）的位置，以防止损坏土工布和排水管； 施工作业时，防止对树木造成损害； 在一个生长季节或最多1年后移除树支撑架； 移除后回填大孔	不对树木造成损害
与车辆行驶区域（或需要宽阔视野的区域）毗邻的乔木和灌木	植被阻碍视野或形成安全问题	明确需要的视线高度； 需要定期修剪以维持视线； 如果问题仍然存在，移除或移植乔木、灌木，或采用其他物种进行替代	不阻碍视野或有其他安全问题
开花植物	花朵枯萎	移除枯萎花朵	无枯萎花朵
多年生植物	植物死亡	修剪死亡的落叶和茎	无死亡的落叶和茎
植被	在运输过程中，植被损害	用耙子或手指除去受损叶子	无受损叶子
观赏草（多年生植物）	上一生长周期死亡的树叶未清除	留下干燥的树叶为冬天所用； 如果死亡树叶阻碍水流，用小耙子或手指去除生物滞留土中的落叶	无枯叶
观赏草（常绿）	枯萎	用小耙子或手指去除枯萎的部分； 草地变得太高时，切割除草，根据需要每2～3年切割至根部以利于其生长	无枯萎植被，植被高度符合要求

续表

养护区域	需要养护的状况	养护要点	正常运行状况
有毒杂草	出现有害杂草	有害杂草必须立即清除，装袋并作为垃圾处理。 尽量不使用除草剂和农药以保护水质；在某些管辖区禁止使用除草剂和杀虫剂	无有害杂草必须立即消除，装袋并作为垃圾处理
杂草	出现杂草	使用钳型除草工具、火焰除草机或热水除草机除草	无杂草
植被过度生长	低洼植被生长超过设施边缘到人行道、路径或街道边缘，造成行人安全隐患；或者植被过度生长造成叶片堵塞相邻的可渗透路面	修剪地被植被和灌木在设施边缘外的部分； 避免使用机械刀片式修边机，尤其禁止在树干60cm范围内使用修边机； 根据需要留部分修剪枝叶在设施中以补充土壤中的有机物质，但避免过多而导致表面土壤堵塞	地被植被和灌木不在设施边缘外； 表面土壤不堵塞
	植被密度过大，阻碍雨水下渗或流动而形成设施积水	进行日常修剪工作以养护合适的植物密度和景观； 若植物生长过快，需要修剪频率过高，考虑移除和替换新的物种	植物密度合适，景观良好
	植被生长过快，堵塞渗透设施	移除植被和沉积物	无沉积物
覆盖层	土壤裸露裸地（无覆盖层）或覆盖层深度小于5cm	手动补充覆盖物至5～7.5cm； 避免覆盖物遮挡块茎生长	覆盖物厚度至5～7.5cm； 不遮挡块茎生长
灌溉系统完好度	喷灌或滴灌喷头定位不准确，或者喷灌或滴灌喷头设计区域不恰当导致部分植物浇洒过度或无水	替换喷灌或滴灌喷头； 重新划分区域，重新布置喷灌或滴灌喷头	喷灌或滴灌喷头布局合适
夏季灌溉（第1年）	乔木、灌木和地被植物在建植第1年	浇灌量：每棵树浇灌2.5～4 L水；每灌木层浇灌0.8～1.3 L水；每平方米浇灌5 L水。 浇灌至植物根部，但量要少，不得使根部腐烂，使根部上面15～30cm潮湿土壤潮湿。 当使用传统灌溉系统时，可用浸泡式水管或浸泡式水龙头替代传统水管和传统水龙头，增强土壤吸收能力。 新栽植时，可添加树袋或缓释浇水装置（如带有多孔底部的桶）以增加土壤潮湿度	
夏季灌溉（第2年和第3年）	乔木、灌木和地被植物在栽植第2年或第3年	同夏季灌溉第1年	
夏季灌溉（种植后）	建成植被（3年后）	选择耐旱耐湿植物。但即使是这种植物一般也需要在种植5年后才能不浇水而完全靠降水补充需要的水分	

续表

养护区域	需要养护的状况	养护要点	正常运行状况
蚊蝇	设施中有蚊蝇	通常是由积水造成的卫生隐患； 识别积水的原因，并采取适当措施解决问题（参见“池水”）； 手动清除积水，可直接把积水排向周边市政雨水系统； 禁止使用农药或苏云金芽孢杆菌消灭蚊蝇	设施中无蚊蝇
有害动物	有害动物侵蚀设施，损害植物，或设施中积有粪便	破坏利于有害动物的生境； 放置捕食者诱饵； 定期清除动物尸体	无有害动物
昆虫害虫	有存在害虫的迹象，如枯萎叶、咀嚼叶和树皮、斑点或其他表明存在昆虫害虫的迹象	及时去除患病和死亡的植物，破坏害虫的隐藏地点	无患病和死亡的植物
安全警示标志	安全警示标志缺损，被遮挡	若安全警示标志缺损，修补或更新安全警示标志； 若安全警示标志被遮挡，移除遮挡物	安全警示标志完好、清晰可见、未被遮挡

3.2.4　养护记录

生物滞留设施的运营养护记录报表如表 3-8 所示。

表 3-8　生物滞留设施运营养护记录报表

报送单位：　　　　　　　月份：

<table>
<tr><td colspan="8">基本信息记录</td></tr>
<tr><td colspan="3">设施名称</td><td colspan="5">生物滞留设施</td></tr>
<tr><td colspan="3">设施所在地</td><td colspan="5"></td></tr>
<tr><td colspan="3" rowspan="2">设施养护部门</td><td colspan="5"></td></tr>
<tr><td>电话：</td><td colspan="4"></td></tr>
<tr><td colspan="8">运营养护记录</td></tr>
<tr><td colspan="2">检查区域</td><td>检查项目</td><td>检查结果</td><td>养护措施及结果</td><td>养护日期</td><td>养护人</td><td>备注</td></tr>
<tr><td rowspan="5">一</td><td rowspan="5">设施区域</td><td>沉积物累积</td><td>是□　否□</td><td></td><td></td><td></td><td></td></tr>
<tr><td>落叶累积</td><td>是□　否□</td><td></td><td></td><td></td><td></td></tr>
<tr><td>边坡坍塌</td><td>是□　否□</td><td></td><td></td><td></td><td></td></tr>
<tr><td>降雨后 48h 积水</td><td>是□　否□</td><td></td><td></td><td></td><td></td></tr>
<tr><td>降雨后无水</td><td>是□　否□</td><td></td><td></td><td></td><td></td></tr>
</table>

续表

运营养护记录							
检查区域		检查项目	检查结果	养护措施及结果	养护日期	养护人	备注
二	种植土	压实	是□ 否□				
		厚度满足要求	是□ 否□				
		裸露	是□ 否□				
		侵蚀、流失	是□ 否□				
三	进水口	沉积物累积	是□ 否□				
		落叶累积	是□ 否□				
		侵蚀	是□ 否□				
		管道损坏	是□ 否□				
		管道堵塞	是□ 否□				
四	溢流口	沉积物累积	是□ 否□				
		落叶累积	是□ 否□				
		侵蚀	是□ 否□				
五	排水管	沉积物累积	是□ 否□				
		堵塞	是□ 否□				
六	植被	覆盖率低于 75%	是□ 否□				
		患病	是□ 否□				
		生长过于旺盛	是□ 否□				
		死亡	是□ 否□				
		枯萎	是□ 否□				
		残枝	是□ 否□				
		杂草	是□ 否□				
		无肥力	是□ 否□				
		缺水	是□ 否□				
七	覆盖层	裸露	是□ 否□				
		深度小于 5cm	是□ 否□				
八	灌溉系统	定位不准确	是□ 否□				
		无水	是□ 否□				
九	动物	损害植被	是□ 否□				
		有粪便	是□ 否□				
十	公共卫生	蚊蝇	是□ 否□				
十一	安全检查	警示标志完好	是□ 否□				
注：具体检查项目的频次及日常养护频次如表 3-5 所示							
负责人签字：							

3.3　下沉式绿地

下沉式绿地建设费用与养护费用均较低，其主要原理是蓄滞雨水。下沉式绿地主要养护部位同生物滞留设施不同的是，下沉式绿地没有换土层和排水管。

3.3.1　初期养护

下沉式绿地建成初期，因新种植物尚未完全成活，运行效果不能得到完全发挥，应根据植物种类和周边环境等情况进行初期养护；初期养护时间宜为 3～6 个月，具体时间根据植物种类和生长情况确定。

初期养护期应定期观察植物生长情况，旱季进行有规律的浇灌，雨季加强排水系统检查，并根据生物滞留设施蓄水、渗水、排水等工况对溢流口高度进行细微调整。

3.3.2　日常巡检与养护

下沉式绿地的养护要点较生物滞留设施简单，养护管理子项包括设施区域、积水、进水口、出水口、溢流口、植被、覆盖层、动物、公共卫生、安全检查。各区域的养护要点为下沉式绿地应按绿地常规要求进行保洁，及时清除下沉式绿地内的垃圾与杂物。

各区域的巡检养护频次如表 3-9 所示。

表 3-9　下沉式绿地巡检内容及频次

巡检区域	巡检内容	养护频次
设施区域	沉积物大量累积，使渗透率显著降低或雨水蓄存能力显著受影响	每年 1 次； 60mm 以上降雨后
	设施有落叶堆积而堵塞排水口或使水流受阻	秋季落叶期间或之后
	边坡有无坍塌，坡度是否符合设计要求	每 3 个月 1 次； 雨季前； 60mm 以上降雨后
积水	在设计降雨量条件下，设施出现溢流情况；降雨结束 24h 后（或根据设计文件要求），设施中仍有积水	降雨后
进水口（管道缘石或洼地）	地表径流无法顺利流入设施，造成雨季设施仍然无水	降雨后
	路缘石边缘有沉积物，减弱进水口的进水能力	每月 1 次； 雨季和降雨前
	路缘石边缘积有落叶	秋季落叶期间 1 周进行 1 次
	水流长期冲刷导致进水口被侵蚀	雨季后

续表

巡检区域	巡检内容	养护频次
管道进水口、出水口	管道损坏	每年1次
	管道堵塞	雨季每月1次
	沉积物、碎屑、垃圾或其他覆盖物，减弱进水口、出水口的进、出水能力	每年1次； 60mm以上降雨后
	在进水口处积有落叶	秋季落叶期间1周进行1次
	保持通道畅通	每年1次
溢流口	泥沙、碎屑或其他沉积物积聚，降低了溢流出水能力	每月1次； 60mm以上降雨后
	周边有落叶	秋季落叶期间1周进行1次
植被	植物覆盖率在种植后的两年内降至75%以下	秋季和春季
	在运输过程中，植被受损，影响栽植	春季
	植物患病	根据需要
	根据需要修剪	所有修剪季节（时间因物种而异）
	灌木影响设施的正常功能或影响养护人员进入设施	每年1次
	植被死亡	秋季和春季
	需要安装树支撑架	秋季和春季
	植被过度生长阻碍视野或形成安全问题	每年1次
	残花修剪或摘除	每年1次
观赏草（多年生植物）	上一生长周期死亡的树叶未清除	冬季和春季
观赏草（常绿）	枯萎	秋季和春季
杂草	出现有毒有害杂草	（3～10月）每月1次，种子播撒前
	出现其他杂草，物种替代	（3～10月）每月1次，种子播撒前
植被过度繁殖	低洼植被生长超过设施边缘到人行道、路径或街道边缘，造成行人安全隐患；或者植被过度生长造成叶片堵塞相邻的可渗透路面	5月中旬～9月中旬，每月1次
	植被密度过大，阻碍雨水下渗或流动而堵塞设施	根据需要
植被水肥管理	是否缺水，是否有肥力	根据需要
覆盖层	土壤裸露裸地（无覆盖层）或覆盖层深度小于5cm	除草后
灌溉系统	喷灌或滴灌喷头定位不准确，或者喷灌或滴灌喷头设计区域不恰当导致部分植物浇洒过度或无水	每年1次
有害动物	有害动物侵蚀设施，损害植物或设施中积有粪便	根据需要

续表

巡检区域	巡检内容	养护频次
昆虫害虫	有存在害虫的迹象，如枯萎叶、咀嚼叶和树皮、斑点或其他表明存在昆虫害虫的迹象	根据需要
公共卫生	蚊蝇	每年 2 次； 60mm 以上降雨后
安全检查	警示标志、护栏等是否完好	每月 1 次

以河北省某市为例，根据其降雨、地质等实际情况，下沉式绿地各项养护内容历月养护频次详见表 3-10。表中各内容的养护次数应根据项目地实际情况进行调整，在遇暴雨、多雨年份、少雨年份等特殊情况下相应调整养护次数；当设施位于径流污染严重、下游排放受纳水体水质要求高、设施底部渗透面距离季节性最高地下水位或岩石层小于 1m 且距离建筑物基础小于 3m（水平距离）的区域时，则需要增加日常养护频次。

表 3-10　下沉式绿地历月巡检养护事项及频次　　　（单位：次）

内容	1 月	2 月	3 月	4 月	5 月	6 月	7 月	8 月	9 月	10 月	11 月	12 月
日常清扫	31	28	31	30	31	30	31	31	30	31	30	31
设施沉积物清除	1	1	1	2	4	4	4	4	4	2	1	1
设施落叶清扫	0	0	0	0	0	0	0	0	0	4	4	0
设施渗透性能检查	0	0	0	0	0	0	0	0	1	0	0	0
设施雨后排空检查	0	0	0	2	4	6	6	6	4	2	0	0
土壤裸露检查、覆盖层补充	0	0	0	0	0	0	0	0	0	1	0	0
进水口、溢流口沉积物清除	1	1	1	2	4	4	4	4	4	2	1	1
进水口、溢流口侵蚀检查	0	0	0	0	0	0	0	0	1	0	0	0
进水口、溢流口性能检查	0	0	0	0	0	1	1	1	1	0	0	0
植被补植	0	0	1	0	0	0	0	0	0	1	0	0
植被修剪	0	1	0	0	1	0	0	1	0	0	1	0
植被生长势检查	1	1	1	1	1	1	1	1	1	1	1	1
植被疾病感染检查	1	1	1	1	1	1	1	1	1	1	1	1
标志检查	1	1	1	1	1	1	1	1	1	1	1	1

3.3.3 病害养护

下沉式绿地在日常巡检养护时，设施出现病害需要进行病害养护的养护步骤及养护后正常运行状况如表 3-11 所示。

表 3-11 下沉式绿地病害养护表

养护区域	需要养护的状况	养护要点	正常运行状况
设施调蓄空间	沉积物淤积导致调蓄能力不足	定期清理沉积物，清理时应注意避免影响覆盖层和种植土层，若造成破坏应恢复坡度和深度至原始设计状况	调蓄能力符合设计文件相关要求
设施底部区域	沉积物大量累积，使渗透率显著降低或雨水蓄存能力显著受影响	去除沉积物； 因沉积物积聚和清除而损坏或破坏的植被； 重新种植新植被； 识别沉积物来源，并加以控制； 如果沉积物来源无法控制，而导致沉积物反复大量沉淀，增加预沉降或预处理措施	无沉积物堆积； 无落叶
	设施有落叶堆积而堵塞排水口或使水流受阻	清除落叶	
积水	在设计降雨量条件下，设施出现溢流情况；降雨结束 24h 后（或根据设计文件要求），设施中仍有积水	确认设施底部是否有叶片或碎屑等堆积，阻碍渗透。如果有堆积，清除叶片、碎屑等。 确保排水管（如果存在）没有堵塞。如果堵塞，清除堵塞。 检查是否有水源非法汇入，如污水。 验证设施的规模大小是否满足汇水区域的径流量。确认汇水区域是否有增加。 如果前面步骤没有解决问题，则生物滞留土可能被表面处的沉积物积聚堵塞或被过度压实。可通过挖小洞来观察土壤剖面并识别压实深度或堵塞前部以帮助确定是否要移除生物滞留土或以其他方式修复（如耕作）	设计降雨量条件下，设施无溢流； 降雨结束 48h 后，设施中无积水
进水口（管道缘石或洼地）	地表径流无法顺利流入设施，造成雨季设施仍然无水	重新评估设置设施位置； 在设施周边设置植草沟等引导措施将雨水引入设施中； 加大进水口规模或进行局部下凹等	降雨期间，周边地表径流雨水能顺利汇入设施；
	水流长期冲刷导致进水口被侵蚀	对防冲刷设施（如消能碎石）进行合理养护，保持其设计功能	进水口无冲刷、无侵蚀；
	路缘石边缘积有落叶	清扫落叶（对于主要进水口和长条形设施低点尤其需要进行养护）	进水口周边无落叶；
	保持通道畅通	在进水口、出水口 0.3m 范围内不得有植物，保持进水口、出水口通道畅通； 建议与景观设计师协商，清除、移植或采取其他景观小品替代植物	进水口周边无沉积物

续表

养护区域	需要养护的状况	养护要点	正常运行状况
管道进水口、出水口	管道损坏	维修、更换	管道无损坏； 管道无堵塞； 进水口、出水口周边无落叶； 进水口、出水口周边无植物，通道畅通
	管道堵塞	移除堵塞物	
	沉积物、碎屑、垃圾或其他覆盖物，减弱进水口、出水口的进、出水能力	清除堵塞； 确定堵塞的来源，并采取预防措施，以防止再次被堵塞	
	在进水口、出水口处积有落叶	清扫落叶（对于主要进水口和长条形设施低点尤其需要进行养护）	
	通道不畅通	在进水口、出水口0.3m范围内不得有植物，保持进水口、出水口通道畅通； 建议与景观设计师协商，清除、移植或采取其他景观小品替代植物	
溢流口	泥沙、碎屑或其他沉积物积聚，降低了溢流能力	清除泥沙、碎屑等	溢流口周边无泥沙、碎屑等沉积物；
	溢流口边缘有落叶	清扫落叶	溢流口周边无落叶
植被	植物覆盖率在种植后的两年内降至75%以下	找出植物生长不良的原因和需要的生长环境； 分析现场生长环境是否满足现有植被物种的生长环境，若不满足，则需要移植或更改植物物种； 必要时需要补植，以保证覆盖率在75%以上	植物生长良好，覆盖率在75%以上
一般植被	植物患病	移除所有患病植物或植物患病部分，并堆放至指定位置进行处理处置，以避免将疾病传播到其他植物； 修剪后需要消毒园艺工具，以防止疾病的传播； 修剪后需要进行补植，以保证覆盖率在75%以上	无患病植物或植物无患病部位，并保证覆盖率在75%以上
乔木和灌木	根据需要修剪	根据物种类别，选择合适的方式进行修剪。修剪应由具有熟练修剪技术的专业人员进行	植被高度合适
	乔木和灌木影响设施的正常功能或影响养护人员进入设施	移除乔木和灌木	乔木和灌木不影响设施的正常功能
	植被死亡	收割死亡植被； 在收割后的30天内更换死亡植被（根据天气、种植季节而定）； 确定死亡植被的原因并解决问题，如果该植物具有高死亡率，评估原因并采用其他物种进行替代	植被生长良好

续表

养护区域	需要养护的状况	养护要点	正常运行状况
乔木和灌木	成熟乔木下和周围作业	当在成熟乔木下和周围进行作业时，注意尽量减少对树根的任何损坏，避免土壤压实。 在某些情况下，可能需要在成熟乔木下种植小灌木或地被；小灌木或地被应主要使用球茎、裸根或直径不超过10cm花盆的植物进行种植；单株灌木体积应不大于4L	不对成熟乔木造成任何损坏
	需要安装树支撑架	在施工作业前，检查设施土工布和排水管（如果有的话）的位置，以防止损坏土工布和排水管； 施工作业时，防止对树木造成损害； 在一个生长季节或最多1年后移除树支撑架； 移除后回填大孔	不对树木造成损害
与车辆行驶区域（或需要宽阔视野的区域）毗邻的乔木和灌木	植被阻碍视野或形成安全问题	明确需要的视线高度； 需要定期修剪以维持视线； 如果问题仍然存在，移除或移植乔木、灌木，或采用其他物种进行替代	植被不影响视野，不形成安全问题
开花植物	花凋零	移除凋零的花朵	无凋零的花朵
多年生植物	植物枯萎	修剪枯萎的落叶和茎	无枯萎的落叶和茎
植被	在运输过程中，植被损害	用耙子或手指除去枯萎的叶子	无枯萎的叶子
观赏草（多年生植物）	上一生长周期死亡的树叶未清除	留下干燥的树叶为冬天所用； 如果死亡树叶阻碍水流，用小耙子或手指去除生物滞留土中的落叶	树叶不阻碍水流
观赏草（常绿）	枯萎	用小耙子或手指去除枯萎的部分； 草地变得太高时，切割除草，根据需要每2～3年切割至根部以利于其生长	观赏草无枯萎的部分； 高度合适
有毒有害杂草	出现有毒有害杂草	有毒有害杂草必须立即清除，装袋并作为垃圾处理。 尽量不使用除草剂和农药以保护水质；在某些管辖区禁止使用除草剂和杀虫剂	无有毒有害杂草
杂草	出现杂草	使用钳型除草工具、火焰除草机或热水除草机除草	无杂草

续表

养护区域	需要养护的状况	养护要点	正常运行状况
植被过度生长	低洼植被生长超过设施边缘到人行道、路径或街道边缘，造成行人安全隐患；或者植被过度生长造成叶片堵塞相邻的可渗透路面	修剪地被植被和灌木在设施边缘外的部分； 避免使用机械刀片式修边机，尤其禁止在树干 60cm 范围内使用修边机； 根据需要留部分修剪枝叶在设施中以补充土壤中的有机物质，但避免过多而导致表面土壤堵塞	设施边缘外无地被植被和灌木
	植被密度过大，阻碍雨水下渗或流动而形成设施积水	进行日常修剪工作以养护合适的植物密度和景观； 若植物生长过快，需要修剪频率过高，考虑移除和替换新的物种	植物密度和生长态势合适，景观良好
	植被生长过快，堵塞渗透设施	移除植被和沉积物	植被不堵塞设施，无沉积物
覆盖层	土壤裸露裸地（无覆盖层）或覆盖层深度小于 5cm	手动补充覆盖物至 5～7.5cm； 避免覆盖物遮挡块茎生长	覆盖物厚度至 5～7.5cm； 不遮挡块茎生长
灌溉系统完好度	喷灌或滴灌喷头定位不准确，或者喷灌或滴灌喷头设计区域不恰当导致部分植物浇洒过度或无水	替换喷灌或滴灌喷头； 重新划分区域，重新布置喷灌或滴灌喷头	喷灌或滴灌喷头布局合适
夏季灌溉（第 1 年）	乔木、灌木和地被植物在建植第 1 年	浇灌量：每棵树浇灌 2.5～4 L 水；每灌木层浇灌 0.8～1.3 L 水；每平方米浇灌 5 L 水。 浇灌至植物根部，但量要少，不得使根部腐烂，使根部上面 15～30cm 潮湿土壤潮湿。 当使用传统灌溉系统时，可用浸泡式水管或浸泡式水龙头替代传统水管和传统水龙头，增强土壤吸收能力。 新栽植时，可添加树袋或缓释浇水装置（如带有多孔底部的桶）以增加土壤潮湿度	
夏季灌溉（第 2 年和第 3 年）	乔木、灌木和地被植物在栽植第 2 年或第 3 年	同夏季灌溉第 1 年	
夏季灌溉（种植后）	建成植被（3 年后）	选择耐旱耐湿植物。但即使是这种植物一般也需要在种植 5 年后才能不浇水而完全靠降水补充需要的水分	
蚊蝇	设施中有蚊蝇	通常是由积水造成的卫生隐患； 识别积水的原因，并采取适当措施解决问题（参见“池水”）； 手动清除积水，可直接把积水排向周边市政雨水系统； 禁止使用农药或苏云金芽孢杆菌消灭蚊蝇	设施中无蚊蝇

续表

养护区域	需要养护的状况	养护要点	正常运行状况
有害动物	有害动物侵蚀设施，损害植物，或设施中积有粪便	破坏利于有害动物的生境； 放置捕食者诱饵； 定期清除动物尸体	设施中无有害动物
昆虫害虫	有存在害虫的迹象，如枯萎叶、咀嚼叶和树皮、斑点或其他表明存在昆虫害虫的迹象	及时去除患病和死亡的植物，破坏害虫的隐藏地点	设施中无害虫
安全警示标志	安全警示标志缺损，被遮挡	若安全警示标志缺损，修补或更新安全警示标志； 若安全警示标志被遮挡，移除遮挡物	安全警示标志完好、清晰可见、未被遮挡

3.3.4 养护记录

下沉式绿地的运营养护记录报表如表 3-12 所示。

表 3-12 下沉式绿地运营养护记录报表

报送单位： 月份：

基本信息记录		
设施名称	下沉式绿地	
设施所在地		
设施养护部门		
	电话：	

运营营护记录							
检查区域		检查项目	检查结果	养护措施及结果	养护日期	养护人	备注
一	设施区域	沉积物累积	是□ 否□				
		落叶累积	是□ 否□				
		边坡坍塌	是□ 否□				
		降雨后 24h 积水	是□ 否□				
		降雨后无水	是□ 否□				
二	种植土	裸露	是□ 否□				
		侵蚀、流失	是□ 否□				
三	进水口	沉积物累积	是□ 否□				
		落叶累积	是□ 否□				
		侵蚀	是□ 否□				
		管道损坏	是□ 否□				
		管道堵塞	是□ 否□				

续表

四	溢流口	沉积物累积	是□ 否□				
		落叶累积	是□ 否□				
		侵蚀	是□ 否□				
五	排水管	沉积物累积	是□ 否□				
		堵塞	是□ 否□				
六	植被	覆盖率低于 75%	是□ 否□				
		患病	是□ 否□				
		生长过于旺盛	是□ 否□				
		死亡	是□ 否□				
		枯萎	是□ 否□				
		残枝	是□ 否□				
		杂草	是□ 否□				
		无肥力	是□ 否□				
		缺水	是□ 否□				
七	灌溉系统	定位不准确	是□ 否□				
		无水	是□ 否□				
八	动物	损害植被	是□ 否□				
		有粪便	是□ 否□				
九	公共卫生	蚊蝇	是□ 否□				
十	安全检查	警示标志、护栏完好	是□ 否□				
注：具体检查项目的频次及日常养护频次如表 3-9 所示							
负责人签字：							

3.4　渗　透　塘

渗透塘可有效补充地下水，削减峰值流量，分流，建设费用较低，但其主要原理是下渗雨水，后期养护管理要求较高，重要的养护点是防止渗透设施堵塞，导致雨水无法下渗。

根据下渗形式，渗透塘分为两种类型：①雨水能迅速渗透的下渗塘；②能根据降雨量大小，调节水位的永久型池塘。

3.4.1　日常巡检与养护

渗透塘日常养护重点是防止渗透设施堵塞，导致雨水无法下渗。渗透塘的养护管理子项包括预处理区域、设施区域、积水情况、种植土、进水口、溢流口、植被、覆盖层、安全检查。各区域的养护要点为渗透塘应按绿地常规要求进行保洁，及时清除渗透塘内的垃圾与杂物。

各区域的巡检养护频次如表 3-13 所示。

表 3-13　渗透塘巡检内容及频次

巡检区域	巡检内容	频次
预处理区域	是否有沉积物	每月 1 次；60mm 以上降雨后
边坡和护堤	侵蚀深度是否超过 5cm	雨季每月 1 次；60mm 以上降雨后
	是否塌陷	每年 1 次
	沉降是否大于 7.5cm	每年 1 次；100mm 降雨后
	是否渗漏（主要表现为潮湿）	每年 1 次；100mm 降雨后
	是否出现啮齿动物洞穴	每年 1 次
设施调蓄空间	沉积物是否淤积，从而导致调蓄能力不足	雨季每周至少 1 次，旱季可根据沉积物情况适当减少频率
设施底部区域	沉积物大量累积，使渗透率显著降低或雨水蓄存能力显著受影响	每年 1 次；60mm 以上降雨后
	设施有落叶堆积而堵塞排水口或使水流受阻	秋季落叶期间或之后
积水	在设计降雨量条件下，设施出现溢流情况；或降雨结束 48h 后，池中仍有积水	每年 2 次；60mm 以上降雨后
种植土	种植土被压实	每年 1 次
	种植土裸露（出现在植株移栽或替换时）	
	出现明显的侵蚀、流失	
进水口、溢流口	地表径流无法顺利流入设施，造成雨季设施仍然无水	降雨后
	进水口、溢流口堵塞，有沉积物	降雨后；秋季落叶期后
	水流长期冲刷导致进水口被侵蚀	雨季后
植被	植物覆盖率低于 90%	秋季和春季
	植物患病	根据需要
	根据需要修剪	所有修剪季节（时间因物种而异）
	植被死亡、枯萎	秋季和春季
	成熟乔木下和周围作业	秋季和春季
	出现有毒有害杂草	（3～10 月）每月 1 次；种子播撒前
	出现其他杂草，物种替代	（3～10 月）每月 1 次；种子播撒前
	植被密度过大，阻碍雨水下渗或流动而堵塞设施	根据需要
	是否缺水，是否缺少肥力	根据需要
覆盖层	土壤裸露裸地（无覆盖层）或覆盖层深度小于 5cm	除草后
安全检查	警示标志、护栏等是否完好	每月 1 次

以河北省某市为例，根据其降雨、地质等实际情况，渗透塘各项养护内容历月养护频次详见表 3-14。表中各内容的养护次数应根据项目地实际情况进行调整，在遇暴雨、多雨年份、少雨年份等特殊情况下相应调整养护次数。

表 3-14　渗透塘历月巡检养护事项及频次　（单位：次）

内容	1 月	2 月	3 月	4 月	5 月	6 月	7 月	8 月	9 月	10 月	11 月	12 月
日常清扫	31	28	31	30	31	30	31	31	30	31	30	31
预处理设施沉积物清除	1	1	1	1	1	1	2	2	1	1	1	1
边坡护堤沉降、侵蚀检查	0	0	0	0	0	1	1	1	1	0	0	0
边坡护堤安全性检查（渗漏、洞穴）	0	0	0	0	0	0	0	0	1	0	0	0
设施沉积物清除	1	1	1	2	4	4	4	4	4	2	1	1
设施落叶清扫	0	0	0	0	0	0	0	0	0	4	4	0
设施渗透性能检查	0	0	0	0	0	0	0	1	1	0	0	0
设施调蓄空间检查	0	0	0	0	0	0	0	1	1	0	0	0
设施雨后排空检查	0	0	0	2	4	6	6	6	4	2	0	0
种植土性能检查	0	0	0	0	0	0	0	0	0	1	0	0
种植土裸露检查、植被补植	0	0	0	0	0	0	0	0	0	1	0	0
进水口、溢流口沉积物清除	1	1	1	2	4	4	4	4	4	2	1	1
进水口、溢流口侵蚀检查	0	0	0	0	0	0	0	0	1	0	0	0
进水口、溢流口性能检查	0	0	0	0	0	1	1	1	1	0	0	0
植被补植	0	0	1	0	0	0	0	0	0	1	0	0
植被修剪	0	1	0	0	1	0	0	1	0	0	1	0
标志检查	1	1	1	1	1	1	1	1	1	1	1	1

3.4.2　病害养护

渗透塘在日常巡检养护时，设施出现病害需要进行病害养护的养护步骤及养护后正常运行状况如表 3-15 所示。

表 3-15　渗透塘病害养护表

养护区域	需要养护的状况	养护要点	正常运行状况
预沉池	沉积物堆积，沉积物沉淀深度超过 6cm	移除沉积物	预沉池中无沉积物
设施区域	每 1000 m^3 渗透塘垃圾和碎屑量超过 $5m^3$； 肉眼观察到垃圾	清除垃圾和碎片	每 1000 m^3 渗透塘垃圾和碎屑量不超过 $5m^3$
	出现会对养护人员或公众造成危害的有毒或有害杂草	清除有毒植被和杂草	无有毒植被和杂草
	发现油、汽油、污垢或其他污染物质	移除或清除油、汽油、污垢或其他污染物质	无油、汽油、污垢或污染物存在
	水坝或护堤上出现啮齿类动物洞孔，或管道出现啮齿类动物洞孔	修复水坝、护堤、管道	水坝、护堤、管道无啮齿类动物洞孔，恢复至正常设计功能
	（海狸建筑的）水坝导致设施的功能改变	捕捉海狸； 移除海狸水坝	设施恢复到原始设计功能
	出现黄蜂、马蜂等昆虫，干扰养护作业	移除或消灭昆虫	无昆虫
设施调蓄空间	累积的沉积物超过设计池深的 10%，影响了进水口、出水口等其他部件的正常功能	清理沉积物	渗透塘形状和容积恢复至设计状态
过滤网（如有）	过滤网超过 1/2 面积沉积物覆盖	更换过滤网	设施恢复到原始设计功能
岩石过滤器	降雨期间很少或没有水流经过过滤器	更换岩石过滤器	设施恢复到原始设计功能
池塘侧坡	侵蚀损坏超过 5cm 深，并且这种侵蚀还将继续加深扩大	使用恰当的侵蚀控制措施来稳定斜坡，如岩石加固，种植草，压实等措施； 如果在压实的侧坡上发生侵蚀现象，应咨询专业技术人员从根源处解决侵蚀	无侵蚀现象
水池侧坡	护堤的任何一个部分出现下沉现象，下沉深度超过 10cm	建造恢复护堤	堤坝建造恢复到原来的设计高度
紧急溢流口、溢洪道	植被生长在紧急溢洪道上，造成了阻塞，并且可能由于不受控制的超载而导致护堤失效； 护堤上生长的植被高度超过 10cm，可能导致护堤发生故障	移除植被；若根系根基小于 10cm，则无须移除根系	护堤恢复到原始设计功能
	有明显的水流痕迹，护堤被水冲刷而侵蚀	找出水流根源，并消除	无水流侵蚀
	出现超过 $1.5m^2$ 的土壤裸露区域	岩石覆盖	无土壤裸露区域

续表

养护区域	需要养护的状况	养护要点	正常运行状况
紧急溢流口、溢洪道	侵蚀深度超过 5cm，并且这种侵蚀现象会继续加深扩大	使用恰当的侵蚀控制措施来稳定斜坡，如岩石加固，种植草，压实等措施 如果在压实的护岸上发生侵蚀现象，应咨询专业技术人员从根源处解决侵蚀	无侵蚀现象
安全警示标志	安全警示标志缺损，被遮挡	若安全警示标志缺损，修补或更新安全警示标志； 若安全警示标志被遮挡，移除遮挡物	安全警示标志完好、清晰可见、未被遮挡

图 3-3 为啮齿类动物洞穴和海狸水坝。

（a）啮齿类动物洞穴　　（b）海狸水坝

图 3-3　啮齿类动物洞穴和海狸水坝

3.4.3　养护记录

渗透塘的运营养护记录报表如表 3-16 所示。

表 3-16　渗透塘运营养护记录报表

报送单位：　　　　　　月份：

<table>
<tr><td colspan="3">基本信息记录</td></tr>
<tr><td>设施名称</td><td colspan="2">渗透塘</td></tr>
<tr><td>设施所在地</td><td colspan="2"></td></tr>
<tr><td rowspan="2">设施养护部门</td><td colspan="2"></td></tr>
<tr><td>电话：</td><td></td></tr>
</table>

续表

运营养护记录							
检查区域		检查项目	检查结果	养护措施及结果	养护日期	养护人	备注
一	预沉池	沉积物累积	是□ 否□				
二	设施区域	沉积物累积	是□ 否□				
		污染和污垢物	是□ 否□				
		有毒有害杂草	是□ 否□				
		啮齿类动物洞孔	是□ 否□				
		海狸建筑的水坝	是□ 否□				
		干扰设施正常运行的动物，如黄蜂、马蜂等	是□ 否□				
三	侧坡	坍塌	是□ 否□				
		下沉	是□ 否□				
		侵蚀	是□ 否□				
四	过滤器	沉积物累积	是□ 否□				
五	紧急溢流口、溢洪道	植被	是□ 否□				
		管道侵蚀	是□ 否□				
		土壤裸露	是□ 否□				
		侵蚀	是□ 否□				
六	安全检查	警示标志、护栏完好	是□ 否□				
注：具体检查项目的频次及日常养护频次如表 3-13 所示							
负责人签字：							

3.5 渗　　井

渗井占地面积小，建设和养护费用低，但其对水质和水量控制作用有限。

3.5.1 日常巡检与养护

渗井日常养护重点是防止渗透设施堵塞，导致雨水无法下渗。渗井的养护管理子项包括设施空间、设施结构、管道、进水口、设施区域、汇水区域、安全检查等。

各区域的巡检养护频次如表 3-17 所示。

表 3-17　渗井巡检内容及频次

巡检区域	巡检内容	频次
设施空间	沉积物、残骸是否残留	每月 1 次；降雨后
设施结构	渗水性能（要求在降雨停止后的 24 h 内无积水）	降雨后
	结构侵蚀	降雨后
	结构变形、开裂、错位等	每年 1 次
管道	溢流管是否堵塞	降雨前、后
	管道堵塞、破损、断裂等	每年 1 次
进水口	地表径流无法顺利流入设施，造成雨季设施仍然无水	降雨后
	路缘石边缘有沉积物，减弱进水口的进水能力	每月 1 次； 雨季和降雨前
	路缘石边缘进水口积有落叶	秋季落叶期间 1 周进行 1 次
	水流长期冲刷导致进水口被侵蚀	雨季后
格栅、截污挂篮	沉积物、残骸是否堵塞	每月 1 次；降雨前、后；秋季落叶后
	是否破损、缺失	降雨前
过滤砾石	渗透性能是否完好	雨季前
汇水区域	预处理设施是否堵塞	每月 1 次；降雨前、后
	地面是否沉降	每年 1 次
	场地竖向是否顺畅衔接	每年 1 次
安全检查	警示标志、护栏等是否完好	每月 1 次

以河北省某市为例，根据其降雨、地质等实际情况，渗井各项养护内容历月养护频次详见表 3-18。表中各内容的养护次数应根据项目地实际情况进行调整，在遇暴雨、多雨年份、少雨年份等特殊情况下相应调整养护次数。

表 3-18　渗井历月巡检养护事项及频次　　（单位：次）

内容	1 月	2 月	3 月	4 月	5 月	6 月	7 月	8 月	9 月	10 月	11 月	12 月
预处理设施沉积物清除	1	1	1	1	1	1	2	2	1	1	1	1
设施沉积物清除	1	1	1	2	4	4	4	4	4	2	1	1
设施落叶清扫	0	0	0	0	0	0	0	0	0	4	4	0
进水口沉积物清除	1	1	1	2	4	4	4	4	4	2	1	1
格栅、截污挂篮沉积物清除	1	1	1	2	4	6	6	6	4	2	1	1
设施雨后排空检查	0	0	0	2	4	6	6	6	4	2	0	0
管渠排水性能检查	1	1	1	1	1	1	1	1	1	1	1	1
管渠安全检查	0	1	0	0	1	0	0	1	0	0	1	0
过滤砾石渗透性能检查	0	0	0	0	0	1	0	0	0	0	0	0
标志检查	1	1	1	1	1	1	1	1	1	1	1	1

渗井各区域日常运营养护要点如下：

（1）对渗井进行养护前，应使用便携式气体检测仪检测有毒气体。气体检测时应先搅动井下泥水，使被检测气体充分释放出来，以便测定井内气体的实际浓度。

（2）渗井必须在每年的春季和秋季进行安全检查。可采用外观目测检查和用器具敲打检查等手段检查井盖是否错位和破损，设施是否变形和破损等，必要时应对破损设施进行修补或替换。

（3）沉积物必须每年清洁，可进行人工清扫或高压设施清扫。

（4）若为木屑井，通常有必要每 10 年增加一些木屑，以补偿材料分解造成的沉降。由于碳、氮含量比较低，纤维素含量较高，秸秆分解速度要快得多，更需要更换。在这两种情况下，粗砂也可用于代替分解物。

（5）若周围土壤出现沉降或下陷，可以使用土壤改良剂，促使土壤团粒结构的形成，降低沉降的概率。

（6）若渗井周围有裸地砂土流入，应分析土壤裸露原因，并及时在裸露区域栽种植被进行覆盖。

（7）若渗井上方被落叶覆盖，为防止落叶堵塞影响设施功能，应定期清除设施内和周边的落叶，在落叶期要加大清除频率。

（8）渗井渗透机能的检查每年不应少于 1 次，并根据结果采用下列机能恢复措施：①人工清扫或机械清洗；②对呈板结状态的沉积物，采用高压清扫方法；③当渗透能力大幅度下降时，可进行砾石表面负压清洗，将过滤层挖出清洗或更换。

（9）预防堵塞。预防堵塞的最有效方式就是增加预处理设施，如植被浅沟或植被缓冲带。如果在降雨停止的 12h 内，渗井中无水，则表明预处理设施可能被堵塞，雨水无法流入渗井。植被浅沟、植被缓冲带被堵塞后，需要立即清除堵塞，补种过滤带的植被草皮，植被高度应该始终等于或大于设计流量深度。预处理装置和雨水入口需每年清除累积的碎屑。清除堵塞的方法有：①如果渗井被堵塞，则更换前 30cm 的多孔材料以改善渗透能力。②如果堵塞情况比较严重，则可更换整个渗井，把现有的堵塞的渗井用作沉淀井并安装新的渗井。渗井转换为沉淀井后，需要灌浆孔，用混凝土覆盖基部，并添加管道。

3.5.2 病害养护

渗井在日常巡检养护时，设施出现病害需要进行病害养护的养护步骤及养护后正常运行状况如表 3-19 所示。

3.5.3 养护记录

渗井的运营养护记录报表如表 3-20 所示。

表3-19　渗井病害养护表

养护区域	需要养护的状况	养护要点	正常运行状况
设施区域	雨水无法下渗	确认设施底部是否有叶片或碎屑等堆积，阻碍渗透。如果有堆积，清除叶片、碎屑等。 确保排水管（如果存在）没有堵塞。如果堵塞，清除堵塞。 检查是否有水源非法汇入，如污水。 验证设施的规模大小是否满足汇水区域的径流量。确认汇水区域是否有增加。 如果前面步骤没有解决问题，则渗井可能被表面处的沉积物积聚堵塞，可通过移除沉积物恢复下沉	设计降雨量条件下，设施无溢流； 降雨结束48h后，设施中无积水
	堵塞，渗井容量减少或雨水无法下渗	更换前30cm的多孔材料以改善渗透能力。 如果堵塞情况比较严重，则可更换整个渗井，把现有的堵塞的渗井用作沉淀井并安装新的渗井。渗井转换为沉淀井后，需要灌浆孔，用混凝土覆盖基部，并添加管道	雨水下渗速度达到设计要求
	管道中排出垃圾、残骸或浮渣	冲洗管道	井中无垃圾、沉积物、残骸等
	沉积物附着在井壁上，或者厚度超过进水管下方深度的60%或大于1cm深度	人工清扫或机械清洗； 对呈板结状态的沉积物，采用高压清扫方法； 当渗透能力大幅度下降时，可进行砾石表面负压清洗，将过滤层挖出清洗或更换	井中无沉积物
	落叶累积	定期清除设施内和周边的落叶，在落叶期要加大清除频率	井中无落叶
	井周围有砂土流入	分析土壤裸露原因，并及时在裸露区域栽种植被进行覆盖	
	结构不牢固	更换整个渗井	结构稳固
	油、汽油、污垢或其他污染物聚集于井壁或井底	移除或清除油、汽油、污垢或其他污染物质	无油、汽油、污垢或污染物存在
进水口	雨季雨水无法流入渗井	重新评估设置设施位置； 在设施周边设置植草沟等引导措施将雨水引入设施中； 加大进水口规模或进行局部下凹等	雨季雨水能顺利流入设施中，雨季非干井
	水流长期冲刷导致进水口被侵蚀	对防冲刷设施（如消能碎石）进行合理养护，保持其设计功能	进水口无冲刷、无侵蚀； 进水口周边无落叶； 进水口周边无沉积物
	路缘石边缘积有落叶	清扫落叶（对于主要进水口和长条形设施低点尤其需要进行养护）	
	通道不畅通	在进水口、出水口0.3m范围内不得有植物，保持进水口、出水口通道畅通； 建议与景观设计师协商，清除、移植或采取其他景观小品替代植物	

续表

养护区域	需要养护的状况	养护要点	正常运行状况
人孔	井盖丢失或仅部分就位。任何开放的集水槽都需要养护	更换井盖	井盖不缺失，到位，一个养护人员在施加正常提升压力下可以打开井盖
	井盖难以移除，一个养护人员在施加正常的提升压力后不能拆下盖子		
金属格栅或截污挂篮	格栅开口宽度超过 2cm，增加安全风险； 格栅或挂篮破损或缺失	更换格栅或挂篮	格栅或挂篮完整无损，不缺失，孔口符合设计要求
	格栅或挂篮大于 20%的面积被垃圾和残骸堵塞，影响其截污能力	清除垃圾和残骸	无垃圾和残骸
周边区域	土壤沉降	使用土壤改良剂，以促使土壤团粒结构的形成，降低沉降的概率	周边土壤不下沉，恢复到设计状态
安全警示标志	安全警示标志缺损，被遮挡	若安全警示标志缺损，修补或更新安全警示标志； 若安全警示标志被遮挡，移除遮挡物	安全警示标志完好、清晰可见、未被遮挡

表 3-20　渗井运营养护记录报表

报送单位：　　　　　　　　月份：

基本信息记录							
设施名称		渗井					
设施所在地							
设施养护部门							
		电话：					
运营养护记录							
检查区域		检查项目	检查结果	养护措施及结果	养护日期	养护人	备注
一	设施区域	沉积物累积	是□　否□				
		井壁有油、汽油、污染物等污染和污垢物	是□　否□				
		砂土	是□　否□				
		结构不牢固	是□　否□				
		降雨后 48h 积水	是□　否□				
		雨季无水	是□　否□				

续表

二	进水口	侵蚀	是□ 否□				
		落叶	是□ 否□				
		沉积物	是□ 否□				
三	人孔	缺失	是□ 否□				
		无法打开	是□ 否□				
四	格栅或挂篮	沉积物累积	是□ 否□				
		孔口过宽	是□ 否□				
		缺失	是□ 否□				
五	周边区域	土壤下沉	是□ 否□				
六	安全检查	警示标志、护栏完好	是□ 否□				
注：具体检查项目的频次及日常养护频次如表 3-17 所示							
负责人签字：							

3.6 透 水 铺 装

透水铺装是指将透水良好、孔隙率较高的材料应用于铺装结构，在保证一定的路面强度和耐久性的前提下，使雨水能够顺利进入铺装结构内部，并向下渗入土基，从而达到雨水下渗补充地下水，消除地表径流等目的的铺装形式。透水铺装的运营养护重点是保持铺装面层洁净、平整，日常清扫、保洁，定期用高压水或压缩空气等冲洗，避免周边汇水区内砂土冲刷至铺装表面引起铺装堵塞。

透水铺装按照面层材料不同可分为透水砖铺装、透水混凝土铺装和透水沥青混凝土铺装；嵌草砖、园林铺装中的鹅卵石、碎石铺装、片状木屑等也属于透水铺装。

3.6.1 日常巡检与养护

透水铺装日常养护重点是防止透水铺装堵塞，导致雨水无法下渗，以及透水铺装变形、翘动等引起的安全问题。透水铺装的养护管理子项包括设施区域、设施表面、排水管、渗透性能、积雪情况、安全检查等。各区域的养护要点为透水铺装日常养护应按常规道路养护要求进行清扫、保洁。

此外，各区域的巡检养护频次如表 3-21 所示。

表 3-21 透水铺装巡检内容及频次

巡检区域	巡检内容	频次
设施区域	带泥车辆	每周 1 次
	绿化带土壤裸露、侵蚀、流失	每年 2 次；降雨后
	树叶	每年 2 次；秋季落叶期后
	垃圾、杂物等	每周 1 次
	积水、唧泥	降雨后
	表面堵塞	每月 1 次；降雨前、后
透水砖铺装	青苔	半年 1 次
透水混凝土铺装	青苔	半年 1 次
透水沥青铺装	青苔	半年 1 次
排水管[1]	堵塞	每月 1 次；降雨前、后
	开裂、破损等	每季度 1 次
渗透性能	低于设计文件要求的 70%	雨季前；运输渣土或油料车辆发生倾覆或泄漏事故后 24h
路面积雪	24h 内无积雪	降雪后
安全检查	设施是否有变形、翘动、平整度差、缺损、结构失稳等	每月 1 次；根据需要

注：1——当土壤渗水能力有限时，透水铺装的透水基层内设置排水管或排水板。

以河北省某市为例，根据其降雨、地质等实际情况，基于透水铺装系统的功能性损害和结构损害的研究，透水铺装各项养护内容历月养护频次详见表 3-22。

表 3-22 透水铺装历月巡检养护事项及频次 （单位：次）

内容	1月	2月	3月	4月	5月	6月	7月	8月	9月	10月	11月	12月
日常清扫	31	28	31	30	31	30	31	31	30	31	30	31
落叶清扫	0	0	0	0	0	0	0	0	0	4	4	0
青苔去除	0	0	0	0	0	1	0	0	1	0	0	0
表面堵塞物清除	1	1	1	2	4	6	6	6	4	2	1	1
真空清扫	2	1	2	2	4	6	1	2	2	4	4	4
高压水冲洗表面	0	0	1	0	0	0	1	0	0	0	1	0
积水、唧泥检查	0	0	0	2	4	6	6	6	4	4	0	0
设施安全检查	1	1	1	1	1	1	1	1	1	1	1	1
渗透性能检查	0	0	0	0	0	1	0	0	0	0	0	0
管渠排水性能检查	1	1	1	1	1	1	1	1	1	1	1	1
管渠安全检查	0	1	0	0	1	0	0	1	0	0	1	0
除雪	1	1	0	0	0	0	0	0	0	0	1	1

表中各内容的养护次数应根据项目地实际情况进行调整，在遇暴雨、多雨年份、少雨年份等特殊情况下相应调整养护次数；公园、广场、繁华路段等人员聚集或交通繁忙地段作为重点养护的透水砖铺装区域，应增加检查和养护的频率。

为保证透水铺装正常运营，预防病害扩展，必须加强日常养护和小型病害的及时修补。

透水铺装日常养护除应满足市政卫生要求外，还应符合以下规定：

（1）每年至少 2 次（初春、深秋）用高压水冲洗（一般不超过 500psi[①]，30°角以下冲洗）铺装表面；每年雨季前应使用高压水或压缩空气冲洗、真空泵抽吸等方法清除堵塞物 1 次。

（2）按常规道路路面养护要求每日进行清扫、保洁。

（3）对于采用缝隙式透水砖铺装的区域应及时清理缝隙内的沉积物、垃圾及杂物等。

（4）不允许污染物或其他污水直接排至铺装路面，以免侵蚀透水路面。

（5）当装有农药、汽油等危险物质经过透水铺装区域时，应采用密闭容器包装，避免洒落，以防污染地下水。

（6）禁止在透水铺装表面及其汇水区堆放黏性物、砂土或其他可能造成堵塞的物质。

（7）禁止超过设计荷载的车辆或其他设备进入透水铺装区域。

（8）禁止带泥沙的机动车和非机动车进入透水铺装区域。

（9）及时修补破损路面，以防止结构失稳。

大雨和暴雨后应及时观察透水铺装路面是否存在水洼、积水坑等，若出现，应采取以下措施：

（1）当路面出现积水时，应检查透水砖铺装出水口是否堵塞，如有堵塞应立即疏通，确保排空时间小于 24h。

（2）孔隙堵塞造成透水能力下降时，可使用高压水或压缩空气冲洗、真空泵抽吸等方法清除堵塞物。采用高压水冲洗时，水压不得过高，避免破坏透水铺装面层。

（3）透水铺装堵塞严重，通过常规冲洗、出口清掏等手段仍然无法确保排空时间小于 24h 时，需更换透水砖或透水基层。

透水路面投入使用后，每年应至少进行 1 次全面透水功能性养护，透水率下降显著的路面应每个季度进行 1 次全面透水功能性养护。

每年应选取代表性路段进行透水性能试验，使用 3 年后，应在每年雨季前对路面透水性能进行全面评估，当渗透速率低于设计文件要求时，应及时进行清洗

---

① $1\text{psi}=6.894\ 76\times10^{3}\text{Pa}$。

或者采取其他有效措施。透水路面渗透性可采用如下方法进行检测：

（1）对于采用透水材料的铺装路面，可在现场用路面渗水仪测定透水系统，路面渗水仪的使用方法应符合《透水路面砖和透水路面板》（GB/T 25993—2010）中的相关规定。

（2）对于保留缝隙的铺装方法，可在一定面积（4～5m^2）上加载定量的水，记录完全渗透所需的时间，并与新建成时的时间进行对比，评估透水机能。

3.6.2 透水砖病害养护

透水砖铺装的主要病害有：积水、缺损、破碎、翘动、平整度差、堵塞、结构失稳、渗透性能差，病害的主要特征及测量方法见表 3-23[17]。当透水砖铺装出现如上这些病害时，应及时挖出损坏砖块，重新铺装或者更换新砖块。

表 3-23 透水砖铺装常见病害的主要特征及测量方法

病害类型	定义及特征	测量方法
透水砖积水	降雨期间或降雨之后铺装有静水	目测
	多孔表面在吸尘和清扫后仍没有排干水分	目测
透水砖缺损	整块或部分透水砖缺失，缺失面积≥100mm×100mm	目测、尺量
透水砖破碎	铺装表面有可见碎屑或整块板块破碎成数块	目测
透水砖翘动	透水砖与基层脱离松动，脚踩明显感觉上下摇动	目测
透水砖平整度差	透水砖表面成片下凹、上凸或下沉，低于相邻板块，高差＞20mm	直尺、塞尺
	透水砖相邻之间有高差，高差＞5mm	直尺、塞尺
	透水砖相对周边板向上突起，高度≥30mm	直尺、塞尺
铺装堵塞	铺装表面有明显沉积物	目测
	植物在铺装孔隙生长	目测、塞尺
	铺装间隙砾石高度超过 1.5cm	目测、尺量
铺装结构失稳	铺装表面成片下凹、上凸或下沉，低于相邻板块，深度＞20mm	直尺、塞尺
铺装渗透性能差	透水速率低于设计文件的 70%	路面渗水仪

图 3-4 为透水砖铺装几种常见病害。

（a）透水铺装积水　　（b）透水砖破碎

（c）透水砖翘动隆起

图3-4　透水砖铺装几种常见病害

透水砖铺装病害形成的主要原因详见表3-24。

表3-24　透水砖铺装病害形成的主要原因

<table>
<tr><th>病害</th><th>病害原因</th><th>养护策略</th></tr>
<tr><td>透水砖积水</td><td>路旁的落叶碎片或沉积物堵塞了表面</td><td>加大力度吸尘或压力清洗</td></tr>
<tr><td>透水砖堵塞</td><td>长期没有养护</td><td>手动清理杂草植物</td></tr>
<tr><td rowspan="5">透水砖破碎</td><td>面板强度不足或长期没有养护</td><td>按设计厚度，使用合格产品</td></tr>
<tr><td>热胀冷缩等自然因素引起裂缝、破损</td><td>调换面板</td></tr>
<tr><td>基层刚度差（如柔性基层）</td><td rowspan="2">处理基层及整平层，调换面板</td></tr>
<tr><td>下层不均匀变形</td></tr>
<tr><td>受外力破坏及失窃，如堆压重物、违规停车等</td><td>调换面板，加强管理</td></tr>
<tr><td rowspan="6">透水砖平整度差、沉陷、隆起</td><td>嵌缝料镶嵌不足或使用中受水冲流失，引起整平层扰动、板块间相互挤动</td><td rowspan="3">整平层调整，面层翻铺</td></tr>
<tr><td>基层摊铺不均匀，碾压不充分，压实度不足</td></tr>
<tr><td>基层不平整，整平层厚薄不匀，松铺系数不一</td></tr>
<tr><td>填土压实度不足，地下管线沟槽回填土或地下管线较浅，路基碾压不充分</td><td rowspan="2">道面翻修，基础补强，补强修补后，采取隔离措施</td></tr>
<tr><td>重载作用，车辆违规停车或超限使用</td></tr>
<tr><td>树根生长沿展、挤压引起</td><td>面层或道面基层翻修</td></tr>
<tr><td rowspan="3">透水砖翘动</td><td>水泥砂浆整平层脱壳</td><td rowspan="2">整平层处理，面层翻铺</td></tr>
<tr><td>透水砖与整平层接触不密实、部分脱空</td></tr>
<tr><td>道面边缘没有护边或护边不稳固，道面约束力不足，板块间膨胀松动</td><td>采取护边加强措施</td></tr>
</table>

当透水砖铺装出现空鼓、掉角、断裂、隆起、翘动等现象时，应及时挖出损坏砖块，重新铺装或者更换新砖块。损坏的透水砖路面必须及时采用原透水材料或透水性和其他性能不低于原透水材料的材料进行修复或替换。

透水砖由于其本身结构特点，容易造成堵塞。路面堵塞物主要是指以碎石、泥土、灰尘、植物碎屑、轮胎磨损物等形式沉积在道路表面的固体颗粒，包括在自然条件下借助风力以扬尘形式或通过人类活动（步行、车辆通行）进入环境累积形成的固体颗粒。雨水降落至地面，同路面颗粒物接触后产生复杂的力学作用，颗粒同时在重力、水流推力、水流上举力、下渗力、颗粒间摩擦力等作用下影响透水铺装路面孔隙堵塞的形成过程和形式。堵塞物在不同区域的堵塞形式不同。例如，办公区和商业区地面沉积物质量累积随采样天数变化较稳定，而居民区内累积呈现出较大波动的特征[18]。透水砖的堵塞行为是日积月累的，透水率随道路沉积物的增多及降雨发生次数增加后的透水率呈曲线分布，堵塞初期，透水砖路面的透水率下降很快，下降速率随堵塞次数的增加慢慢降低。

透水铺装材料的堵塞主要分为三种：表面堵塞、内部堵塞和表面-内部共同堵塞[19]。表面堵塞是三种堵塞模式里最容易形成、最容易清除、也是使透水速率下降最快的堵塞模式，主要是指截留在透水铺面较大粒径的堵塞物覆盖于路面表面，使雨水下渗不畅。内部堵塞是指透水砖表面的颗粒物较少，内部孔隙中有较多的细颗粒物累积和滞留，水流由未堵塞的孔道通过，此类堵塞主要发生在较小孔隙内。表面-内部共同堵塞模式是指初始阶段，细颗粒物进入透水铺面的空隙后进行累积，导致内部有较大堵塞，不断累积后可透水的孔隙变少，之后进入系统的堵塞物难以透过，在表层逐渐累积，堵塞加剧。

透水砖出现堵塞时，一般采用清扫、真空清扫和高压水冲洗这三种方式来消除堵塞[20]。

（1）清扫。清扫是透水砖日常养护最常用的手段之一，但清扫主要限于透水砖表面，尤其对于截留的大颗粒物有较好的去除效果，无法深入面层内部孔隙。试验研究表明，每次增加积尘都伴有清扫的养护，透水砖的堵塞仍处于不断加剧的过程，说明清扫灰尘的作用养护效果有限。作出透水砖系统清扫状态下透水率衰减规律曲线，如图 3-5 所示。由图 3-5 可知，清扫后的透水砖仍符合“先快后慢”的堵塞规律，这是因为清扫主要限于透水砖表面，尤其对于截留的大颗粒物有较好的去除效果，但无法深入面层内部孔隙，图中反映的是以细颗粒物级配为主的透水砖堵塞规律。

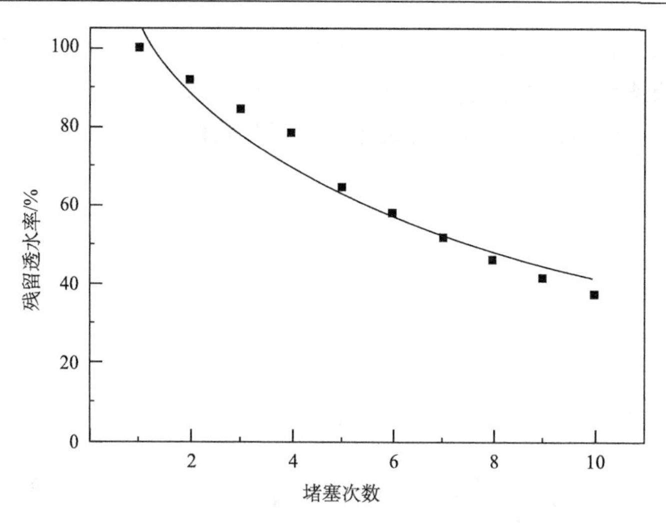

图 3-5　透水砖清扫状态下透水率衰减规律曲线

（2）真空清扫。真空清扫是指利用真空清洗车或真空吸尘器（图 3-6）对透水铺面颗粒物的清除。

图 3-6　真空吸尘器

试验研究表明，在透水砖系统堵塞率处于较低状态时，冲洗的恢复效果较缓慢，不太明显。随着堵塞物质的增加，堵塞率的上限处于不断上升的状态，几次循环中最高可达近 70%，最后保持在 60%左右的堵塞水平。真空清扫对系统堵塞程度的恢复效果随堵塞愈发严重而更加显著，堵塞最严重状态（堵塞率为 66.6%）下系统经真空清扫最高可恢复 35.8%的透水率（恢复至 30.8%）；但是当堵塞率已经达到 90.5%，处于严重堵塞状态，几乎完全失去透水效果时，真空清扫对于此种堵塞程度的透水砖系统恢复能力较有限。不同堵塞率透水砖系统运行如图 3-7 所示。因此，真空清扫作为透水铺装系统运行开始便采用的养护手段。

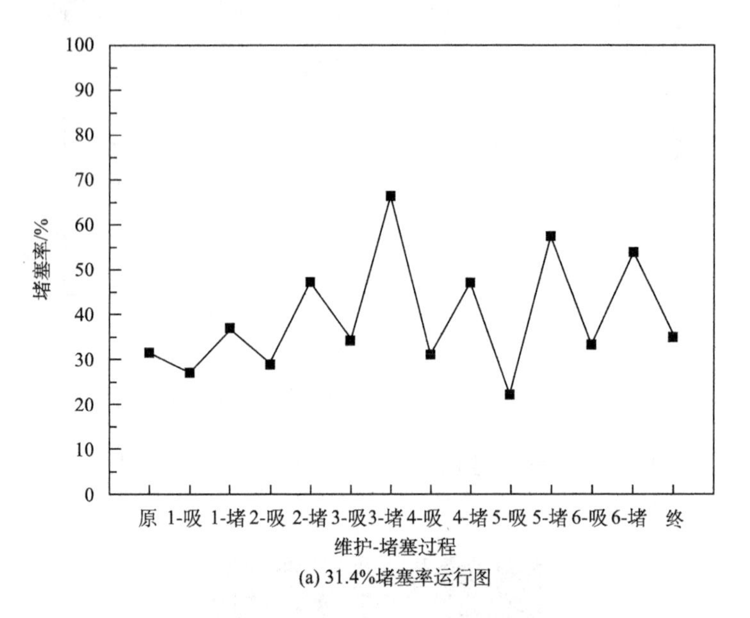

(a) 31.4%堵塞率运行图

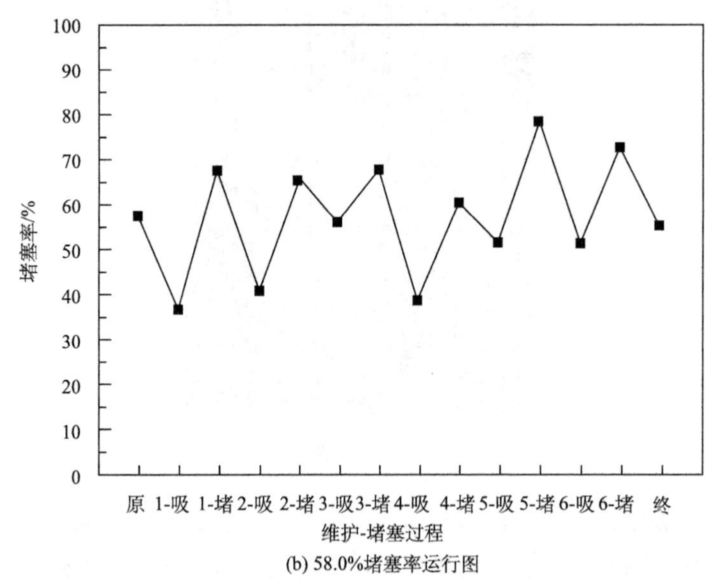

(b) 58.0%堵塞率运行图

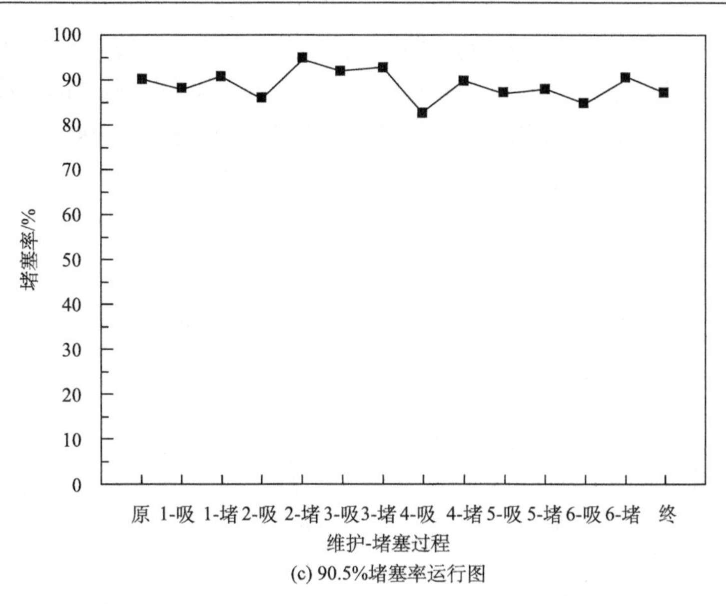

(c) 90.5%堵塞率运行图

图3-7　真空清洗状态下不同堵塞率透水砖系统运行图

（3）高压水冲洗。高压水冲洗是指通过高压清洗机（图 3-8）对水进行加压后喷射出来，利用水的冲击力对透水路面进行的清洗。当前市面常用高压冲洗车的冲洗水压范围在 8～40MPa，具体冲洗压力视冲洗要求而定；对于透水路面而言，一般冲洗水压不高于 20MPa。

图3-8　高压清洗机

试验研究表明，堵塞的透水砖系统经高压水冲洗后，堵塞率均有下降，表明冲洗能够有效地对透水砖的透水性能进行养护。原始堵塞率在低于60%时，冲洗对其最终的影响程度不大，经过反复的堵塞—冲洗，堵塞率能维持在50%～80%；当原始堵塞率高（达到90%以上）时，尽管经历明显的堵塞率下降过程，但随后随堵塞循环的继续，其堵塞程度有了明显的上升，最终稳定在90%左右，恢复到原有的堵塞水平。不同堵塞率透水砖系统运行如图3-9所示。

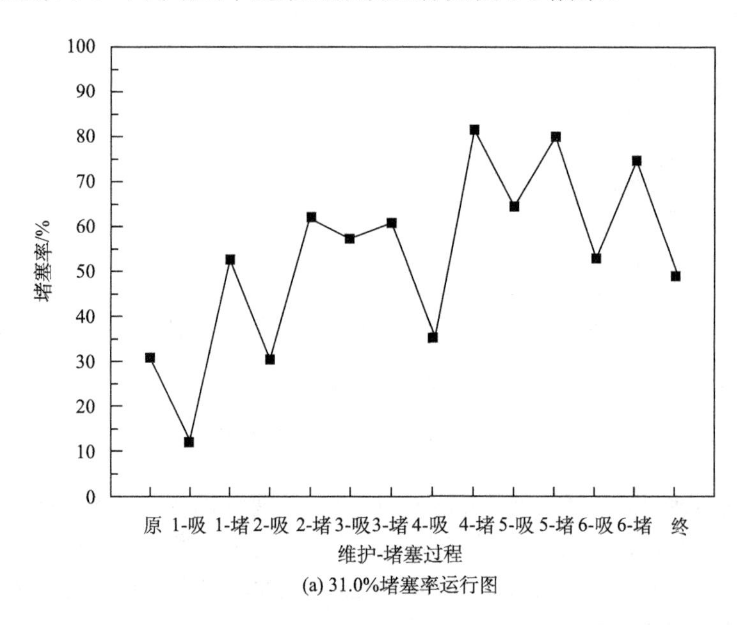

(a) 31.0%堵塞率运行图

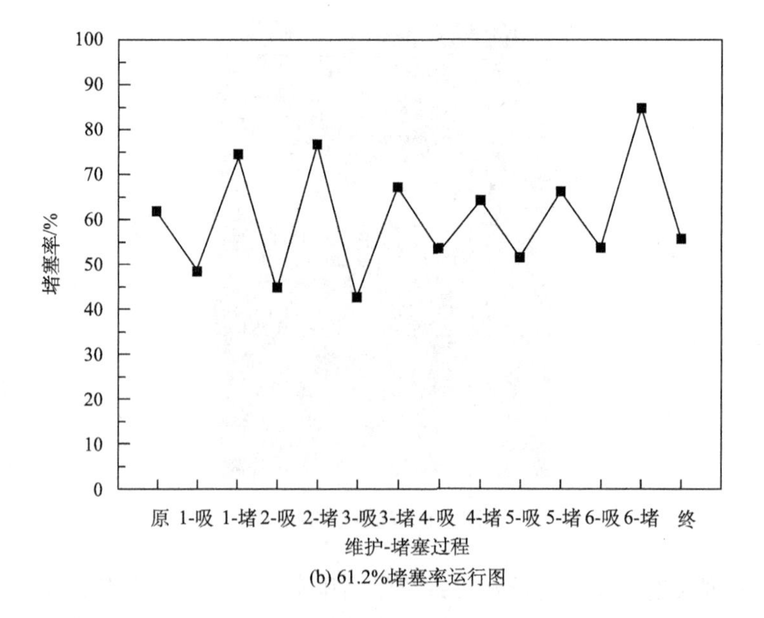

(b) 61.2%堵塞率运行图

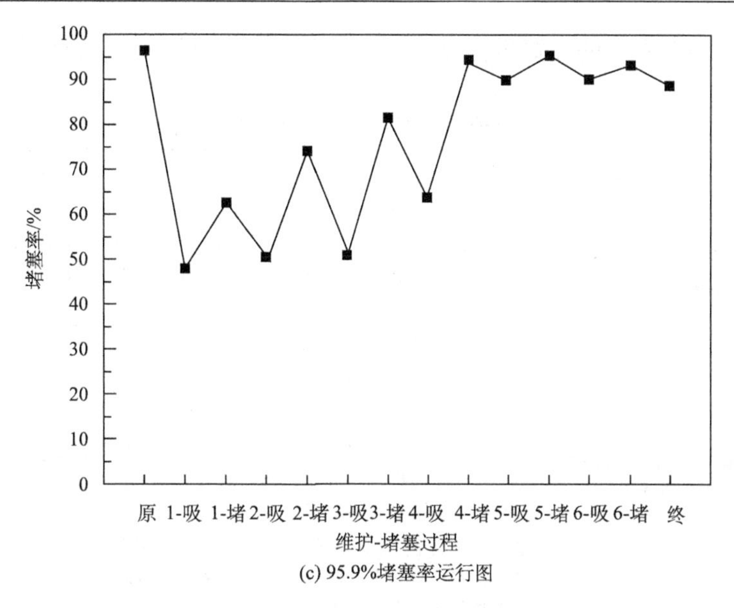

(c) 95.9%堵塞率运行图

图 3-9　高压水冲洗状态下不同堵塞率透水砖系统运行图

清扫对于透水砖系统堵塞过程只起到减缓堵塞形成作用，并无快速恢复的作用。真空清扫和高压水冲洗这两种养护方式对于透水砖系统堵塞率均有较明显的瞬时恢复效果。比较真空清扫与高压水冲洗恢复效果，可以看到在较低堵塞率（约30%）的情况下，高压水冲洗的瞬时恢复能力较真空清扫的效果更好，然而经过相同次数的试验循环后，高压水冲洗系统的最终堵塞率较真空清扫更高；在中等堵塞率（约 60%）的系统中，两种堵塞系统的透水率恢复效果与试验循环下的堵塞变化规律接近；对于高堵塞率的系统而言，真空清扫对于透水砖系统的堵塞无明显恢复作用，而高压水冲洗前期对于系统的堵塞率有明显的恢复作用，在多次试验循环后才会逐渐丧失作用。

经高压水冲洗的系统对于整体性能的保持不如真空清扫，推测是在高压水冲洗时对于透水铺装表面结构有一定的损害。各养护方式的优缺点和适用条件总结如表 3-25 所示。

表 3-25　不同养护方式的优缺点和适用条件总结

养护方式	优点	缺点	推荐适用条件
清扫	操作简单	仅能减缓堵塞形成，不能有效恢复透水能力	日常养护
真空清扫	明显的堵塞恢复效果，对于系统堵塞率的保持效果较好	高堵塞率的系统作用有限	早期堵塞状态
高压水冲洗	明显的堵塞恢复效果	冲洗循环次数过多会导致后期透水铺面堵塞更严重	较严重堵塞，养护次数不宜频繁

透水砖病害养护的养护步骤及养护后正常运行状况如表 3-26 所示。

表 3-26 透水砖铺装病害养护表

养护区域	需要养护的状况	养护要点	正常运行状况
铺装汇流区域	汇水流域范围内径流流入使土壤、护根或路面上的沉积物沉积	清理沉积物及相邻汇流区域可能的沉积物； 如果植被区的高程明显高于铺装层或存在一定的倾斜度，植物根及裸露土壤可能会侵蚀铺装，需提前予以清除	汇流区域无泥土、垃圾等沉积物
设施区域	道路表面出现沉积物（日常养护）	确定沉积物来源，明确该沉积物是否可以从源头进行消除；若不能，加强常规清洗频率，可增加为每年 2 次或每年多次。 清理路面沉积物、废物残骸、垃圾、植物及其他路面沉积的残骸。 方法一：使用耙子和吹叶机。 方法二：真空除尘，高效再生空气或吸尘器用于清扫道路、停车场；手持型高压清洗机或带有旋转电刷的动力清洗机用于清扫小区域	路面无泥土、垃圾等沉积物
	透水砖缝隙有沉积物（日常养护）	确定沉积物来源，明确该沉积物是否可以从源头进行消除；若不能，加强常规清洗频率，可增加为每年 2 次或每年多次。 清理缝隙沉积物、废物残骸、垃圾、植物及其他路面沉积的残骸。 方法一：使用耙子和吹叶机。 方法二：真空除尘，高效再生空气或吸尘器用于清扫道路、停车场；手持型高压清洗机或带有旋转电刷的动力清洗机用于清扫小区域	透水砖缝隙无泥土、垃圾等沉积物
	表面堵塞：地面积水或下雨时雨水无法下渗	清理堵塞物。 方法一：采用手持式压力清洗机或带有旋转刷子的电力清洗机进行压力清洗。 方法二：纯真空清洗器进行真空清洗	降雨后 24h 无积水； 大雨和暴雨后不得出现水洼和集水坑
	苔藓增长抑制下渗速率或存在滑倒的安全隐患	人行道：当夏天苔藓干硬时用直硬的扫帚将其清理。 停车场和道路：采用高压清洗或真空吸尘两种方法之一，或同时采用以清理苔藓。在局部苔藓厚重的区域可使用硬毛扫帚或电力刷予以清扫	路面无苔藓
	透水砖缺失或损坏	手动清理损坏的透水砖并予以替换	透水砖无破损、无断裂
	透水砖平整度差、沉陷或隆起		透水砖无沉陷、隆起、松动，平整度好
	嵌缝料缺失引起透水砖翘动或不平整	按照设计要求重新注满嵌缝料	透水砖平整，嵌缝料完整
	树叶等有机残骸累积	使用叶片吹风机或真空吸尘器将叶片、常绿针叶、残骸（花冠、花朵）清除	路面无树叶等有机物残骸

续表

养护区域	需要养护的状况	养护要点	正常运行状况
进水管、出水管	管道破损	修理或替换	管道无破损；管道无堵塞
	管道堵塞	清理根系或残骸	
管头	植物的根、泥沙或杂物堵塞管道	采用射流清洗或旋切残骸、根的方式； 如果管道配备有流量限制器，则孔洞必须定期清洗	管头无沉积、泥沙、植物残骸等杂物
	出水口出现沉积物、植物或残骸	清除堵塞物； 确定堵塞的来源并从源头根除堵塞物	
观察孔	降雨结束后，水的储存总量比设计要求多或储存时间比设计要求长	除正常养护外，透水能力严重下降时，可采用高压水（5～20MPa）或压缩空气冲洗，真空泵抽吸；以上措施仍不能奏效时，更换面层或者透水基层	观察孔储存水的总量和时间满足设计要求
透水性能	透水性能低于设计性能的 70%	除正常养护外，透水能力严重下降时，可采用高压水（5～20MPa）或压缩空气冲洗，真空泵抽吸；以上措施仍不能奏效时，更换面层或者透水基层	透水砖正常使用期间透水性能不得低于设计性能的 70%
积雪	降雨后 24h 仍有积雪	使用吹雪机； 应采用环保型融雪盐；应采取措施避免含融雪盐的雪水进入绿地	降雪后 24h 无积雪
相邻的大型灌木或乔木	植被堵塞渗透孔隙	清扫落叶和淤积物，防止表面堵塞和积水； 防止乔木、灌木大根系破坏地下结构构件	透水砖缝隙内无落叶等淤积物
	植物生长超出设施边缘，扩展至人行道、路径和街道边缘	从人行道、道路和街道边缘控制地被植物和灌木生长； 改善外观及降低透水路面的落叶堵塞、覆盖和土壤	周边乔木、灌木不影响人行道、道路和街道等正常使用功能

透水砖铺装的运营养护记录报表如表 3-27 所示。

表 3-27　透水砖铺装运营养护记录报表

报送单位：　　　　　　　　月份：

基本信息记录								
设施名称		透水砖铺装						
设施所在地								
设施养护部门								
		电话：						
运营养护记录								
检查区域		检查项目	检查结果	养护措施及结果	养护日期	养护人	备注	
一	设施表面	沉积物累积	是□ 否□					
		苔藓	是□ 否□					

续表

一	设施表面	渗透性能不达标	是□ 否□				
		落叶	是□ 否□				
		降雨后 48h 积水	是□ 否□				
二	设施结构	透水砖破碎	是□ 否□				
		透水砖平整度差	是□ 否□				
		透水砖沉陷、隆起	是□ 否□				
		透水砖翘动	是□ 否□				
		透水砖缺失	是□ 否□				
		透水砖其他结构安全问题	是□ 否□				
三	进水管、出水管（如有）	破损	是□ 否□				
		堵塞	是□ 否□				
四	观察孔（如有）	降雨结束后，水的储存总量比设计要求多或储存时间比设计要求长	是□ 否□				
五	透水性能	低于设计性能的70%	是□ 否□				
六	积雪	降雪后 24h 仍有积雪	是□ 否□				
七	周边区域	沉积物累积	是□ 否□				
		大型灌木、乔木生长过度旺盛至铺装	是□ 否□				
注：具体检查项目的频次及日常养护频次如表 3-21 所示							
负责人签字：							

3.6.3　透水混凝土病害养护

透水混凝土铺装的主要病害有：线裂、碎裂、错台、拱起、坑洞、唧泥、开裂等，病害的主要特征见表 3-28。当透水混凝土铺装出现如上这些病害时，应及时挖出损坏砖块，重新铺装或者更换面层。

表 3-28　透水混凝土铺装常见病害

病害	定义	特征	说明
路面线裂	因不均匀沉陷或胀缩而产生的线状裂缝	无论纵向、横向、斜向，缝长≥1m，缝宽≥2mm	一块板若出现三条或三条以上的裂缝应定为碎裂
路面碎裂	路面在行车或温度影响下，产生裂缝继而扩展为碎块	裂缝垂直贯穿，常产生在角隅、接边、井边等板面	以面积为计算单位
路面错台	接缝处或断裂处产生高差	高差≥3mm	指垂直高差，<3mm 不计
路面拱起	膨胀引起的混凝土拱起	混凝土路面向上隆起	相对邻近板突起 30mm 以上
路面坑洞	表面上产生局部洞穴	呈星点状，有深有浅	面积 0.01m^2 以上
路面唧泥	荷载作用时路面发生弯沉，泥水和细料在轮载作用下从接缝或裂缝中唧出	缝处常见泥水脏湿	
路面开裂	邻近横向或纵向接缝处的混凝土开裂或成碎块	裂缝位置邻近接缝 60cm 范围内	

图 3-10 为透水混凝土铺装几种常见病害。

（a）透水混凝土路面线裂　　（b）透水混凝土路面碎裂

（c）透水混凝土路面错台　　（d）透水混凝土路面拱起

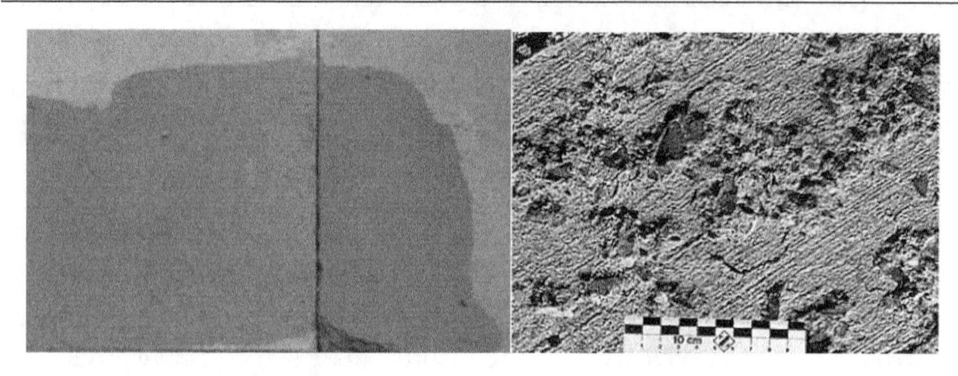

（e）透水混凝土路面唧泥　　（f）透水混凝土路面坑洞

图 3-10　透水混凝土铺装几种常见病害

透水混凝土铺装病害形成的主要原因详见表 3-29。

表 3-29　透水混凝土铺装病害形成的主要原因

病害	病害原因	养护策略
路面线裂	重复荷载应力、翘曲应力和收缩应力等综合作用，路面丧失传荷能力；混凝土质量不稳定；粗细集料质量差；施工不当等	中轻程度的，填封裂缝；严重的，全厚度修补，换板
路面碎裂	板角处荷载过重，板角传荷能力不足或板角底面脱空等	中轻程度的，填封裂缝；严重的，全厚度修补，换板
路面错台	受车载作用影响或板底脱空，造成板块断裂和接缝处板块不均匀下沉或横缝处未设置连接钢筋等	磨平、补平注浆顶升，切除重新浇筑等，高差＜3mm 可不予处理
路面拱起	接缝被硬物阻塞或胀缝设置不当，致使混凝土不能自由伸展等	部分或全厚度修补；或者换板
路面坑洞	混凝土路面材料有杂质	修补
路面唧泥	填缝料损坏，雨水下渗和路面排水不良，基层中细料含量较多等	板底注浆，接缝裂缝填封
路面开裂	接缝内落入坚硬杂物，板块膨胀时应力超出混凝土强度，边缘被硬物挤碎，或是接缝处混凝土强度低或传力杆设计与施工不当等	修补

透水混凝土路面出现裂缝和集料脱落面积较大的情况时，应进行维修。维修时，应先将路面疏松集料铲除，清洗路面，去除孔隙内的灰尘及杂物后，方可进行透水混凝土铺装。损坏的透水混凝土路面必须及时采用原透水材料或透水性和其他性能不低于原透水材料的材料进行修复或替换。

透水混凝土铺装病害养护的养护步骤及养护后正常运行状况如表 3-30 所示。

表 3-30　透水混凝土铺装病害养护表

养护区域	需要养护的状况	养护要点	正常运行状况
铺装汇流区域	汇水流域范围内径流流入使土壤、护根或路面上的沉积物沉积	清理沉积物及相邻汇流区域可能的沉积物； 如果植被区的高程明显高于铺装层或存在一定的倾斜度，植物根及裸露土壤可能会侵蚀铺装，需提前予以清除	汇流区域无泥土、垃圾等沉积物
设施区域	道路表面出现沉积物（日常养护）	确定沉积物来源，明确该沉积物是否可以从源头进行消除；若不能，加强常规清洗频率，可增加为每年 2 次或每年多次。 清理路面沉积物、废物残骸、垃圾、植物及其他路面沉积的残骸。 方法一：使用耙子和吹叶机。 方法二：真空除尘，高效再生空气或吸尘器用于清扫道路、停车场；手持型高压清洗机或带有旋转电刷的动力清洗机用于清扫小区域	路面无泥土、垃圾等沉积物
	有裂缝或混凝土剥落，存在被绊倒的安全风险	用嵌缝料填补坑洞或小裂缝； 采取适当的措施对路面进行修复和替换，防止多孔材料堵塞设施	透水混凝土路面无裂缝，无大面积集料脱落； 透水混凝土路面无破损
	表面堵塞：地面积水或下雨时雨水无法下渗	清理堵塞物。 方法一：采用手持式压力清洗机或带有旋转刷子的电力清洗机进行压力清洗。 方法二：纯真空清洗器进行真空清洗	降雨后 24h 无积水； 大雨和暴雨后不得出现水洼和集水坑
	苔藓增长抑制下渗速率或存在滑倒的安全隐患	人行道：当夏天苔藓干硬时用直硬的扫帚将其清理。 停车场和道路：采用高压清洗或真空吸尘两种方法之一，或同时采用以清理苔藓。在局部苔藓厚重的区域可使用硬毛扫帚或电力刷予以清扫	路面无苔藓
	嵌缝料缺失引起透水砖翘动或不平整	按照设计要求重新注满嵌缝料	透水砖平整，嵌缝料完整
	树叶等有机残骸累积	使用叶片吹风机或真空吸尘器将叶片、常绿针叶、残骸（花冠、花朵）清除	路面无树叶等有机物残骸
进水管、出水管	管道破损	修理或替换	管道无破损； 管道无堵塞
	管道堵塞	清理根系或残骸	
管头	植物的根、泥沙或杂物堵塞管道	采用射流清洗或旋切残骸、根的方式； 如果管道配备有流量限制器，则孔洞必须定期清洗	管头无沉积、泥沙、植物残骸等杂物
	出水口出现沉积物、植物或残骸	清除堵塞物； 确定堵塞的来源并从源头根除堵塞物	

续表

养护区域	需要养护的状况	养护要点	正常运行状况
观察孔	降雨结束后，水的储存总量比设计要求多或储存时间比设计要求长	除正常养护外，透水能力严重下降时，可采用高压水（5～20MPa）或压缩空气冲洗，真空泵抽吸；以上措施仍不能奏效时，更换面层或者透水基层	观察孔储存水的总量和时间满足设计要求
透水性能	透水性能低于设计性能的 70%	除正常养护外，透水能力严重下降时，可采用高压水（5～20MPa）或压缩空气冲洗，真空泵抽吸；以上措施仍不能奏效时，更换面层或者透水基层	透水砖正常使用期间透水性能不得低于设计性能的 70%
积雪	降雨后 24h 仍有积雪	使用吹雪机； 应采用环保型融雪盐；应采取措施避免含融雪盐的雪水进入绿地	降雪后 24h 无积雪
相邻的大型灌木或乔木	植被堵塞渗透孔隙	清扫落叶和淤积物，防止表面堵塞和积水； 防止乔木、灌木大根系破坏地下结构构件	透水砖缝隙内无落叶等淤积物
	植物生长超出设施边缘，扩展至人行道、路径和街道边缘	从人行道、道路和街道边缘控制地被植物和灌木生长； 改善外观及降低透水路面的落叶堵塞、覆盖和土壤	周边乔木、灌木不影响人行道、道路和街道等正常使用功能

透水混凝土铺装的运营养护记录报表如表 3-31 所示。

表 3-31　透水混凝土铺装运营养护记录报表

报送单位：　　　　　　　　　月份：

基本信息记录							
设施名称		透水砖铺装					
设施所在地							
设施养护部门							
		电话：					
运营养护记录							
检查区域		检查项目	检查结果	养护措施及结果	养护日期	养护人	备注
一	设施表面	沉积物累积	是□ 否□				
		苔藓	是□ 否□				
		渗透性能不达标	是□ 否□				
		落叶	是□ 否□				
		降雨后 48h 积水	是□ 否□				

续表

二	设施结构	透水混凝土线裂	是□ 否□				
		透水混凝土碎裂	是□ 否□				
		透水混凝土错台	是□ 否□				
		透水混凝土拱起	是□ 否□				
		透水混凝土坑洞	是□ 否□				
		透水混凝土其他结构安全问题	是□ 否□				
三	进水管、出水管（如有）	破损	是□ 否□				
		堵塞	是□ 否□				
四	观察孔（如有）	降雨结束后，水的储存总量比设计要求多或储存时间比设计要求长	是□ 否□				
五	透水性能	低于设计性能的70%	是□ 否□				
六	积雪	降雪后24h仍有积雪	是□ 否□				
七	周边区域	沉积物累积	是□ 否□				
		大型灌木、乔木生长过度旺盛至铺装	是□ 否□				
注：具体检查项目的频次及日常养护频次如表3-21所示							
负责人签字：							

3.6.4 透水沥青病害养护

透水沥青路面出现裂缝、坑槽、飞散等现象，需进行表面层或者基层修补，路面坑槽裂缝可用常规的不透水沥青混合料修补，但累计修补面积不应超过整个透水面积的5%。损坏的透水沥青路面必须及时采用原透水材料或透水性和其他性能不低于原透水材料的材料进行修复或替换。

透水沥青铺装病害养护的养护步骤及养护后正常运行状况如表3-32所示。

表3-32 透水沥青铺装病害养护表

养护区域	需要养护的状况	养护要点	正常运行状况
铺装汇流区域	汇水流域范围内径流流入使土壤、护根或路面上的沉积物沉积	清理沉积物及相邻汇流区域可能的沉积物； 如果植被区的高程明显高于铺装层或存在一定的倾斜度，植物根及裸露土壤可能会侵蚀铺装，需提前予以清除	汇流区域无泥土、垃圾等沉积物

续表

养护区域	需要养护的状况	养护步骤	正常运行状况
设施区域	道路表面出现沉积物（日常养护）	确定沉积物来源，明确该沉积物是否可以从源头进行消除；若不能，加强常规清洗频率，可增加为每年 2 次或每年多次。 清理路面沉积物、废物残骸、垃圾、植物及其他路面沉积的残骸。 方法一：使用耙子和吹叶机。 方法二：真空除尘，高效再生空气或吸尘器用于清扫道路、停车场；手持型高压清洗机或带有旋转电刷的动力清洗机用于清扫小区域	路面无泥土、垃圾等沉积物
	有裂缝、飞散等现象，存在被绊倒的安全风险	用嵌缝料填补坑洞或小裂缝。 对于大裂缝，则需要切割和更换路面部分。如果替代面积占整个设施面积比例较小，在不影响总体设施功能的前提下，可以以传统多孔沥青替代部分透水沥青。 采取适当的措施对路面进行修复和替换，防止多孔材料堵塞设施	透水沥青路面无裂缝、飞散等现象； 透水沥青路面无破损
	表面堵塞：地面积水或下雨时雨水无法下渗	清理堵塞物。 方法一：采用手持式压力清洗机或带有旋转刷子的电力清洗机进行压力清洗。 方法二：纯真空清洗器进行真空清洗	降雨后 24h 无积水； 大雨和暴雨后不得出现水洼和集水坑
	苔藓增长抑制下渗速率或存在滑倒的安全隐患	人行道:当夏天苔藓干硬时用直硬的扫帚将其清理。 停车场和道路：采用高压清洗或真空吸尘两种方法之一，或同时采用以清理苔藓。在局部苔藓厚重的区域可使用硬毛扫帚或电力刷予以清扫	路面无苔藓
	嵌缝料缺失引起透水砖翘动或不平整	按照设计要求重新注满嵌缝料	透水砖平整，嵌缝料完整
	树叶等有机残骸累积	使用叶片吹风机或真空吸尘器将叶片、常绿针叶、残骸（花冠、花朵）清除	路面无树叶等有机物残骸
进水管、出水管	管道破损	修理或替换	管道无破损； 管道无堵塞
	管道堵塞	清理根系或残骸	
管头	植物的根、泥沙或杂物堵塞管道	采用射流清洗或旋切残骸、根的方式； 如果管道配备有流量限制器，则孔洞必须定期清洗	管头无沉积、泥沙、植物残骸等杂物
	出水口出现沉积物、植物或残骸	清除堵塞物； 确定堵塞的来源并从源头根除堵塞物	
观察孔	降雨结束后，水的储存总量比设计要求多或储存时间比设计要求长	除正常养护外，透水能力严重下降时，可采用高压水（5～20MPa）或压缩空气冲洗，真空泵抽吸； 以上措施仍不能奏效时，更换面层或者透水基层	观察孔储存水的时间和总量满足设计要求

续表

养护区域	需要养护的状况	养护步骤	正常运行状况
透水性能	透水性能低于设计性能的 70%	除正常养护外，透水能力严重下降时，可采用高压水（5～20MPa）或压缩空气冲洗，真空泵抽吸； 以上措施仍不能奏效时，更换面层或者透水基层	透水砖正常使用期间透水性能不得低于设计性能的 70%
积雪	降雨后 24h 仍有积雪	使用吹雪机； 应采用环保型融雪盐；应采取措施避免含融雪盐的雪水进入绿地	降雪后 24h 无积雪
相邻的大型灌木或乔木	植被堵塞渗透孔隙	清扫落叶和淤积物，防止表面堵塞和积水； 防止乔木、灌木大根系破坏地下结构构件	透水砖缝隙内无落叶等淤积物
	植物生长超出设施边缘，扩展至人行道、路径和街道边缘	从人行道、道路和街道边缘控制地被植物和灌木生长； 改善外观及降低透水路面的落叶堵塞、覆盖和土壤	周边乔木、灌木不影响人行道、道路和街道等正常使用功能

透水沥青铺装的运营养护记录报表如表 3-33 所示。

表 3-33　透水沥青铺装运营养护记录报表

报送单位：　　　　　　　　月份：

<table>
<tr><td colspan="8">基本信息记录</td></tr>
<tr><td colspan="2">设施名称</td><td colspan="6">透水沥青铺装</td></tr>
<tr><td colspan="2">设施所在地</td><td colspan="6"></td></tr>
<tr><td colspan="2" rowspan="2">设施养护部门</td><td colspan="6"></td></tr>
<tr><td>电话：</td><td colspan="5"></td></tr>
<tr><td colspan="8">运营养护记录</td></tr>
<tr><td colspan="2">检查区域</td><td>检查项目</td><td>检查结果</td><td>养护措施及结果</td><td>养护日期</td><td>养护人</td><td>备注</td></tr>
<tr><td rowspan="5">一</td><td rowspan="5">设施表面</td><td>沉积物累积</td><td>是□ 否□</td><td></td><td></td><td></td><td></td></tr>
<tr><td>苔藓</td><td>是□ 否□</td><td></td><td></td><td></td><td></td></tr>
<tr><td>渗透性能不达标</td><td>是□ 否□</td><td></td><td></td><td></td><td></td></tr>
<tr><td>落叶</td><td>是□ 否□</td><td></td><td></td><td></td><td></td></tr>
<tr><td>降雨后 48h 积水</td><td>是□ 否□</td><td></td><td></td><td></td><td></td></tr>
<tr><td rowspan="6">二</td><td rowspan="6">设施结构</td><td>透水沥青线裂</td><td>是□ 否□</td><td></td><td></td><td></td><td></td></tr>
<tr><td>透水沥青碎裂</td><td>是□ 否□</td><td></td><td></td><td></td><td></td></tr>
<tr><td>透水沥青错台</td><td>是□ 否□</td><td></td><td></td><td></td><td></td></tr>
<tr><td>透水沥青拱起</td><td>是□ 否□</td><td></td><td></td><td></td><td></td></tr>
<tr><td>透水沥青坑洞</td><td>是□ 否□</td><td></td><td></td><td></td><td></td></tr>
<tr><td>透水沥青其他结构安全问题</td><td>是□ 否□</td><td></td><td></td><td></td><td></td></tr>
</table>

续表

三	进水管、出水管（如有）	破损	是□ 否□				
		堵塞	是□ 否□				
四	观察孔（如有）	降雨结束后，水的储存总量比设计要求多或储存时间比设计要求长	是□ 否□				
五	透水性能	低于设计性能的 70%	是□ 否□				
六	积雪	降雪后 24h 仍有积雪	是□ 否□				
七	周边区域	沉积物累积	是□ 否□				
		大型灌木、乔木生长过度旺盛至铺装	是□ 否□				
注：具体检查项目的频次及日常养护频次如表 3-21 所示							
负责人签字：							

3.6.5　季节性养护

透水铺装季节性养护主要指冬季养护。北方地区冬季气温低，温度差和湿度差会对铺装内部结构造成损伤，从而影响透水铺装的使用寿命[18]。冻融所处的温度差及透水砖材料所处的饱水时间是现场冻融等效室内损伤强度的重要影响因素。温度差越大，饱水时间越长，会导致透水砖内部应力变化越快，对结构的损伤也越大。

北方地区，由于其地理区位，气象造成的原因（温度差、湿度差）无法完全避免。为尽可能延长透水铺装的使用寿命和功能性，冬季养护尤其重要。冬季养护的养护要点如下。

（1）使用保温的方式对混凝土材料进行保温养护。例如，覆盖草帘或者薄膜等方式起到保温的作用，当前此方式一般应用于现浇混凝土材料等的养护，不适用于铺设好的透水混凝土砖路面的养护。

（2）降低透水砖的含水率。由于冬季干燥且污染程度较高，冬季路面较其他季节积尘负荷较大，当前北方城市洒水车会在气温不低于 4℃时有较高频率的洒水作业。北方城市秋冬季节温差较大，白天入渗的积水进入透水路面后蓄滞其中会导致面层含水率上升，夜晚易发生冰冻现象，而随着白天温度升高，会融化，产生的应力对砖体有明显的破坏作用。故在北方城市，应当降低冬季洒水车工作频率，同时洒水作业区域应基于透水路面所在区域进行规划，作业时对透水路面尽可能避免或远离。

（3）冬季降雪形成路面积雪，融化后也极易形成冻融现象，故降雪停止后 24h 内应及时清除透水砖铺装上的积雪，对路面进行及时除雪的同时，应当尽可能减少在融雪过程中进入透水面层中的水量。盐类可通过透水砖铺装渗至地下，而污染地下水。因此融雪剂不可直接撒于透水铺装上。当使用雪铲铲雪时，雪铲叶片应高于铺装路面1.5～2.5cm，以防止叶片损坏铺装砖。

（4）由于砂或煤渣很容易堵塞铺装孔隙，冬季铺装及周边一定范围内尽量避免运砂车、运煤车行驶。

3.7　嵌草砖铺装

嵌草砖铺装是指采用预制混凝土砌块的草皮相间铺装路面，典型结构自上而下为嵌草砖、粗砂干拌、天然级配砂砾、路基。嵌草砖铺装适用于人流量不太大的公园散步道、小游园道路、草坪道路、庭园内道路、停车场等地，可补充地下水并具有一定的峰值流量削减和雨水净化作用，但易堵塞，有植被养护的问题。

3.7.1　日常巡检与养护

嵌草砖铺装日常养护重点是防止嵌草砖碎裂、缺失等引起的安全问题及植物生长情况。嵌草砖铺装的养护管理子项包括设施区域、排水管、渗透性能、安全检查等。各区域的养护要点为嵌草砖铺装日常养护应按常规道路养护要求进行清扫、保洁，以及按照绿地养护要求进行定期修剪、水肥管理。

此外，各区域的巡检养护频次如表3-34所示。

表3-34　嵌草砖铺装巡检内容及频次

巡检区域	巡检内容	频次
设施区域	带泥车辆	每周1次
	绿化带土壤裸露、侵蚀、流失	每年2次；降雨后
	树叶	每年2次；秋季落叶期后
	垃圾、杂物等	每周1次
	表面堵塞	每月1次；降雨前、后
嵌草砖	植被病虫害	每季度1次；根据需要
	杂草	每季度1次；根据需要
	植被修剪	每月1次
	缺株补植	每季度1次；根据需要
排水管[1]	堵塞	每月1次；降雨前、后
	开裂、破损等	每季度1次
渗透性能	低于设计文件要求的70%	雨季前；运输渣土或油料的车辆发生倾覆或泄漏事故后24h
安全检查	嵌草砖缺失、隆起等	每月1次；根据需要

注：1——当土壤渗水能力有限时，透水铺装的透水基层内设置有排水管或排水板。

以河北省某市为例，根据其降雨、地质等实际情况，嵌草砖各项养护内容历月养护频次详见表3-35。表中各内容的养护次数应根据项目地实际情况进行调整，在遇暴雨、多雨年份、少雨年份等特殊情况下相应调整养护次数；公园、广场、繁华路段等人员聚集或交通繁忙地段作为重点养护的嵌草砖铺装区域，应增加检查和养护的频率。

表3-35　嵌草砖铺装历月巡检养护事项及频次　（单位：次）

内容	1月	2月	3月	4月	5月	6月	7月	8月	9月	10月	11月	12月
日常清扫	31	28	31	30	31	30	31	31	30	31	30	31
落叶清扫	0	0	0	0	0	0	0	0	0	4	4	0
植被修剪	1	1	1	1	1	1	1	1	1	1	1	1
病虫害防治	0	0	1	0	0	1	0	0	1	0	0	1
杂草清除	0	0	1	0	0	1	0	0	1	0	0	1
缺株补植	0	0	1	0	0	0	0	0	1	0	0	0
表面堵塞物清除	1	1	1	2	4	6	6	6	4	2	1	1
设施安全检查	1	1	1	1	1	1	1	1	1	1	1	1
渗透性能检查	0	0	0	0	0	1	0	0	0	0	0	0
管渠排水性能检查	1	1	1	1	1	1	1	1	1	1	1	1
管渠安全检查	0	1	0	0	1	0	0	1	0	0	1	0

为保证嵌草砖铺装正常运营，预防病害扩展，必须加强日常养护和小型病害的及时修补。

嵌草砖铺装日常养护除应满足市政卫生要求外，还应符合以下规定。

（1）按常规道路路面养护要求每日进行清扫、保洁。

（2）按常规绿株的养护要求进行植草修剪及缺株补植。

（3）不允许污染物或其他污水直接排至铺装路面，以免侵蚀透水路面。

（4）当装有农药、汽油等危险物质经过嵌草砖铺装区域时，应采用密闭容器包装，避免洒落，以防污染地下水。

（5）禁止在嵌草砖铺装表面及其汇水区堆放黏性物、砂土或其他可能造成堵塞的物质。

（6）禁止超过设计荷载的车辆或其他设备进入嵌草砖铺装区域。

（7）禁止带泥沙的机动车和非机动车进入嵌草砖铺装区域。

（8）及时修补破损路面，以防止结构失稳。

嵌草砖铺装季节性养护主要指冬季养护，主要内容如下。

（1）盐类可通过嵌草砖铺装渗至地下，而污染地下水。因此融雪剂不可直接撒于嵌草砖铺装上。

（2）由于砂或煤渣很容易堵塞铺装孔隙，冬季铺装及周边一定范围内尽量避免运砂车、运煤车行驶。

3.7.2　病害养护

嵌草砖病害养护的养护步骤及养护后正常运行状况如表 3-36 所示。

表 3-36　嵌草砖铺装病害养护表

养护区域	需要养护的状况	养护要点	正常运行状况
铺装汇流区域	汇水流域范围内径流流入使土壤、护根或路面上的沉积物沉积	清理沉积物及相邻汇流区域可能的沉积物； 如果植被区的高程明显高于铺装层或存在一定的倾斜度，植物根及裸露土壤可能会侵蚀铺装，需提前予以清除	汇流区域无泥土、垃圾等沉积物
设施区域	道路表面出现沉积物（日常养护）	确定沉积物来源，明确该沉积物是否可以从源头进行消除；若不能，加强常规清扫频率。 使用叶片吹风机或耙子将叶片、常绿针叶、残骸（花冠、花朵）清除	路面无垃圾、落叶等沉积物
	嵌草砖土壤不得有裸露	进行植株补植，并确认裸露原因； 若因植株未按绿植标准进行养护而造成植株死亡，需定期进行灌溉及病虫害防治等； 若雨水冲刷导致植株成活率不高，应在水流汇流口处铺放碎石和其他防冲刷措施	土壤无裸露，植株覆盖率不得低于设计文件要求的 95%
	遇阴雨天气，植株疯长，超出正常高度	修剪植被至设计高度	植株高度合适
	嵌草砖中有杂草	手动清除杂草	嵌草砖中无杂草
	嵌草砖缺失或损坏	手动清理损坏的嵌草砖并予以替换	嵌草砖无破损、断裂
	嵌草砖平整度差，沉陷或隆起		嵌草砖无沉陷、隆起、松动，平整度好
	嵌缝料缺失引起透水砖翘动或不平整	按照设计要求重新注满嵌缝料	嵌草砖平整，嵌缝料完整
进水管、出水管	管道破损	修理或替换	管道无破损；
	管道堵塞	清理根系或残骸	管道无堵塞
管头	植物的根、泥沙或杂物堵塞管道	采用射流清洗或旋切残骸、根的方式； 如果管道配备有流量限制器，则孔洞必须定期清洗	管头无沉积、泥沙、植物残骸等杂物
	出水口出现沉积物、植物或残骸	清除堵塞物； 确定堵塞的来源并从源头根除堵塞物	
相邻的大型灌木或乔木	植被堵塞渗透孔隙	清扫落叶和淤积物，防止表面堵塞和积水； 防止乔木、灌木大根系破坏地下结构构件	透水砖缝隙内无落叶等淤积物
	植物生长超出设施边缘，扩展至人行道、路径和街道边缘	从人行道、道路和街道边缘控制地被植物和灌木生长； 改善外观及降低透水路面的落叶堵塞、覆盖和土壤	周边乔木、灌木不影响人行道、道路和街道等正常使用功能

3.7.3　养护记录

嵌草砖铺装的运营养护记录报表如表 3-37 所示。

表 3-37　嵌草砖铺装运营养护记录报表

报送单位：　　　　　　月份：

<table>
<tr><td colspan="8">基本信息记录</td></tr>
<tr><td colspan="2">设施名称</td><td colspan="6">嵌草砖铺装</td></tr>
<tr><td colspan="2">设施所在地</td><td colspan="6"></td></tr>
<tr><td colspan="2" rowspan="2">设施养护部门</td><td colspan="6"></td></tr>
<tr><td>电话：</td><td colspan="5"></td></tr>
<tr><td colspan="8">运营养护记录</td></tr>
<tr><td colspan="2">检查区域</td><td>检查项目</td><td>检查结果</td><td>养护措施及结果</td><td>养护日期</td><td>养护人</td><td>备注</td></tr>
<tr><td rowspan="7">一</td><td rowspan="7">设施表面</td><td>沉积物累积</td><td>是□ 否□</td><td></td><td></td><td></td><td></td></tr>
<tr><td>落叶</td><td>是□ 否□</td><td></td><td></td><td></td><td></td></tr>
<tr><td>降雨后 48h 积水</td><td>是□ 否□</td><td></td><td></td><td></td><td></td></tr>
<tr><td>植株缺失</td><td>是□ 否□</td><td></td><td></td><td></td><td></td></tr>
<tr><td>植株病虫害</td><td>是□ 否□</td><td></td><td></td><td></td><td></td></tr>
<tr><td>杂草</td><td>是□ 否□</td><td></td><td></td><td></td><td></td></tr>
<tr><td>植株生长过于旺盛</td><td>是□ 否□</td><td></td><td></td><td></td><td></td></tr>
<tr><td rowspan="6">二</td><td rowspan="6">设施结构</td><td>嵌草砖缺失</td><td>是□ 否□</td><td></td><td></td><td></td><td></td></tr>
<tr><td>嵌草砖破损</td><td>是□ 否□</td><td></td><td></td><td></td><td></td></tr>
<tr><td>嵌草砖沉陷、隆起</td><td>是□ 否□</td><td></td><td></td><td></td><td></td></tr>
<tr><td>嵌草砖其他结构安全问题</td><td>是□ 否□</td><td></td><td></td><td></td><td></td></tr>
<tr><td></td><td>是□ 否□</td><td></td><td></td><td></td><td></td></tr>
<tr><td></td><td>是□ 否□</td><td></td><td></td><td></td><td></td></tr>
<tr><td rowspan="2">三</td><td rowspan="2">进水管、出水管（如有）</td><td>破损</td><td>是□ 否□</td><td></td><td></td><td></td><td></td></tr>
<tr><td>堵塞</td><td>是□ 否□</td><td></td><td></td><td></td><td></td></tr>
<tr><td rowspan="2">四</td><td rowspan="2">周边区域</td><td>沉积物累积</td><td>是□ 否□</td><td></td><td></td><td></td><td></td></tr>
<tr><td>大型灌木、乔木生长过度旺盛至铺装</td><td>是□ 否□</td><td></td><td></td><td></td><td></td></tr>
<tr><td colspan="8">注：具体检查项目的频次及日常养护频次如表 3-34 所示</td></tr>
<tr><td colspan="8">负责人签字：</td></tr>
</table>

第 4 章　储存设施运营养护

水环境储存设施是水环境基础设施建设过程中“蓄、滞、渗、净、用、排”中以“蓄、滞、用”为主的设施，包括蓄水池、雨水罐、湿塘。储存设施的主要功能是雨季储存雨水，非雨季时回用或缓慢排放，实现非常规水资源的合理利用，一方面可以减少雨水排放量，另一方面可以解决水资源短缺问题。对于需要回用的储存设施的运营养护关键点是水质能否满足回用要求，以及回用压力能否满足回用要求。本章从单项设施的初期养护、日常养护、季节养护、病害养护等着手，在储存设施 5～10 年甚至更长时间的运营维护期限内，给运营养护技术人员提供一份简明扼要、操作性强的运营养护方案。

4.1　蓄　水　池

蓄水池是用人工材料修建、具有防渗作用的蓄水设施。根据蓄水池结构特点，可分为开敞式蓄水池和封闭式蓄水池。

4.1.1　日常巡检与养护

开敞式蓄水池属于一种地表水体，调蓄容积较大，一般结合景观设计和周边整体规划及现场条件进行综合设计，充分利用自然条件，如天然低洼地、池塘、河湖等，多用于开阔区域。开敞式蓄水池无须实现防冻和减少蒸发的功能，施工简单，运营主要是检测并防止渗漏。

封闭式蓄水池大部分设在地面以下，增加了防洪保温功效，保温防冻层厚度根据当地气候情况和最大冻土层深度确定，以保证池水不发生结冰和冻胀破坏。但是由于封闭式蓄水池位于地下，有害化学物质和蒸汽会积聚在封闭空间内，在封闭式蓄水池这种密闭空间中进行的检查和养护工作需要由经过培训与认证的专业人员来完成。

蓄水池日常养护重点是蓄水池能否满足设计相关功能要求。蓄水池的养护管理子项包括蓄水池池体、水处理设备、水质、水位、机电设备、安全检查等。

蓄水池各个区域及项目的日常巡检养护内容及频次详见表 4-1，在遇暴雨等特殊情况下还需相应增加养护频次。

表 4-1　蓄水池巡检养护内容及频次

巡检区域	巡检内容	频次
进水管、出水管、堵塞管	堵塞	每季度 1 次；降雨前；秋季落叶期后
	侵蚀、损坏	每季度 1 次；降雨前
人孔盖、截污挂篮	落叶	秋季落叶期后
	垃圾、杂物	每月 1 次；降雨前
	昆虫	每月 1 次；降雨前
取水井	垃圾、杂物等	每月 1 次
沉淀井	垃圾、杂物等	每季度 1 次；降雨后
	淤泥清洗	每季度 1 次；降雨后
雨水弃流设施	垃圾、杂物等	每季度 1 次；降雨后
溢流堰	垃圾、杂物等	每季度 1 次；降雨后
	水位计、浮球阀	雨期每天 1 次
混凝土蓄水池	淤泥清洗	每年 2 次；降雨前
	开裂	每年 2 次
	沉降	每年 2 次
	反冲洗	每月 1 次
	渗漏	每月 1 次；降雨期间每天 1 次
模块蓄水池	淤泥清洗	每年 2 次；降雨前
	反冲洗	每年 2 次；降雨前
	渗漏	每月 1 次；降雨期间每天 1 次
蓄水池水位	排放水位至调节水位以下[1]	降雨前
	处理雨水或排至污水设施[2]	降雨前
	存水时间不超 10d[3]	实时监测
	闲置时间不超过 10d[3]	实时监测
出水水质	符合相关回用要求[3]	雨季每周 1 次；降雨后
过滤设备	杂质累积	每年 2 次；根据需要
消毒设备	污垢清洗	每季度 1 次；根据需要
液位	是否达到高位	降雨期间实时监控
安全检查	警示标志是否完好	每月 1 次
	检查口是否密封，上锁	每周 1 次
	防虫设施	每年 2 次
机电设备	泵	每月 1 次；降雨前
	阀门	每月 1 次；降雨前
	电控装置	每月 1 次；降雨前
	反冲洗设备（阀门、水压、液压装置等）	每月 1 次；降雨前
	反冲洗设备冲洗	每年 1 次

注：1——此项养护内容针对以调节功能为主的蓄水池；2——此项养护内容针对以处理径流污染为主的蓄水池，如 CSO 调蓄池；3——此项养护内容针对以雨水利用为主的蓄水池。

以河北省某市为例，根据其降雨、地质等实际情况，蓄水池各项养护内容历月养护频次详见表 4-2，表中各内容的养护次数应根据项目地实际情况进行调整，在遇暴雨、多雨年份、少雨年份等特殊情况下相应调整养护次数。

表 4-2　蓄水池历月巡检养护事项及频次　（单位：次）

内容	1月	2月	3月	4月	5月	6月	7月	8月	9月	10月	11月	12月
设施池体清淤	1	0	0	2	4	6	6	6	4	2	0	0
设施安全检查（渗漏）	1	1	1	2	4	10	15	15	4	2	1	1
设施安全检查（开裂）	0	0	1	0	0	0	1	0	0	0	0	0
设施安全检查（沉降）	0	0	1	0	0	0	1	0	0	0	0	0
进水管、出水管沉积物清除	0	0	0	2	4	4	4	4	4	2	0	0
进水管、出水管性能检查	0	0	0	2	4	4	4	4	4	2	0	0
截污挂篮垃圾清除	1	1	1	2	4	6	6	6	4	2	1	1
人孔垃圾清除	1	1	1	2	4	6	6	6	4	2	1	1
取水设备垃圾清除	1	1	1	1	1	1	1	1	1	1	1	1
过滤设备垃圾清除	0	0	0	1	0	0	0	0	0	1	0	0
消毒设施污垢清洗	1	0	0	1	0	0	1	0	0	1	0	0
水位检查（降雨前）	0	0	0	2	4	6	6	6	4	2	0	0
水位检查（降雨时）	0	0	0	2	4	10	15	15	4	2	0	0
水质检测	0	0	0	0	2	4	4	4	2	0	0	0
机电检查	1	1	1	2	4	4	4	4	4	2	1	1
反冲洗设备冲洗	0	0	0	0	0	1	0	0	0	0	0	0
检查口、管段密封检查	4	4	4	4	4	4	4	4	4	4	4	4
标志检查	1	1	1	1	1	1	1	1	1	1	1	1

蓄水池机电设备养护应符合下列规定：

（1）水泵、阀门等机械设备及电器自控设备的养护应符合现行行业标准《城镇排水管渠与泵站维护技术规程》（CJJ 68—2007）及《城镇污水处理厂运行、维护及安全技术规程》（CJJ 60—2011）的有关规定。

（2）水力冲洗翻斗内部润滑应良好；冲洗给水阀门应确保不漏水，控制性能良好；冲洗给水水压应确保正常；冲洗水箱宜每年冲洗一次。

（3）冲洗门液压装置应保持完好无渗漏，液压油位正常；液压油按产品手册要求定期更换；冲洗门转动部位润滑应良好；冲洗门表面清理宜每年至少 1 次。

蓄水池水位控制应符合下列规定：

（1）蓄水池在没有出水的情况下，水位正常、无明显下降。

（2）对于以调节功能为主的蓄水池，在降雨来临前应将水池水位排放至调节水位，降低峰值流量，延缓峰值雨水排放时间；降雨过后应将雨水排放至雨水管网。

（3）对于以处理径流污染为主的蓄水池，在降雨前应将全部雨水就地处理或者排放至污水处理设施，降雨过程中应根据设定的运行方式进行操作。

（4）对于以雨水利用为主的蓄水池，池内雨水最长储存时间不宜超过 10d。旱季时蓄水池不宜长期闲置，闲置时间不宜超过 10d，降雨量不足时可用自来水或者其他水源补水。

（5）雨季时应每天检查蓄水池溢流情况，若发生溢流应检查水位计和浮球阀是否正常。

此外，应定期巡检蓄水池警示标志及防护设施是否完好，防止误接、误用、误饮。

4.1.2　开放式蓄水池的病害养护

开放式蓄水池应及时清理进水管道、溢流堰、沉淀室、筛网等处的垃圾与杂物。当蓄水池底部积泥深度超过 200mm，或每 1000 m^3 蓄水池垃圾和碎屑量超过 $5m^3$ 时，应每月至少进行 1 次反冲洗，达到设计时间后开启排污管道，反冲洗废水应排入污水管道。反冲洗设备应每年至少冲洗 1 次。

开放式蓄水池在日常巡检养护时，设施出现病害需要进行病害养护的养护步骤及养护后正常运行状况如表 4-3 所示。

表 4-3　开放式蓄水池病害养护表

养护区域	需要养护的状况	养护要点	正常运行状况
设施区域	每 1000 m^3 蓄水池垃圾和碎屑量超过 $5m^3$；肉眼能观察到垃圾	清除垃圾和碎片	每 1000 m^3 蓄水池垃圾和碎屑量不超过 $5m^3$
	设施底部积泥深度超过 200mm	分析积泥成因； 如果排泥不及时可开启排泥泵； 如果排泥管堵塞，应及时进行疏通	设施底部无积泥
	发现任何油、汽油、污垢或其他污染物质	移除或清除任何油、汽油、污垢或其他污染物质	无污垢或污染物存在
	出现黄蜂、马蜂等昆虫，干扰设施正常作业	移除或消灭昆虫	设施区域内无昆虫妨碍作业
	设施边缘乔木、灌木干扰设施正常作业，如斜坡上生长有乔木、灌木	移除影响养护作业的乔木、灌木； 移除死亡、患病或将要死亡的乔木、灌木	乔木、灌木不再妨碍养护活动

续表

养护区域	需要养护的状况	养护要点	正常运行状况
设施区域	雨季无水	分析无水原因； 若为蓄水池开裂、渗漏，无法蓄水，则修补或更换蓄水池； 若进水管堵塞，则清通进水管	雨季时，蓄水池能正常蓄水
	出水水质不符合要求	检查是否有外来污染物污染蓄水池里的水，若是，则切断外来污染源； 检查水处理系统是否正常运行，并进行修复	出水水质符合相关要求
设施结构	蓄水池壁上出现啮齿类动物洞孔，或管道出现啮齿类动物洞孔	修复水坝、护堤、管道	水坝、护堤、管道无啮齿类动物洞孔，恢复至设计功能
	蓄水池壁上出现（海狸建筑的）水坝，导致设施的功能改变	捕捉海狸； 移除海狸水坝	设施恢复到原始设计功能
	设施开裂	若为混凝土蓄水池，可对裂缝进行修补，如采用防水砂浆灌浆修补等； 若为模块蓄水池，可咨询厂家修补或更换模块	蓄水池无裂缝
	设施渗漏，主要表现为蓄水池在无出水的情况下，水位异常下降	分析渗漏原因； 如果防水土工布破坏，应及时更换土工布； 如果是设施裂缝造成的渗漏，应进行裂缝修补	蓄水池在无出水的情况下，水位保持不变
	设施出现沉降现象	设计单位、地质勘查单位重新复核水池承载力和结构安全； 若原设计有问题，重新设计，按新设计标准进行修复； 若原设计没有问题，可通过注浆或拆除底部等方式进行加固	设施恢复到原始设计相关要求
	模块蓄水池设施变形，弯曲度超过其原设计形状的 10%	联系厂家，修理或更换模块蓄水池	设施恢复到原始设计形状
侧坡	侵蚀损坏超过 5cm 深，并且这种侵蚀还将继续加深扩大	使用恰当的侵蚀控制措施来稳定斜坡，如岩石加固、种植草、压实等措施； 如果在压实的护岸上发生侵蚀现象，应咨询专业技术人员从根源处解决侵蚀	无侵蚀现象

续表

养护区域	需要养护的状况	养护要点	正常运行状况
沉淀区	累积的沉积物超过设计池深的10%，影响了进水口、出水口等其他部件正常功能； 格栅或挂篮大于20%的面积被垃圾和残骸堵塞，影响其截污能力	清理沉积物	沉淀区形状和容积恢复至设计状态
	沉淀区底部积泥深度超过200mm	分析积泥成因； 如果排泥不及时可开启排泥泵； 如果排泥管堵塞，应及时进行疏通	沉淀区底部无积泥
取水设备	肉眼可见垃圾和杂物	清理沉积物	无垃圾和杂物
过滤设备	肉眼可见垃圾和杂物	清理沉积物	无垃圾和杂物
消毒设备	肉眼可见垃圾和杂物	清理沉积物	无垃圾和杂物
边界（堤围）	护堤的任何一个部分出现下沉现象，下沉深度超过10cm	建造恢复护堤	堤坝建造恢复到原来的设计高度
	有明显的水流痕迹，护堤因水流冲刷而被侵蚀	找出水流根源，并消除	
紧急溢洪道	树木生长在紧急溢洪道上，造成了阻塞，并且可能由于不受控制的超载而导致护堤失效； 护堤上生长的树高度超过10cm，可能导致护堤发生故障	移除树木；若根系根基小于10cm，则无须移除根系	
	出现超过1.5m^2的土壤裸露区域	岩石覆盖	无土壤裸露区域
	侵蚀深度超过5cm，并且这种侵蚀现象会继续扩大	使用恰当的侵蚀控制措施来稳定斜坡，如岩石加固、种植草、压实等措施； 如果在压实的护岸上发生侵蚀现象，应咨询专业技术人员从根源处解决侵蚀	无侵蚀现象
溢流口	水位计和浮球阀无法正常工作	参照设备供货商养护要求进行养护	水位计和浮球阀等正常工作
进水管道、出水管道	进水管道、出水管道堵塞	清理杂物、垃圾等堵塞物	进水管道、出水管道无堵塞
	进水管道、出水管道破损	更换进水管道、出水管道	进水管道、出水管道完好
	进水管道、出水管道接头不密封，出现大于1cm的裂缝宽度	密封进水管道、出水管道接头	进水管道、出水管道接头无裂缝，或裂缝宽度不大于5mm

续表

养护区域	需要养护的状况	养护要点	正常运行状况
机电设备	潜污泵、闸门、阀门、仪表、电控装置、冲洗设备等无法正常工作	参照设备供货商养护要求进行养护	格栅、潜污泵、闸门、阀门、仪表、电控装置、冲洗设备等正常工作
安全警示标志	安全警示标志缺损，被遮挡	若安全警示标志缺损，修补或更新安全警示标志； 若安全警示标志被遮挡，移除遮挡物	安全警示标志完好、清晰可见、未被遮挡

开放式蓄水池的运营养护记录报表如表 4-4 所示。

表 4-4　开放式蓄水池运营养护记录报表

报送单位：　　　　月份：

基本信息记录							
设施名称		开放式蓄水池					
设施所在地							
设施养护部门							
		电话：					
运营养护记录							
检查区域		检查项目	检查结果	养护措施及结果	养护日期	养护人	备注
一	设施区域	沉积物累积	是□ 否□				
		淤泥	是□ 否□				
		油等污染物质	是□ 否□				
		昆虫	是□ 否□				
		乔木、灌木等植被	是□ 否□				
		水位符合要求	是□ 否□				
		出水水质符合要求	是□ 否□				
		雨季无水	是□ 否□				
二	设施结构	啮齿类动物洞孔	是□ 否□				
		海狸水坝	是□ 否□				
		开裂	是□ 否□				
		渗漏	是□ 否□				
		沉降	是□ 否□				
		变形	是□ 否□				
三	侧坡	侵蚀	是□ 否□				

续表

四	沉淀区	沉积物	是□ 否□				
		淤泥	是□ 否□				
五	取水设备	沉积物	是□ 否□				
六	过滤设备	沉积物	是□ 否□				
七	消毒设备	沉积物	是□ 否□				
八	堤围	沉降	是□ 否□				
		侵蚀	是□ 否□				
九	溢洪道	乔木、灌木等植被	是□ 否□				
		侵蚀	是□ 否□				
十	溢流口	水位、浮球阀不正常	是□ 否□				
十一	进水管、出水管	破损	是□ 否□				
		堵塞	是□ 否□				
		接头不密封，有裂缝	是□ 否□				
十二	机电设备	潜污泵、闸门、阀门、仪表、电控装置、冲洗设备等无法正常工作	是□ 否□				
十三	安全检查	警示标志、护栏完好	是□ 否□				
注：具体检查项目的频次及日常养护频次如表 4-1 所示							
负责人签字：							

4.1.3　封闭式蓄水池的病害养护

由于封闭式蓄水池位于地下，有害化学物质和蒸汽会积聚在封闭空间内，进入封闭式蓄水池前应先进行气体检查，确认无易燃、有毒、有害气体，并做好防护措施后方可进入养护，且养护工作需由经过培训和认证的专业人员来完成。

封闭式蓄水池清理沉积物应符合下列规定：

（1）封闭式蓄水池应及时清理进水管道、溢流堰、沉淀室、筛网等处的垃圾与杂物。

（2）雨季应定期检查进水口、溢流口的堵塞及淤积情况。当发生堵塞或淤积导致排水不畅时，应及时清理垃圾和沉积物。

（3）雨季应定期检查通气孔、人孔及通风口的堵塞及淤积情况，以及是否有昆虫、污物、污水进入，必要时更换防虫网、人孔盖。

（4）当蓄水池底部积泥深度超过 200mm，或每 1000 m^3 蓄水池垃圾和碎屑量超过 $5m^3$ 时，应每月至少进行 1 次反冲洗，达到设计时间后开启排污管道，反冲洗废水应排入污水管道。反冲洗设备应每年至少冲洗 1 次。

封闭式蓄水池在日常检测养护时，设施出现病害需要进行病害养护的养护步骤及养护后正常运行状况如表 4-5 所示。

表 4-5　封闭式蓄水池病害养护表

养护区域	需要养护的状况	养护要点	正常运行状况
设施区域	每 1000 m^3 蓄水池垃圾和碎屑量超过 5m^3；肉眼能观察到垃圾	清除垃圾和碎片	每 1000 m^3 蓄水池垃圾和碎屑量不超过 5m^3
	设施底部积泥深度超过 200mm	分析积泥成因； 如果排泥不及时可开启排泥泵； 如果排泥管堵塞，应及时进行疏通	设施底部无积泥
	发现任何油、汽油、污垢或其他污染物质	移除或清除任何油、汽油、污垢或其他污染物质	无污垢或污染物存在
	通风口横截面超过一半面积被阻塞或被损坏	疏通通风口	恢复到设计相关要求
	出现昆虫，干扰设施正常作业	移除或消灭昆虫； 分析昆虫进入的原因，检查防虫网、人孔盖、通气孔等是否完好，更换防虫网、人孔盖	设施区域内无昆虫妨碍作业
	雨季无水	分析无水原因； 若为蓄水池开裂、渗漏，无法蓄水，则修补或更换蓄水池； 若进水管堵塞，则清通进水管	雨季时，蓄水池能正常蓄水
	出水水质不符合要求	检查是否有外来污染物污染蓄水池里的水，若是，则切断外来污染源； 检查水处理系统是否正常运行，并进行修复	出水水质符合相关要求
设施结构	设施开裂	若为混凝土蓄水池，可对裂缝进行修补，如采用防水砂浆灌浆修补等； 若为模块蓄水池，可咨询厂家修补或更换模块	蓄水池无裂缝
	设施渗漏，主要表现为蓄水池在无出水的情况下，水位异常下降	分析渗漏原因； 如果防水土工布破坏，应及时更换土工布； 如果是设施裂缝造成的渗漏，应进行裂缝修补	蓄水池在无出水的情况下，水位保持不变

续表

养护区域	需要养护的状况	养护要点	正常运行状况
设施结构	设施出现沉降现象	设计单位、地质勘查单位重新复核水池承载力和结构安全； 若原设计有问题，重新设计，按新设计标准进行修复； 若原设计没有问题，可通过注浆或拆除底部等方式进行加固	设施恢复到原始设计相关要求
	模块蓄水池设施变形，弯曲度超过其原设计形状的 10%	联系厂家，修理或更换模块蓄水池	设施恢复到原始设计形状
	设施穹顶框架、顶板被损坏	修复或更换穹顶	设施恢复到原始设计规格，并结构完好
检修口	盖子丢失或错位	修复或更换盖子	盖子完好
	养护人员在施加正常的提升压力后不能打开盖子	修复或更换盖子	养护人员在施加正常的提升压力后能打开盖子
	维修人员用适合的工具不能打开检修口	修复或更换锁结构	检修口能被正常打开
	梯子缺少横档，没有对准，未与结构墙牢固连接，出现锈迹或裂纹等不安全因素	修复或更换梯子	梯子达到设计标准，养护人员可安全使用
沉淀区	累积的沉积物超过设计池深的 10%，影响了进水口、出水口等其他部件正常功能； 格栅或挂篮大于 20% 的面积被垃圾和残骸堵塞，影响其截污能力	清理沉积物	沉淀区形状和容积恢复至设计状态
	沉淀区底部积泥深度超过 200mm	分析积泥成因； 如果排泥不及时可开启排泥泵； 如果排泥管堵塞，应及时进行疏通	沉淀区底部无积泥
取水设备	肉眼可见垃圾和杂物	清理沉积物	无垃圾和杂物
过滤设备	肉眼可见垃圾和杂物	清理沉积物	无垃圾和杂物
消毒设备	肉眼可见垃圾和杂物	清理沉积物	无垃圾和杂物
溢流口	水位计和浮球阀无法正常工作	参照设备供货商养护要求进行养护	水位计和浮球阀等正常工作
进水管道、出水管道	进水管道、出水管道堵塞	清理杂物、垃圾等堵塞物	进水管道、出水管道无堵塞
	进水管道、出水管道破损	更换进水管道、出水管道	进水管道、出水管道完好
	进水管道、出水管道接头不密封，出现大于 1cm 的裂缝宽度	密封进水管道、出水管道接头	进水管道、出水管道接头无裂缝，或裂缝宽度不大于 5mm

续表

养护区域	需要养护的状况	养护要点	正常运行状况
机电设备	潜污泵、闸门、阀门、仪表、电控装置、冲洗设备等无法正常工作	参照设备供货商养护要求进行养护	格栅、潜污泵、闸门、阀门、仪表、电控装置、冲洗设备等正常工作
安全警示标志	安全警示标志缺损，被遮挡	若安全警示标志缺损，修补或更新安全警示标志； 若安全警示标志被遮挡，移除遮挡物	安全警示标志完好、清晰可见、未被遮挡

封闭式蓄水池的运营养护记录报表如表 4-6 所示。

表 4-6　封闭式蓄水池运营养护记录报表

报送单位：　　　　　　　　月份：

<table>
<tr><td colspan="8">基本信息记录</td></tr>
<tr><td colspan="2">设施名称</td><td colspan="6">封闭式蓄水池</td></tr>
<tr><td colspan="2">设施所在地</td><td colspan="6"></td></tr>
<tr><td colspan="2" rowspan="2">设施养护部门</td><td colspan="6"></td></tr>
<tr><td>电话：</td><td colspan="5"></td></tr>
<tr><td colspan="8">运营养护记录</td></tr>
<tr><td colspan="2">检查区域</td><td>检查项目</td><td>检查结果</td><td>养护措施及结果</td><td>养护日期</td><td>养护人</td><td>备注</td></tr>
<tr><td rowspan="8">一</td><td rowspan="8">设施区域</td><td>沉积物累积</td><td>是□ 否□</td><td></td><td></td><td></td><td></td></tr>
<tr><td>淤泥</td><td>是□ 否□</td><td></td><td></td><td></td><td></td></tr>
<tr><td>油等污染物质</td><td>是□ 否□</td><td></td><td></td><td></td><td></td></tr>
<tr><td>昆虫</td><td>是□ 否□</td><td></td><td></td><td></td><td></td></tr>
<tr><td>通风口堵塞</td><td>是□ 否□</td><td></td><td></td><td></td><td></td></tr>
<tr><td>水位符合要求</td><td>是□ 否□</td><td></td><td></td><td></td><td></td></tr>
<tr><td>出水水质符合要求</td><td>是□ 否□</td><td></td><td></td><td></td><td></td></tr>
<tr><td>雨季无水</td><td>是□ 否□</td><td></td><td></td><td></td><td></td></tr>
<tr><td rowspan="5">二</td><td rowspan="5">设施结构</td><td>开裂</td><td>是□ 否□</td><td></td><td></td><td></td><td></td></tr>
<tr><td>渗漏</td><td>是□ 否□</td><td></td><td></td><td></td><td></td></tr>
<tr><td>沉降</td><td>是□ 否□</td><td></td><td></td><td></td><td></td></tr>
<tr><td>设施变形</td><td>是□ 否□</td><td></td><td></td><td></td><td></td></tr>
<tr><td>穹顶变形</td><td>是□ 否□</td><td></td><td></td><td></td><td></td></tr>
<tr><td rowspan="3">三</td><td rowspan="3">检修口</td><td>盖子丢失</td><td>是□ 否□</td><td></td><td></td><td></td><td></td></tr>
<tr><td>盖子无法打开</td><td>是□ 否□</td><td></td><td></td><td></td><td></td></tr>
<tr><td>梯子破损或缺失</td><td>是□ 否□</td><td></td><td></td><td></td><td></td></tr>
</table>

续表

四	沉淀区	沉积物	是□ 否□				
		淤泥	是□ 否□				
五	取水设备	沉积物	是□ 否□				
六	过滤设备	沉积物	是□ 否□				
七	消毒设备	沉积物	是□ 否□				
八	溢流口	水位、浮球阀不正常	是□ 否□				
九	进水管、出水管	破损	是□ 否□				
		堵塞	是□ 否□				
		接头不密封，有裂缝	是□ 否□				
十	机电设备	潜污泵、闸门、阀门、仪表、电控装置、冲洗设备等无法正常工作	是□ 否□				
十一	安全检查	警示标志、护栏完好	是□ 否□				
注：具体检查项目的频次及日常养护频次如表 4-1 所示							
负责人签字：							

4.2 雨 水 罐

雨水罐也称雨水桶，为地上或地下封闭式的简易雨水集蓄利用设施，可用塑料、玻璃钢或金属等材料制成。

雨水罐适用于单体建筑屋面雨水的收集利用，接于建筑雨落管后，用于储存屋面雨水，储存后的雨水可用于道路、绿地和广场的浇洒。雨水罐多为成型产品，主要用于减少径流量，延迟并降低峰值径流量。雨水罐养护较简单，养护费用也较低，主要进行雨落管的定期检查，主要为大暴雨之后检查是否堵塞。若堵塞，需要更换堵塞部件，如阀门、雨落管、接头等。

4.2.1 日常巡检与养护

雨水罐日常巡检与养护主要分为以下几种情况：

（1）如果雨水罐前不使用冲洗过滤器，雨水罐需要每年清洗，以消除有机碎片堆积。

（2）如果雨水罐前使用冲洗过滤器，水箱将不需要清洗，因为水箱底部的生物膜通过增加氧气来改善水质。

雨水罐日常养护的主要目的是防止蚊子繁殖，保证出水水质。雨水罐的养护管理子项包括雨水罐罐体、预处理设备、进出水设备、水质、机电设备、安全检查等。

各区域的巡检养护内容及频次如表 4-7 所示。

表 4-7　雨水罐巡检养护内容及频次

巡检区域	巡检内容	频次
罐体	是否有孔或缝隙	每季度 1 次
	沉积物	每月 1 次；降雨后
	盖子	每月 1 次
防蚊筛、过滤网	是否有裂口、洞孔和缺陷	每年 2 次
预处理设备	沉积物	每季度 1 次；雨季每月 1 次
初期弃流设施	沉积物	每季度 1 次；雨季每月 1 次
排水沟、落水管	是否有树叶等杂物	雨季每月 1 次
出水设备	是否有树叶等杂物	雨季每月 1 次
	出水水质是否达标	降雨后
屋顶、水槽	是否有落叶等杂物	雨季每月 1 次
水位	降雨前降低水位至调节水位或放空	降雨前
	降雨结束后 72h 放空	降雨后
	冬季排空	冬季每月 1 次
水质	出水水质符合相关要求	雨季每周 1 次；降雨后
罐体组件	防回流设备是否完整	每 3 年 1 次
	水箱、泵、管道和电气系统的结构完整性	每 3 年 1 次
其他	雨水罐是否同供水系统连接	每年 2 次
	检查动物、鸟类或昆虫是否能进入罐体	每年 2 次
安全检查	警示标志、护栏等是否完好	每月 1 次

雨水罐定期养护，可确保收集水质，主要包括以下几个方面的养护：

（1）所有的组件无腐蚀现象，完好无损。

（2）排水沟定期清扫叶子、碎片和动物粪便。若安装了沟槽护板可以帮助减少树叶的积聚，但需要定期检查。

（3）屋顶沟槽中无雨水积存。

（4）定期检查和清洁雨水箱的入口和溢流设施。

（5）初期雨水弃流设施定期清洗和冲洗。

（6）雨水罐定期排干，防止沉积物堵塞过滤器。

（7）雨水箱顶部无腐蚀现象，完好无损。

（8）雨水罐入水口完好。

（9）所有接头都处于密封状态。

雨水罐出水水质要求如下。

雨水罐储存的水均为回收利用，因此出水水质尤其重要，出水水质应满足相关回用标准。通常无须定期对水质进行检测，除非有特定需求的场合。出水水质应从感观上清澈、无异味。在存在酸雨问题的地区，应定期检测水的 pH，可以添加中和剂来对抗 pH 问题，可以将石灰石岩块放置在雨水罐中，以协调中和水。常见的中和剂及其剂量如下：①石灰石，56g；②生石灰，28g；③水合石灰，28g；④苏打粉，28g；⑤烧碱，42g。

可采用以下方式进行水质检测。

1）微生物检测

通常情况下不推荐使用微生物检测，微生物检测的主要检测指标是大肠杆菌，但是雨水通常回用于道路、绿化浇洒或冲厕，其对大肠杆菌指标通常没有过多的要求。

此外，大肠杆菌指标变化很大。一般潮湿环境下，大肠杆菌指标较高；当天气转晴时，大肠杆菌指标会急剧下降。微生物检测通常比较昂贵。

2）化学检测

只需要在特殊情况、特定领域，如存在工业或农业污染源，进行化学检测。

涡流过滤器滤芯的部件必须保持清洁，否则会导致效率严重不足，最终过滤器将停止输水至储水箱。将过滤器单元的盖子逆时针方向旋转并提起，卸下过滤器的盖子，滤芯现在可以使用提升手柄拆卸。必须彻底清洗元件，特别要注意钢瓶的上部，可以使用刷子、清洗洗碗机、压力垫圈或空气管路（或这些组合）清洗边缘。清洗建议不要使用研磨剂或钢丝刷，按要求每隔 2～3 个月定期清洗一次。

主要补水组件，检查频率为 1 年 1 次，日常养护重点符合下列规定：

（1）检查中间包喷嘴有没有滴水，并降低水箱中的浮子开关，使电磁阀打开（这可以通过用起重绳索提升泵直到浮球开关并清除水来实现）。

（2）检查并清洁层流喷嘴，清除水垢和其他碎片。

（3）检查并清洁隔离阀组件内的污垢过滤器，检查前先关闭隔离阀。

（4）检查管道的一般状况，包括与雨水罐的连接、电缆和绝缘。

泵控制器养护：检查每个灌水周期结束时关闭泵，即压力稍微下降，“开”灯将指示泵已关闭。

泵性能检查的检查频率为 1 年 1 次，应符合如下要点：

（1）使用起重绳索将泵牵引到地面，将泵取出。注意不要损坏连接到泵上的浮子开关或抽吸过滤器。检查并清洁吸入过滤器，并检查其是否与泵连接。检查浮子开关是否自由移动，不受任何电缆等的限制。确保更换泵时泵是直立的，并且放置在罐子底部的平台上，防止掉落。

（2）当泵运营时检查垂直软管是否磨损。检查该软管连接是否水平，并在必要时拧紧。

（3）检查电缆和雨水罐任何防水连接器的状况，并且卷起任何多余的电缆，以免干扰浮子开关或浮动过滤器。

（4）检查完成后，确保容器的盖子牢固固定和密封。

排水沟：排水沟应定期冲洗清除有机物，有助于消除任何堵塞。虽然一些排水沟广告标榜为永不堵塞，但也应该对排水沟定期监测和检查，以确保水进入和流经水槽。

落水管：落水管应不时地检查，特别是与排水沟连接的地方。任何碎渣残骸应及时清除，以确保水自由流动。

其他系统管道等组件，检查频率为 1 年 1 次。所有供水管道和雨水集水箱的任何出口应标有“雨水——不可饮用”的标志。水龙头等应标有“不要喝”的标志。每年应检查含有过滤器的任何阀门（如果需要，进行清洁）。建议采取预防措施，关闭任何外部的水龙头隔离阀，并在冬季可能导致霜冻时清空水龙头。

以河北省某市为例，根据其降雨、地质等实际情况，雨水罐各项养护内容历月养护频次详见表 4-8。表中各内容的养护次数应根据项目地实际情况进行调整，在遇暴雨、多雨年份、少雨年份等特殊情况下相应调整养护次数。

表 4-8　雨水罐历月巡检养护事项及频次　　（单位：次）

内容	1月	2月	3月	4月	5月	6月	7月	8月	9月	10月	11月	12月
设施沉积物清除	1	1	1	2	4	6	6	6	4	2	1	1
设施安全检查（渗漏）	0	0	1	0	0	1	0	0	1	0	0	1
设施盖子完好	1	1	1	1	1	1	1	1	1	1	1	1
收集系统垃圾清除	0	0	0	1	1	1	1	1	1	1	0	0
预处理设施沉积物清除	0	0	1	0	0	1	1	1	1	0	0	1
初期弃流设施沉积物清除	0	0	1	0	0	1	1	1	1	0	0	1
出水管垃圾清除	0	0	0	1	1	1	1	1	1	1	0	0
出水水质检测	0	0	0	0	2	4	4	4	2	0	0	0
连接部位密封检查	0	0	1	0	0	0	0	0	0	0	0	0
冬季雨水放空	1	0	0	0	0	0	0	0	0	0	1	1
降雨前降低水位至调节水位或放空	0	0	0	2	4	6	6	6	4	2	0	0
降雨结束后放空	0	0	0	2	4	6	6	6	4	2	0	0
机电检查	0	0	1	0	0	0	0	0	0	0	0	0
标志检查	1	1	1	1	1	1	1	1	1	1	1	1

4.2.2 病害养护

雨水罐常见病害是罐中没有水，无法收集水。需要进行病害养护的养护步骤及养护后正常运行状况如表 4-9 所示。

表 4-9 雨水罐病害养护表

<table>
<tr><th>养护区域</th><th colspan="2">需要养护的状况</th><th>养护要点</th><th>正常运行状况</th></tr>
<tr><td rowspan="2">系统</td><td>系统里没有水</td><td>雨水罐是空的，自来水补水系统被阻断，泵干燥运营控制器保护已激活；
泵控制器出现故障；
泵堵塞；
供电中断；
泵和控制器之间的润滑故障（主要指泄漏）</td><td>打开隔离阀，按 RESET 按钮重新启动泵；
按 RESET 按钮如果无响应，请致电客服；
检查电气连接，包括任何保险丝或断路器；
检查泵和控制器之间的管道和接头，并进行矫正</td><td>雨水罐中有水</td></tr>
<tr><td colspan="2">出水水质无法满足要求</td><td>检查是否有外来污染物污染罐体里的水，若是，则切断外来污染源；
检查水处理系统是否正常运行，并进行修复</td><td>出水水质符合相关要求</td></tr>
<tr><td rowspan="6">泵</td><td>泵控制器不断地打开和关闭泵</td><td>装置系统中出现泄漏，或出口未完全关闭（如阀门未正常关闭）</td><td>检查雨水供应管道中的所有阀门是否有泄漏。
如果关闭隔离阀可解决泄漏问题，这表示故障位于控制器之后（如阀门泄漏）；如果阀门关闭时没有变化，则表示泵和控制器之间出现压力损失</td><td rowspan="6">泵正常运行</td></tr>
<tr><td>泵持续运营</td><td>水损失（泄漏）大于 0.7L/s；
泵控制器出现故障；
碎屑阻止了止回阀</td><td>检查消防阀和雨水管道是否有泄漏；
更换 PCB；
检查并清除控制器中的回路阀</td></tr>
<tr><td>泵不能提供足够的压力</td><td>浮动吸滤器堵塞；
空气从吸滤器中进入泵；
泵有故障；
在泵和控制器之间的管道中有泄漏</td><td>用细刷子清洁过滤器表面外侧；
检查吸滤器的位置，必要时进行调整；
咨询客户服务；
检查并修理泄漏</td></tr>
<tr><td>电源跳闸</td><td>电连接处有水或湿气；
泵控制器不工作；
泵或电缆有故障</td><td>检查泵控制器、电磁阀及泵上的电气插头和电缆；
检查电源和 PCB；
检查泵是否正常工作；如有必要，请致电客户服务</td></tr>
<tr><td>主电源供水持续运营</td><td>泵上的浮球开关出现故障或被卡住（不能移动）；
电磁阀卡住</td><td>关闭主电源上的隔离阀，如有必要，检查浮球开关并清除堵塞；
检查阀门的远程操作和堵塞情况，如有必要，请更换</td></tr>
<tr><td>主电源不起作用</td><td>隔离阀被关闭</td><td>打开阀门</td></tr>
</table>

续表

养护区域	需要养护的状况	养护要点	正常运行状况
进水管道、出水管道	有垃圾等沉积物，堵塞	清除杂物、垃圾、落叶等沉积物	进出水正常，无堵塞
	进水管道、出水管道接头不密封，出现大于 1cm 的裂缝宽度	密封进水管道、出水管道接头	进水管道、出水管道接头无裂缝，或裂缝宽度不大于 5mm
雨水罐	雨水罐罐体有裂缝	更换雨水罐	雨水罐无裂缝
	累积的沉积物或淤泥超过设计池深的 1%，影响了进水口、出水口等其他部件正常功能	清理沉积物和淤泥； 及时开启冲洗设施	沉淀区形状和容积恢复至设计状态
预处理设备	沉积物累积	清除沉积物	无沉积物
初期弃流设施	沉积物累积	清除沉积物	无沉积物
安全警示标志	安全警示标志缺损，被遮挡	若安全警示标志缺损，修补或更新安全警示标志； 若安全警示标志被遮挡，移除遮挡物	安全警示标志完好、清晰可见、未被遮挡

4.2.3　养护记录

雨水罐的运营养护记录报表如表 4-10 所示。

表 4-10　雨水罐运营养护记录报表

报送单位：　　　　　　　　月份：

基本信息记录						
设施名称	雨水罐					
设施所在地						
设施养护部门						
	电话：					
运营养护记录						
检查区域	检查项目	检查结果	养护措施及结果	养护日期	养护人	备注
雨水罐	沉积物累积	是□ 否□				
	淤泥	是□ 否□				
	开裂、渗漏等	是□ 否□				
	出水水质符合要求	是□ 否□				
	雨季无水	是□ 否□				
	盖子完好	是□ 否□				

续表

取水设备	沉积物	是□　否□				
预处理设备	沉积物	是□　否□				
初期弃流设备	沉积物	是□　否□				
防回流设备	完好	是□　否□				
进水管、出水管	破损	是□　否□				
	堵塞	是□　否□				
	接头不密封，有裂缝	是□　否□				
水位	降雨前水位降至调节水位或放空	是□　否□				
	降雨结束后 72h 放空	是□　否□				
	冬季放空	是□　否□				
泵	无法正常工作	是□　否□				
安全检查	警示标志、护栏完好	是□　否□				
注：具体检查项目的频次及日常养护频次如表 4-7 所示						
负责人签字：						

4.3　湿　　塘

湿塘指具有雨水调蓄和净化功能的景观水体，设置有一个雨水控制结构，控制雨水排出速度小于雨水流入速度。湿塘与雨水湿地的构造相似，一般由进水口、前置塘、主塘、溢流出水口、护坡及驳岸、养护通道等构成，适用于建筑与小区、城市绿地、广场等具有空间条件的场地。湿塘对场地条件要求较严格，建设和养护费用高。

4.3.1　初期养护

湿塘施工完成后的第 1 年对以后湿塘能否正常运营至关重要，这一年被称为湿塘的试运营。试运营主要养护要点如下：

（1）初步检查。施工完成后的前 6 个月，每个月要检查湿塘主要部件 2 次；或在降雨量超过 1.2cm 的降雨结束后，要对湿塘主要部件进行检查。

（2）避免湿塘出现土壤裸露区，一旦出现，需种植植物覆盖。

（3）植被补植。植物种植后的第 1 年，要定期补植被，使覆盖率不低于 90% 的种植面积，补植频率不少于 1 个月 1 次。

（4）灌溉。植物种植后的第 1 个生长季节的第 1 个月（即 4 月），每 3 天需浇水 1 次；第 1 个生长季节的其他月份（即 5～10 月），每周浇水 1 次。降雨丰富的季节和地区，浇水频率可适当降低，浇水量可适当减少。

（5）水位。湿塘栽种植物后就必须充水，为促进植物根系发育，运行首年应进行水位调节，每隔 3 个月下调水位进行充氧。

4.3.2　日常巡检与养护

湿塘应按常规绿地及水体保洁要求进行保洁。湿塘日常养护重点是防止设施进水口堵塞导致的雨水无法顺利入流，无法蓄滞雨水，以及植被养护不周全导致的无法净化雨水。湿塘的养护管理子项包括设施区域、前置塘、植被、机电设备、管道、进水口、出水口、溢流口、边坡、堤坝、水体、公共卫生、安全检查等。

各区域的巡检养护频次如表 4-11 所示。

表 4-11　湿塘巡检养护内容及频次

巡检区域	巡检内容	频次
设施空间	去除主塘沉积物	每季度 1 次；降雨后
	修复侵蚀和裸露的土壤区域	每季度 1 次；降雨后
前置塘	去除前置塘沉积物	每年 5～7 次
植被	植被修剪	每年 2 次
	移除外来入侵植物物种	根据需要
	植被补植	施工第 1 年每个月 1 次，施工后第 2 年开始每年 1 次
	植被施肥	根据需要
	去除杂草	每 2 个月 1 次
	植被病虫害防治	根据需要
机电设备	阀门等相关设备	每年 1 次
管道	堵塞、破损	5～25 年每年 1 次；根据需要
进水口、出水口、溢流口	堵塞	每月 1 次
	消能碎石	降雨前、后
	侵蚀、损坏	降雨后
边坡、堤坝	检查边坡、堤坝，包括沉降、侵蚀、坍塌等	雨季每月 1 次
	边坡护堤洞穴、海狸水坝等	雨季每月 1 次
水体	补水	旱季每月 1 次
	排空时间	每年 2 次；暴雨后
	降低水位	降雨前
公共卫生	恶臭	夏季；根据需要
	滋生蚊蝇	夏季
安全检查	警示标志、护栏等是否完好	每月 1 次

相对于其他水环境基础设施，湿塘养护费用较高，且需要专业技术人员来执行。每年需要进行常规的雨水湿塘养护，如修剪和清除杂物与垃圾；虽然沉积物较少累积，但一旦累积，就需要专业技术人员去清除；堤坝和立管等关键结构部件的检查和修理需要专业技术人员来执行。

湿塘的养护主要是评估池塘的状况和性能，包括：

（1）测量前置塘沉积物积聚情况。

（2）监测种植的湿地植物、乔木和灌木的生长情况。记录物种类别和覆盖率，并注意入侵物种。

（3）检查湿塘雨水入水口的状况，看是否有物质损坏、侵蚀等。

（4）检查上游和下游河道的河岸是否有坍塌、动物洞穴、沼泽、沟渠侵蚀的迹象，这些都可能会损坏堤坝。

（5）检查湿塘出水渠是否有侵蚀、位移等。

（6）检查主溢洪道和立管的状况，以了解裂隙、泄漏、腐蚀等情况。

（7）检查所有管道，以查明是否有堵塞、渗漏、碎屑堆积等情况。

（8）检查养护通道，确保其没有被木质植被覆盖，并检查阀门、检修孔是否可以打开。

（9）检查湿塘的内部和外部侧坡，如发现被植物覆盖、腐蚀或坍落等现象，应立即进行维修。

根据季节、植物生长情况、天气预报情况及时调整湿塘内水位，应符合下列规定：

（1）旱季按景观需要定期进行补水；

（2）降雨前应提前将湿塘水位降至调节水位以下。

以河北省某市为例，根据其降雨、地质等实际情况，湿塘各项养护内容历月养护频次详见表 4-12。表中各内容的养护次数应根据项目地实际情况进行调整，在遇暴雨、多雨年份、少雨年份等特殊情况下相应调整养护次数。

表 4-12　湿塘历月巡检养护事项及频次参考一览表　　（单位：次）

内容	1月	2月	3月	4月	5月	6月	7月	8月	9月	10月	11月	12月
日常清扫	31	28	31	30	31	30	31	31	30	31	30	31
前置塘沉积物清除	0	0	0	1	1	1	1	1	1	1	0	0
边坡和护堤沉降、坍塌、侵蚀检查	0	0	0	0	0	1	1	1	1	0	0	0
边坡和护堤洞穴、海狸水坝等	0	0	0	0	0	1	1	1	1	0	0	0
设施沉积物清除	0	0	1	0	0	1	0	0	1	0	0	1
设施调蓄空间检查	0	0	0	0	1	0	0	0	0	0	0	0

续表

内容	1月	2月	3月	4月	5月	6月	7月	8月	9月	10月	11月	12月
进水口、溢流口沉积物清除	1	1	1	2	4	4	4	4	4	2	1	1
进水口、溢流口侵蚀检查	0	0	0	0	0	1	1	1	1	0	0	0
进水口、溢流口性能检查	0	0	0	2	4	4	4	4	4	0	0	0
植被补植	0	0	1	0	0	0	0	0	0	0	0	0
植被修剪	0	1	0	1	0	1	0	1	0	1	0	1
清除杂草	0	1	0	1	0	1	0	1	0	1	0	1
蚊蝇清除	0	0	0	0	0	2	2	2	0	0	0	0
补水	1	1	1	1	0	0	0	0	0	1	1	1
排空时间	0	0	0	0	0	0	1	1	0	0	0	0
降低水位	0	0	0	2	4	6	6	6	4	2	0	0
管渠安全检查	0	0	0	0	1	0	0	0	0	0	0	0
机电检查	0	0	1	0	0	0	0	0	0	0	0	0
标志检查	1	1	1	1	1	1	1	1	1	1	1	1

4.3.3　病害养护

湿塘的主要病害有：水位、沉积物累积、植被、沉降等，病害的主要特征见表 4-13。

表 4-13　湿塘常见病害特征

病害类型	病害特征
水位降低或塘内无水	湿塘单元格水位降低，或湿塘内无蓄水
垃圾和碎片	每 1000m^2 池塘面积超过 0.5m^3 的垃圾和碎片积聚
有毒植被、有害杂草	出现被列入国际名录的有毒植被、有害杂草
乔木	乔木过度生长，影响了养护作业； 乔木枯死或患病
池底沉积物积聚	第一个单元格池塘底沉积物堆积量超过沉积区深度超过 15cm 或设施深度的 10%
水面浮油	普遍和可见的油类
侵蚀或冲刷	池塘边坡被侵蚀或池塘底部被冲刷，侵蚀和冲刷深度超过 15cm，或者有继续侵蚀和冲刷的趋势
啮齿动物洞穴	坝或护堤出现任何啮齿动物洞穴
海狸水坝	大坝导致设施的功能改变或无法达到预期功能
昆虫	昆虫，如黄蜂、大黄蜂等，影响养护活动

续表

病害类型	病害特征
堤坝沉降	堤坝沉降超过 10cm
护堤倾斜	分隔单元的护堤不水平
溢洪道土壤裸露	溢洪道岩石缺失，溢洪道顶部或外坡的土壤裸露
溢洪道乔木	乔木过度生长导致护堤沉降或倾斜
透水土工布	有三个以上的直径 1cm 以上的洞孔

当湿塘出现上述病害时，病害养护的养护步骤及养护后正常运行状况如表 4-14 所示。

表 4-14　湿塘病害养护表

养护区域	需要养护的状况	养护要点	正常运行状况
水体	水位降低或塘内无水	雨季有充足水源时，检查进水口是否堵塞，清除进水口垃圾及杂物； 非雨季时，增加补水频率，保证景观水位要求	第一个单元格内水位深度不小于 10cm，主要目的是单元格内有足够的水位保证进水口水流不产生湍流现象，而使沉淀的泥沙再次浮起； 第二个单元的水位无要求
	水面浮油	使用吸油垫或拖拉机卡车从水中取出油； 找到油源，并控制源头； 如果慢性低水平的油很难彻底清除，可选用湿地植物（如龙须草，又名灯芯草），吸收低浓度的油	水面无浮油
	排空时间超过设计要求	重点检查出水口是否堵塞，下游是否顶托	排空时间满足设计要求； 若设计无排空时间要求，则排空时间宜为 24～48h
设施区域	垃圾和碎片	清除垃圾和碎片	湿塘中无垃圾和碎片
	每 $1000m^2$ 池塘面积超过 $0.5m^3$ 的垃圾和碎片积聚	移除沉积物	沉积物从池塘底部除去，恢复至设计的池塘形状和深度
植被	出现杂草	清除杂草，应最大限度减少除草剂使用	无杂草，植被无枯死
	病虫害	采用绿色病虫害防治方法：①清除害虫的非作物寄主（即所谓中间寄主）；②色板诱杀或驱避害虫；③应用昆虫生长调节剂（如灭幼脲、优得乐等），使害虫不能正常生长发育；④应用害虫性外激素防治害虫；⑤应用生物防治害虫；⑥应用植物性农药（植物油提取物）防治害虫	植被无病虫害，设施正常运营
	植被生长过于旺盛	修剪植被	植被高度满足设计要求

续表

养护区域	需要养护的状况	养护要点	正常运行状况
植被	植被长势不良	分析长势不良原因； 若为水肥不足，根据季节和植被生长需求，定期进行水肥管理； 若为植被物种不合适，则更换物种补植	植被高度满足设计要求
	植被覆盖率低于90%的种植面积	补植	植被覆盖率不低于 90%的种植面积
	乔木影响设施正常作业	移除或修剪乔木； 移除或修剪的乔木可用作设施覆盖物	乔木不影响设施正常功能和养护作业；无枯死、患病乔木
设施结构	边坡或护堤侵蚀或冲刷	使用适当的侵蚀控制措施和修复方法，如岩石加固，植草，压实； 如侵蚀发生在已压实的介质中，应咨询相关专业人员	稳定斜坡
	边坡或护堤坍塌	及时修复坍塌	边坡、护堤稳定，无坍塌
	边坡或护堤出现啮齿动物洞穴	清除啮齿动物； 修复坝和堤顶	无啮齿动物洞穴
	边坡或护堤出现海狸水坝	捕获海狸； 拆除海狸水坝	设施恢复设计功能
	透水土工布破损	修复或更换透水土工布	透水土工布完好无损
	堤坝沉降	修复护堤至设计高度	堤防、护堤根据规格修理
	护堤倾斜	修复护堤至设计水平	护堤表面水平，以使水在护堤的整个长度上均匀流动
前置塘	累积的积泥深度超过设计池深的10%，或积泥深度超过 6cm	清理塘底积泥和垃圾	前置塘（进水池、预处理区）沉砂池积泥深度满足设计要求
进水口、出水口	堵塞，有沉积物累积	及时清除疏通进水口、出水口沉积物垃圾及杂物，无堵塞物	进水口、出水口正常，无堵塞物，无垃圾及杂物
	有明显的水流痕迹	找出水流根源，并消除； 如有严重侵蚀应增加卵石或者碎石，进行消能处理	无水流痕迹，消能设施工作正常
	出现超过 $1.5m^2$ 的土壤裸露区域	岩石覆盖	无土壤裸露区域
溢洪道	溢洪道土壤裸露	岩石覆盖	无土壤裸露
	植被生长过高，影响水流溢流	去除或修剪植被	不影响水流
安全警示标志	安全警示标志缺损，被遮挡	若安全警示标志缺损，修补或更新安全警示标志； 若安全警示标志被遮挡，移除遮挡物	安全警示标志完好、清晰可见、未被遮挡

4.3.4 养护记录

湿塘的运营养护记录报表如表 4-15 所示。

表 4-15 湿塘运营养护记录报表

报送单位： 月份：

<table>
<tr><td colspan="8">基本信息记录</td></tr>
<tr><td colspan="2">设施名称</td><td colspan="6">湿塘</td></tr>
<tr><td colspan="2">设施所在地</td><td colspan="6"></td></tr>
<tr><td colspan="2" rowspan="2">设施养护部门</td><td colspan="6"></td></tr>
<tr><td>电话：</td><td colspan="5"></td></tr>
<tr><td colspan="8">运营养护记录</td></tr>
<tr><td colspan="2">检查区域</td><td>检查项目</td><td>检查结果</td><td>养护措施及结果</td><td>养护日期</td><td>养护人</td><td>备注</td></tr>
<tr><td>一</td><td>前置塘</td><td>沉积物累积</td><td>是□ 否□</td><td></td><td></td><td></td><td></td></tr>
<tr><td rowspan="7">二</td><td rowspan="7">设施区域</td><td>沉积物累积</td><td>是□ 否□</td><td></td><td></td><td></td><td></td></tr>
<tr><td>污染和污垢物</td><td>是□ 否□</td><td></td><td></td><td></td><td></td></tr>
<tr><td>有毒有害杂草</td><td>是□ 否□</td><td></td><td></td><td></td><td></td></tr>
<tr><td>植被长势不良</td><td>是□ 否□</td><td></td><td></td><td></td><td></td></tr>
<tr><td>植被生长过于旺盛</td><td>是□ 否□</td><td></td><td></td><td></td><td></td></tr>
<tr><td>干扰设施正常运行的动物，如黄蜂、马蜂等</td><td>是□ 否□</td><td></td><td></td><td></td><td></td></tr>
<tr><td>植被覆盖率低</td><td>是□ 否□</td><td></td><td></td><td></td><td></td></tr>
<tr><td rowspan="5">三</td><td rowspan="5">水体、水位</td><td>雨季池塘无水</td><td>是□ 否□</td><td></td><td></td><td></td><td></td></tr>
<tr><td>旱季池塘无水</td><td>是□ 否□</td><td></td><td></td><td></td><td></td></tr>
<tr><td>排空时间不满足</td><td>是□ 否□</td><td></td><td></td><td></td><td></td></tr>
<tr><td>降雨前降低水位至调节水位</td><td>是□ 否□</td><td></td><td></td><td></td><td></td></tr>
<tr><td>水面浮油</td><td>是□ 否□</td><td></td><td></td><td></td><td></td></tr>
<tr><td rowspan="6">四</td><td rowspan="6">边坡</td><td>啮齿类动物洞孔</td><td>是□ 否□</td><td></td><td></td><td></td><td></td></tr>
<tr><td>海狸建筑的水坝</td><td>是□ 否□</td><td></td><td></td><td></td><td></td></tr>
<tr><td>透水土工布破损</td><td>是□ 否□</td><td></td><td></td><td></td><td></td></tr>
<tr><td>坍塌</td><td>是□ 否□</td><td></td><td></td><td></td><td></td></tr>
<tr><td>下沉</td><td>是□ 否□</td><td></td><td></td><td></td><td></td></tr>
<tr><td>侵蚀</td><td>是□ 否□</td><td></td><td></td><td></td><td></td></tr>
<tr><td rowspan="2">五</td><td rowspan="2">护堤</td><td>啮齿类动物洞孔</td><td>是□ 否□</td><td></td><td></td><td></td><td></td></tr>
<tr><td>海狸建筑的水坝</td><td>是□ 否□</td><td></td><td></td><td></td><td></td></tr>
</table>

续表

<table>
<tr><td rowspan="3">五</td><td rowspan="3">护堤</td><td>坍塌</td><td>是□ 否□</td><td></td><td></td><td></td><td></td></tr>
<tr><td>下沉</td><td>是□ 否□</td><td></td><td></td><td></td><td></td></tr>
<tr><td>侵蚀</td><td>是□ 否□</td><td></td><td></td><td></td><td></td></tr>
<tr><td rowspan="3">六</td><td rowspan="3">进水口、出水口</td><td>堵塞</td><td>是□ 否□</td><td></td><td></td><td></td><td></td></tr>
<tr><td>侵蚀</td><td>是□ 否□</td><td></td><td></td><td></td><td></td></tr>
<tr><td>土壤裸露</td><td>是□ 否□</td><td></td><td></td><td></td><td></td></tr>
<tr><td rowspan="3">七</td><td rowspan="3">紧急溢流口、溢洪道</td><td>植被阻挡</td><td>是□ 否□</td><td></td><td></td><td></td><td></td></tr>
<tr><td>土壤裸露</td><td>是□ 否□</td><td></td><td></td><td></td><td></td></tr>
<tr><td>侵蚀</td><td>是□ 否□</td><td></td><td></td><td></td><td></td></tr>
<tr><td>八</td><td>安全检查</td><td>警示标志、护栏完好</td><td>是□ 否□</td><td></td><td></td><td></td><td></td></tr>
<tr><td colspan="8">注：具体检查项目的频次及日常养护频次如表4-11所示</td></tr>
<tr><td colspan="8">负责人签字：</td></tr>
</table>

第 5 章　调节设施运营养护

水环境调节设施是水环境基础设施建设过程中“蓄、滞、渗、净、用、排”中以“滞、排”为主的设施，包括调节池、调节塘。储存设施的主要功能是削减峰值流量，延缓峰值，功能较为单一。调节设施运营养护关键点是汇流正常入流，超标雨水能正常溢流，下一场降雨前要降低水位至调节水位。本章从单项设施的日常养护、初期养护、季节养护、病害养护等着手，在调节设施 5～10 年甚至更长时间的运营维护期限内，给运营养护技术人员提供一份简明扼要、操作性强的运营养护方案。

5.1　调　节　池

调节池一般设置在雨水干管（渠）或有大流量交汇处，或靠近用水量较大的地方，主要功能为削减管渠峰值流量。根据建造位置不同，调节池可以分为地下封闭式调节池、地上封闭式调节池和地上开敞式调节池（地表水体）。不同类型调节池特征如表 5-1 所示。

表 5-1　不同类型调节池特征一览表

调节池类型	特点	常见作法	适用条件
地下封闭式调节池	节省占地，雨水管渠易接入，但有时溢流困难	钢筋混凝土结构、砖砌结构、玻璃钢水池等	多用于小区或建筑群雨水利用，地面空间不足
地上封闭式调节池	雨水管渠易于接入，管理方便，但需占地面空间	玻璃钢、金属、塑料水箱等	多用于单体建筑雨水利用，地面空间充足
地上开敞式调节池	充分利用自然条件，可与景观、净化相结合，生态效果好	天然低洼地、池塘、湿地、河湖等	多用于开阔区域，如公园、新建小区等

1）地下封闭式调节池

目前地下封闭式调节池一般采用钢筋混凝土或砖石结构，其优点是：节省占地；便于雨水重力收集；避免阳光的直接照射，保持较低的水温和良好的水质，藻类不易生长，防止蚊蝇滋生；安全。由于该调节池增加了封闭设施，具有防冻、防蒸发功效，可常年蓄水，也可季节性蓄水，适应性强，可以用于地面用地紧张、对水质要求较高的场合。但施工和运营维护难度都较大，可参照蓄水池和管道运营维护方式。

2）地上封闭式调节池

地上封闭式调节池一般用于单体建筑屋面雨水集蓄利用系统中，常用玻璃钢、金属或塑料制作。其优点是：安装简便，施工难度小；运营维护管理方便。但需要占地面空间，水质不易保障。该方式调节池一般不具备防冻功效，季节性较高。

3）地上开敞式调节池

地上开敞式调节池属于一种地表水体，其调蓄容积一般较大，费用较低，但占地较大，蒸发量也较大。地表水体分为天然水体和人工水体。一般地上开敞式调节池应结合景观设计和小区整体规划及现场条件进行综合设计。设计时往往将建筑、园林、水景、雨水的调蓄利用等以独到的审美意识和技艺手法有机结合在一起。运营维护方式可参照开敞式蓄水池运营维护方式。

5.1.1　日常巡检与养护

调节池日常养护重点是调节池能否满足调蓄雨水功能，主要为进水出口的养护和淤泥的清理。调节池的养护管理子项包括蓄水池池体、蓄水池区域、水处理设备、水质、水位、机电设备、公共卫生、液位、安全检查等。

调节池各个区域及项目的日常巡检养护内容及频次详见表 5-2，在遇暴雨等特殊情况下还需相应增加养护频次。

表 5-2　调节池巡检养护内容及频次

巡检区域	巡检内容	频次
设施空间	池内淤泥情况	每季度 1 次；降雨后
机电设备	阀门等相关设备	每年 1 次
管道	堵塞、破损	第 5～25 年每年 1 次；根据需要
进水管	堵塞	每月 1 次；降雨后
	破损、开裂	每月 1 次
排水管	堵塞	每月 1 次；降雨后
	破损、开裂	每月 1 次
池壁	开裂	每年 2 次
	渗漏	每年 2 次
公共卫生	恶臭	夏季；根据需要
	滋生蚊蝇	夏季

续表

巡检区域	巡检内容	频次
液位	是否达到最高液位	降雨时
	排空时间是否超过 12h	降雨后
	冬季排空[1]	冬季每月 1 次
人孔盖	完好[2]	每月 1 次
安全检查	警示标志、护栏等是否完好	每月 1 次
	检查口是否密封	每周 1 次

注：1——此项养护内容针对地上调节池；2——此项养护内容针对地下调节池。

对于封闭式调节池，平时应加强对观察口的密封和加锁管理，不得随意打开，上班巡查时随开随锁，并做好记录。

调节池池壁结构每年应至少检查 1 次，发现裂缝、沉降、渗漏等应及时修补。

泵、启闭机、电机等机电设备的检查和养护保养应保证每半年至少 1 次，雨季时还应根据实际情况增加养护频次。

防误接、误用、误饮等警示标志、护栏等安全防护设施及预警系统损坏或缺失时，应及时进行修复和完善。

进水口、出水口堵塞或淤积导致过水不畅时，应及时清理垃圾与沉积物。

每季度检查进水管、出水管是否出现堵塞、开裂、错位等，根据检查结果进行养护或更换。

调节池内的沉积物和淤泥每年应保证清理 2 次以上，清理时间宜选在旱季。

地下封闭式调节池池内淤泥清除和进出水管淤泥清除养护作业可参照排水管道淤泥清掏作业进行，具体如下。

（1）排水。使用泥浆泵将调节池内水排出至池底淤泥。

（2）稀释淤泥。高压水向调节池内灌水，使用疏通器搅拌调节池，使淤泥稀释；人工要配合机械不断地搅动淤泥直至淤泥稀释到水中。

（3）吸污。用吸污车将调节池内淤泥抽吸干净，对于剩余的少量淤泥，用高压水枪向池内冲击池底淤泥，再一次进行稀释，然后进行抽吸，完毕。

（4）截污。设置堵口将需要清掏的进出水口堵死。

（5）高压清洗车疏通。使用高压清洗车进行管道疏通，将高压清洗车水带伸入调节池底部，把喷水口向着管道水流方向对准管道进行喷水，下游调节池继续对池内淤泥进行吸污。

（6）通风。养护人员进入调节池内，池内必须检测有毒有害气体及氧气含量，养护人员进入调节池内必须佩戴安全带、防毒面具及氧气罐。

（7）清淤。在进入调节池清淤前对养护人员安全措施安排完毕后，对调节池内剩余的砖、石、部分淤泥等残留物进行人工清理，直到清理完毕。

（8）清运。用挖掘机将清出的淤泥找空地堆放、晾晒，最终将淤泥运走。

以河北省某市为例，根据其降雨、地质等实际情况，调节池各项养护内容历月养护频次详见表5-3。表中各内容的养护次数应根据项目地实际情况进行调整，在遇暴雨、多雨年份、少雨年份等特殊情况下相应调整养护次数。

表5-3　调节池历月巡检养护事项及频次　（单位：次）

内容	1月	2月	3月	4月	5月	6月	7月	8月	9月	10月	11月	12月
池内淤泥、沉积物清除	1	0	0	2	4	6	6	6	4	2	0	0
设施安全检查（渗漏）	0	0	1	0	0	0	1	0	0	0	0	0
设施安全检查（开裂）	0	0	1	0	0	0	1	0	0	0	0	0
进水管沉积物清除	1	1	1	2	4	4	4	4	4	2	1	1
进水管性能检查	1	1	1	1	1	1	1	1	1	1	1	1
出水管沉积物清除	1	1	1	2	4	4	4	4	4	2	1	1
出水管性能检查	1	1	1	1	1	1	1	1	1	1	1	1
蚊蝇清除	0	0	0	0	0	2	2	2	0	0	0	0
设施雨后排空时间	0	0	0	2	4	6	6	6	4	2	0	0
水位检查	0	0	0	2	4	6	6	6	4	2	0	0
冬季排空检查	1	1	0	0	0	0	0	0	0	0	0	1
人孔盖检查	1	1	1	1	1	1	1	1	1	1	1	1
管渠安全检查	0	0	0	0	1	0	0	0	0	0	0	0
机电检查	0	0	1	0	0	0	0	0	0	0	0	0
标志检查	1	1	1	1	1	1	1	1	1	1	1	1

5.1.2　养护记录

封闭式调节池的运营养护记录报表如表5-4所示。

表5-4　封闭式调节池运营养护记录报表

报送单位：　　　　　　　　月份：

<table>
<tr><td colspan="3">基本信息记录</td></tr>
<tr><td>设施名称</td><td colspan="2">封闭式调节池</td></tr>
<tr><td>设施所在地</td><td colspan="2"></td></tr>
<tr><td rowspan="2">设施养护部门</td><td colspan="2"></td></tr>
<tr><td>电话：</td><td></td></tr>
</table>

续表

运营养护记录							
检查区域		检查项目	检查结果	养护措施及结果	养护日期	养护人	备注
一	设施区域	沉积物累积	是□ 否□				
		淤泥	是□ 否□				
		人孔缺损	是□ 否□				
二	设施结构	开裂	是□ 否□				
		渗漏	是□ 否□				
三	水位	排空时间满足要求	是□ 否□				
四	进水管、出水管	破损	是□ 否□				
		堵塞	是□ 否□				
		接头不密封，有裂缝	是□ 否□				
五	机电设备	潜污泵、闸门、阀门、仪表、电控装置、冲洗设备等无法正常工作	是□ 否□				
六	公共卫生	恶臭	是□ 否□				
		蚊蝇	是□ 否□				
七	安全检查	警示标志、护栏完好	是□ 否□				
注：具体检查项目的频次及日常养护频次如表 5-2 所示							
负责人签字：							

地上调节池的运营养护记录报表如表 5-5 所示。

表 5-5 地上调节池运营养护记录报表

报送单位：　　　　　　　　月份：

基本信息记录		
设施名称	地上调节池	
设施所在地		
设施养护部门		
	电话：	

运营养护记录							
检查区域		检查项目	检查结果	养护措施及结果	养护日期	养护人	备注
一	设施区域	沉积物累积	是□ 否□				
		淤泥	是□ 否□				
二	设施结构	开裂	是□ 否□				
		渗漏	是□ 否□				

续表

三	水位	排空时间满足要求	是□ 否□				
		冬季排空	是□ 否□				
四	进水管、出水管	破损	是□ 否□				
		堵塞	是□ 否□				
		接头不密封，有裂缝	是□ 否□				
五	机电设备	潜污泵、闸门、阀门、仪表、电控装置、冲洗设备等无法正常工作	是□ 否□				
六	公共卫生	恶臭	是□ 否□				
		蚊蝇	是□ 否□				
七	安全检查	警示标志、护栏完好	是□ 否□				
注：具体检查项目的频次及日常养护频次如表 5-2 所示							
负责人签字：							

5.2　调　节　塘

调节塘，也称干塘，以削减峰值流量功能为主，一般由进水口、调节区、出口设施、护堤及堤岸构成，也可通过合理设计使其具有渗透功能，起到一定的补充地下水和净化雨水的作用。

调节塘、湿塘都是控制地面径流的设施，但两者有较大的不同。湿塘作为景观水体，需要长期对水位有要求，旱季需要定期进行补水，因此湿塘也称为保留池。调节塘只在下雨时有水，用于在短时间内蓄水，降雨结束后，蓄积的雨水以可控的速度排放到附近的水体中、雨水管中或渗入地下水中，一般排空时间要求48～72h。旱季时，调节塘看起来像一个大的草地低洼区，因此调节塘也被称为拘留池。

5.2.1　日常巡检与养护

调节塘应按常规绿地要求进行保洁。调节塘日常养护重点是保证进出水口的畅通。调节塘的养护管理子项包括设施区域、进水口、溢流口、边坡、安全检查等。

各区域的巡检养护频次如表 5-6 所示。

表 5-6　调节塘巡检养护内容及频次

巡检区域	巡检内容	频次
设施空间	去除主塘沉积物	每季度 1 次；降雨后
	修复侵蚀和裸露的土壤区域	每季度 1 次；降雨后
前置塘	去除前置塘沉积物	每年 5～7 次
植被	植被修剪	每年 2 次
	移除外来入侵植物物种	根据需要
	植被补植	施工第 1 年每个月 1 次，施工后第 2 年开始每年 1 次
	植被施肥	根据需要
	去除杂草	每 2 个月 1 次
	植被病虫害防治	根据需要
管道	堵塞、破损	5～25 年每年 1 次；根据需要
进水口、出水口、溢流口	堵塞	每月 1 次
	消能碎石	降雨前、后
	侵蚀、损坏	降雨后
边坡	边坡稳定性	雨季每月 1 次
水位	排空时间	每年 2 次；暴雨后
安全检查	警示标志、护栏等是否完好	每月 1 次

调节塘的养护是必要的，以确保其正常的功能和延长调节塘使用时间，相对于湿塘，调节塘养护较简单。

在降雨量大于 25mm 的降雨过后，需要清除堵塞的碎屑和沉积物。清洗部位包括调节塘底部、前置塘、井水口、出水口、碎石区堆。沉积物应妥善处置。一旦沉积物被清除，清除区域需要立即稳固和重新种植植被。当调节塘完全干燥时，应进行清洗。

每月检查调节塘的进水口和出水口是否畅通，确保排空时间达到设计要求，并应保证每场暴雨之前调节塘有充足的调蓄空间。

应根据需要进行植被的修剪以维持植物生长，需要每年对植被入侵物种情况进行 1 次检查。植被覆盖率应高于 95%，当覆盖率低于 90%时，应进行补种。

以河北省某市为例，根据其降雨、地质等实际情况，调节塘各项养护内容历月养护频次详见表 5-7。表中各内容的养护次数应根据项目地实际情况进行调整，在遇暴雨、多雨年份、少雨年份等特殊情况下相应调整养护次数。

表 5-7　调节塘历月巡检养护事项及频次参考一览表　（单位：次）

内容	1月	2月	3月	4月	5月	6月	7月	8月	9月	10月	11月	12月
日常清扫	31	28	31	30	31	30	31	31	30	31	30	31
前置塘沉积物清除	0	0	0	1	1	1	1	1	1	1	0	0
边坡沉降、坍塌、侵蚀检查	0	0	0	0	0	1	1	1	1	0	0	0
设施沉积物清除	0	0	1	0	0	1	0	0	1	0	0	1
设施调蓄空间检查	0	0	0	0	1	0	0	0	0	0	0	0
进水口、溢流口沉积物清除	1	1	1	2	4	4	4	4	4	2	1	1
进水口、溢流口侵蚀检查	0	0	0	0	0	1	1	1	1	0	0	0
进水口、溢流口性能检查	0	0	0	2	4	4	4	4	4	0	0	0
植被补植	0	0	1	0	0	0	0	0	0	0	0	0
植被修剪	0	1	0	1	0	1	0	1	0	1	0	1
清除杂草	0	1	0	1	0	1	0	1	0	1	0	1
排空时间	0	0	0	0	0	0	1	1	0	0	0	0
降低水位	0	0	0	2	4	6	6	6	4	2	0	0
管渠安全检查	0	0	0	0	1	0	0	0	0	0	0	0
标志检查	1	1	1	1	1	1	1	1	1	1	1	1

5.2.2　病害养护

调节塘在日常巡检养护时，设施出现病害需要进行病害养护的养护步骤及养护后正常运行状况如表 5-8 所示。

表 5-8　调节塘病害养护表

养护区域	需要养护的状况	养护要点	正常运行状况
水位	排空时间超过设计要求	重点检查出水口是否堵塞，下游是否顶托	排空时间满足设计要求； 若设计无排空时间要求，则排空时间宜小于 24h
设施区域	垃圾和碎片	清除垃圾和碎片	调节塘中无垃圾和碎片
	每 $1000m^2$ 池塘面积超过 $0.5m^3$ 的垃圾和碎片积聚	移除沉积物	沉积物从池塘底部除去，恢复至设计的池塘形状和深度
	出现昆虫	消灭昆虫，或从现场移除； 使用不影响水质的杀虫剂	设施能正常运营

续表

养护区域	需要养护的状况	养护要点	正常运行状况
植被	出现杂草	清除杂草，应最大限度减少除草剂使用	无杂草，植被无枯死
	植被生长过于旺盛	修剪植被	植被高度满足设计要求
	植被长势不良	分析长势不良原因； 若为水肥不足，根据季节和植被生长需求，定期进行水肥管理； 若为植被物种不合适，则更换物种补植	植被高度满足设计要求
	植被覆盖率低于 90%的种植面积	补植	植被覆盖率不低于 90%的种植面积
	乔木影响设施正常作业	移除或修剪乔木； 移除或修剪的乔木可用作设施覆盖物	乔木不影响设施正常功能和养护作业；无枯死、患病乔木
设施结构	边坡侵蚀或冲刷	使用适当的侵蚀控制措施和修复方法，如岩石加固，植草，压实； 如侵蚀发生在已压实的介质中，应咨询相关专业人员	稳定斜坡
	边坡坍塌	及时修复坍塌	边坡、护堤稳定，无坍塌
前置塘	累积的积泥深度超过设计池深的 10%，或积泥深度超过 6cm	清理塘底积泥和垃圾	前置塘（进水池、预处理区）沉砂池积泥深度满足设计要求
进水口、出水口	堵塞，有沉积物累积	及时清除疏通进水口、出水口沉积物垃圾及杂物，无堵塞物	进水口、出水口正常，无堵塞物，无垃圾及杂物
	有明显的水流痕迹	找出水流根源，并消除； 如有严重侵蚀应增加卵石或者碎石，进行消能处理	无水流痕迹，消能设施工作正常
	出现超过 $1.5m^2$ 的土壤裸露区域	岩石覆盖	无土壤裸露区域
溢流设施	溢流口土壤裸露	岩石覆盖	无土壤裸露
	植被生长过高，影响水流溢流	去除或修剪植被	不影响水流
安全警示标志	安全警示标志缺损，被遮挡	若安全警示标志缺损，修补或更新安全警示标志； 若安全警示标志被遮挡，移除遮挡物	安全警示标志完好、清晰可见、未被遮挡

5.2.3　养护记录

调节塘的运营养护记录报表如表 5-9 所示。

表 5-9　调节塘运营养护记录报表

报送单位：　　　　　　　　　　月份：

<table>
<tr><td colspan="8">基本信息记录</td></tr>
<tr><td colspan="2">设施名称</td><td colspan="6">调节塘</td></tr>
<tr><td colspan="2">设施所在地</td><td colspan="6"></td></tr>
<tr><td colspan="2" rowspan="2">设施养护部门</td><td colspan="6"></td></tr>
<tr><td>电话：</td><td colspan="5"></td></tr>
<tr><td colspan="8">运营养护记录</td></tr>
<tr><td colspan="2">检查区域</td><td>检查项目</td><td>检查结果</td><td>养护措施及结果</td><td>养护日期</td><td>养护人</td><td>备注</td></tr>
<tr><td>一</td><td>前置塘</td><td>沉积物累积</td><td>是□ 否□</td><td></td><td></td><td></td><td></td></tr>
<tr><td rowspan="6">二</td><td rowspan="6">设施区域</td><td>沉积物累积</td><td>是□ 否□</td><td></td><td></td><td></td><td></td></tr>
<tr><td>有毒有害杂草</td><td>是□ 否□</td><td></td><td></td><td></td><td></td></tr>
<tr><td>植被长势不良</td><td>是□ 否□</td><td></td><td></td><td></td><td></td></tr>
<tr><td>植被生长过于旺盛</td><td>是□ 否□</td><td></td><td></td><td></td><td></td></tr>
<tr><td>干扰设施正常运行的动物，如黄蜂、马蜂等</td><td>是□ 否□</td><td></td><td></td><td></td><td></td></tr>
<tr><td>植被覆盖率低</td><td>是□ 否□</td><td></td><td></td><td></td><td></td></tr>
<tr><td>三</td><td>水体、水位</td><td>排空时间不满足</td><td>是□ 否□</td><td></td><td></td><td></td><td></td></tr>
<tr><td rowspan="2">四</td><td rowspan="2">边坡</td><td>坍塌</td><td>是□ 否□</td><td></td><td></td><td></td><td></td></tr>
<tr><td>侵蚀</td><td>是□ 否□</td><td></td><td></td><td></td><td></td></tr>
<tr><td rowspan="3">五</td><td rowspan="3">进水口、出水口</td><td>堵塞</td><td>是□ 否□</td><td></td><td></td><td></td><td></td></tr>
<tr><td>侵蚀</td><td>是□ 否□</td><td></td><td></td><td></td><td></td></tr>
<tr><td>土壤裸露</td><td>是□ 否□</td><td></td><td></td><td></td><td></td></tr>
<tr><td rowspan="3">六</td><td rowspan="3">紧急溢流口、溢洪道</td><td>植被阻挡</td><td>是□ 否□</td><td></td><td></td><td></td><td></td></tr>
<tr><td>土壤裸露</td><td>是□ 否□</td><td></td><td></td><td></td><td></td></tr>
<tr><td>侵蚀</td><td>是□ 否□</td><td></td><td></td><td></td><td></td></tr>
<tr><td>七</td><td>安全检查</td><td>警示标志、护栏完好</td><td>是□ 否□</td><td></td><td></td><td></td><td></td></tr>
<tr><td colspan="8">注：具体检查项目的频次及日常养护频次如表 5-6 所示</td></tr>
<tr><td colspan="8">负责人签字：</td></tr>
</table>

第 6 章　转输设施运营养护

水环境转输设施是水环境基础设施建设过程中“蓄、滞、渗、净、用、排”中以“排”为主的设施，包括植草沟、渗透管/渠、旱溪。转输设施的主要功能是排放雨水，同时可作为其他设施间的转输连接管，转输流速不可过小，也不可过大。转输设施运营养护关键点是雨水的正常排放，转输通道不堵塞、不淤积。本章从单项设施的日常养护、初期养护、季节养护、病害养护等着手，在转输设施5～10 年甚至更长时间的运营维护期限内，给运营养护技术人员提供一份简明扼要、操作性强的运营养护方案。

6.1　植　草　沟

植草沟指种有植被的地表沟渠，可收集、输送和排放径流雨水，并具有一定的雨水净化作用。植草沟利用植被，与浅层缓流相结合对水流进行处理。当水流流经植被时，一方面通过过滤、渗透、沉降综合作用将污染物（包括雨水中的沉积物和油性物质）去除；另一方面，当雨水流经植草沟时，还可以降低流速。

除转输型植草沟外，还包括渗透型的干式植草沟及常有水的湿式植草沟，可分别提高径流总量和径流污染控制效果。

6.1.1　日常巡检与养护

植草沟日常养护的重点是维持通道排水畅通和污染物去除效率，并且要保持密集的植被覆盖率。

植草沟应按园林绿化常规要求进行保洁，及时清除植草沟内的垃圾与杂物。

各区域的巡检养护频次如表 6-1 所示。

植被是植草沟的重要部分，植草沟依靠植被传输、净化雨水。同生物滞留设施、下沉式绿地等渗透设施不同，植草沟是转输设施，因此主要养护包括除草、修剪、水肥管理等。杂草宜手动清除，不宜使用除草剂和杀虫剂，特别是在生长期，应限制使用。修剪时还需要控制植物高度，应满足表 6-2 的要求。

表 6-1　植草沟养护内容及频次

巡检区域	巡检内容	频次
进水口	是否堵塞	每月 1 次；降雨前、后；秋季落叶期后
	分散入流，是否均匀	每年 2 次
	侵蚀控制	每年 2 次
	过滤网	每月 1 次；降雨前、后；秋季落叶期后
设施空间	车辙、脚印	每月 1 次
	径流是否均匀	每年 2 次；降雨期间
	沉积物	每年 2 次；降雨前、后
	垃圾、落叶等其他杂物	每月 1 次；降雨前、后；秋季落叶期后
	积水	降雨后
设施结构	断面形状符合设计要求	降雨后
	坡度符合设计要求	降雨后
	边坡是否坍塌	降雨后
	边坡是否侵蚀	降雨后
植被	覆盖率符合设计要求	竣工 2 年内不少于 1 个月 1 次，竣工 2 年后不少于 2 个月 1 次
	生长势良好	竣工 2 年内不少于 1 个月 1 次，竣工 2 年后不少于 2 个月 1 次
	清除杂草	竣工 2 年内不少于 1 个月 1 次，竣工 2 年后不少于 2 个月 1 次
挡水堰（如有）	是否开裂、损坏	每年 2 次
	是否受到侵蚀	每年 2 次
安全检查	警示标志、护栏等是否完好	每月 1 次

表 6-2　植草沟植物修剪高度要求　　（单位：cm）

设计高度	最大高度	修剪后高度
50	75	40
100	140	80
150	180	120

植被不宜过分修剪，修剪的草屑应及时清理，不得堆积。植草沟中植被的修剪不仅是为了美观，植被高度对雨水净化能力及曼宁系数也有影响。植被高，植草沟的曼宁系数将增大，影响排水能力，具体如表 6-3 所示。

表 6-3　植草沟中曼宁系数取值

植草沟形式		平均值	最小值	最大值
直的植草沟	植被较矮（＜100mm），杂草很少	0.027	0.022	0.033
	植被较矮（＜100mm），杂草较多	0.030	0.026	0.033
弯曲的植草沟	植被较高（＞100mm），杂草很少	0.032	0.026	0.040
	植被较高（＞100mm），杂草较多	0.035	0.030	0.045

以河北省某市为例，根据其降雨、地质等实际情况，植草沟各项养护内容历月养护频次详见表 6-4。表中各内容的养护次数应根据项目地实际情况进行调整，在遇暴雨、多雨年份、少雨年份等特殊情况下相应调整养护次数。

表 6-4　植草沟历月巡检养护事项及频次参考一览表　　（单位：次）

内容	1月	2月	3月	4月	5月	6月	7月	8月	9月	10月	11月	12月
设施日常清扫	31	28	31	30	31	30	31	31	30	31	30	31
设施沉积物清除	0	0	0	2	4	4	4	4	4	2	0	0
设施落叶清扫	0	0	0	0	0	0	0	0	0	4	4	0
设施雨期径流均匀性检查	0	0	0	2	4	6	6	6	4	2	0	0
设施雨期积水检查	0	0	0	2	4	4	4	4	4	2	0	0
设施外观检查（无车辙、脚印）	1	1	1	1	1	1	1	1	1	1	1	1
边坡坍塌、侵蚀检查	0	0	0	0	0	0	1	1	0	0	0	0
进水口沉积物清除	1	1	1	2	4	4	4	4	4	2	1	1
进水口侵蚀检查	0	0	0	0	0	0	1	0	1	0	0	0
进水口入流均匀性检查	0	0	0	1	1	1	1	1	1	1	0	0
植被补植	0	1	0	1	0	1	0	1	0	1	0	1
植被修剪	0	1	0	1	0	1	0	1	0	1	0	1
植被生长势检查	1	1	1	1	1	1	1	1	1	1	1	1
植被浇灌	0	1	1	0	0	0	0	0	0	1	1	0
挡水堰侵蚀检查	0	0	0	0	0	0	1	1	0	0	0	0
标志检查	1	1	1	1	1	1	1	1	1	1	1	1

6.1.2　病害养护

植草沟断面形状的改变会影响输水能力，因此，植草沟在运行中断面形状应保持稳定。应定期检查植草沟断面是否完好，坡度是否符合设计要求。降雨后 24h 内应进行植草沟断面形状检查，如果出现边坡损坏或者坍塌等情况，应及时进行加固和修补。植草沟断面形状通常有三角形和梯形，如图 6-1 所示。

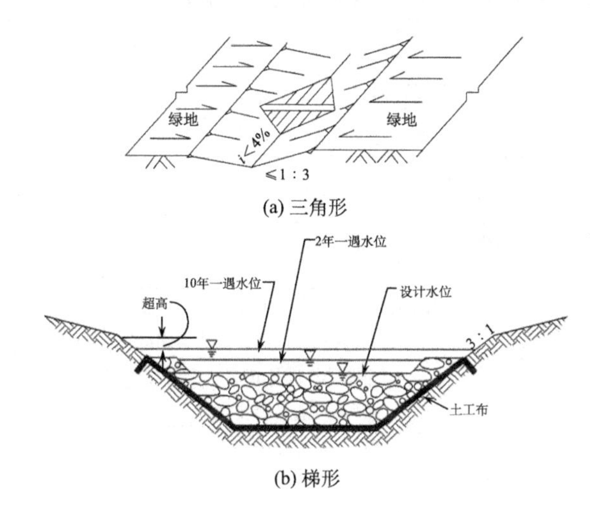

(a) 三角形

(b) 梯形

图 6-1　植草沟断面形状

雨水可以通过多种方式流入植草沟，包括：穿过区域的分散流，穿过不渗透区域的片流，或通过路缘切口和管道流入口的浓缩流。进水口必须保持畅通无阻，雨水最好以分散入流的方式，确保雨水均匀入流；若为集中入流，需有侵蚀控制措施。应定期检查植草沟进水口（开口路缘石、管道等）及出水口是否有侵蚀或堵塞现象，如有，应及时处理。

应定期检查植草沟内是否有淤泥等沉积物，如有，应及时清除。沟底的沉积物、淤泥每年应至少清理 2 次，清理出来后应进行合理处置。清理沉积物若影响植草沟断面，应恢复坡度和深度至原始状况；清理沉积物若影响原有植物分布，应重新补种植物。

当地表坡度过大（一般大于 4%），造成植草沟水流速度过快，超过设计流速时，应增设挡水堰或设计成阶段状植草沟。水流流速过快，会导致雨水在植草沟中停留时间过短，一方面会使雨水处理效果变差，另一方面也会对植草沟造成冲蚀。设立挡水堰可有效降低水流流速，增加停留时间，挡水堰高度一般为 15～30cm。

植草沟在日常巡检养护时，设施出现病害需要进行病害养护的养护步骤及养护后正常运行状况如表 6-5 所示。

表 6-5　植草沟病害养护表

养护区域	需要养护的状况	养护要点	正常运行状况
积水	当降雨后洼地出现积水，不能自由排出	清除泥沙或垃圾堵塞； 若因植草沟坡度过小，不满足要求，则需重新选址； 清除堵塞	排水达到设计要求
进水口	降雨时，植草沟中无水	重新评估、设置设施位置； 加大进水口规模或进行局部下凹等	水流能顺利流入植草沟
	进水口入流不均匀，导致水流分布不均匀	调平并清洁进水口	流量在整个植草沟设施空间内均匀分布
	进水口或过滤网被沉积物或碎屑堵塞	移除堵塞物	进水口和过滤网区域中没有闭口或堵塞
植被	设施底部植被覆盖率低于 90%，或者出现植被侵蚀斑块	确定植被生长不佳的原因； 若为土壤含水率过低，需适当灌溉补水； 若为土壤肥力不满足植被生长要求，适当补充肥力； 若为物种不合适，替换物种	植被覆盖率高于 90%
	植被生长过高（高于 18cm）	修剪植被或除去多余植被，使水的流动不受阻碍； 移除修剪的草屑	植被高度控制在设计要求范围内，一般为 75～100mm
	优势种群被多余的杂草和其他植被取代	移除杂草和其他植被（尽量不使用除草剂）	无杂草
	植被长势不良	分析长势不良原因，并及时进行补植； 若因为水肥问题，定期进行水肥管理； 若因为物种问题，更换物种补植	植被生长状况良好
	由于无光照，过度遮阴，阳光不能到达植草沟，草的生长状况很差	修剪过度悬垂的大树枝，并清除相邻斜坡上带毛的植被	植被生长状况良好
设施空间	垃圾和碎片在植草沟中累积	清除垃圾和碎片	植草沟内无垃圾和碎片
	水流导致植草沟底部出现冲刷或侵蚀，水流流过后在设施底部还是会形成泥泞的通道	对于宽度小于 30cm 的辙迹或裸露区域，可用碎石砾来填充、修复受损区域； 如果裸露区域较大，通常大于 30cm 宽的，则洼地应重新分级并重新播种； 对于较小的裸露区域，裸露点明显时可多播种，或者从上部斜坡采集植物，并以 20cm 的间隔将其种植在洼地底部； 洼地底部添加或者改变水流基流； 对于因流速过快而造成冲蚀的情况，可增设挡水堰	无侵蚀、冲刷或裸露区域

续表

养护区域	需要养护的状况	养护要点	正常运行状况
边坡	边坡和护堤侵蚀深度超过5cm	消除侵蚀原因并稳定受损区域（岩石，植被，侵蚀控制垫）。 对于深沟槽或切口（积水深度超过 7.5cm），应采取临时侵蚀控制措施，直到可以进行永久性修复。 在设计流速范围内（除非在极端暴雨条件下），设施不应该被侵蚀。如果侵蚀问题持续存在，应重新评估以下内容：①生物滞留设施规模是否满足汇流区域径流量；②设施内的水流流速；③设施进水口的侵蚀及侵蚀保护策略	边坡恢复到设计要求，无侵蚀、坍塌
	侵蚀导致边坡可能塌陷	采取措施消除侵蚀； 重新加固斜坡	
	沉降大于 7.5cm	恢复到设计高度	
安全警示标志	安全警示标志缺损，被遮挡	若安全警示标志缺损，修补或更新安全警示标志； 若安全警示标志被遮挡，移除遮挡物	安全警示标志完好、清晰可见、未被遮挡

6.1.3　养护记录

植草沟的运营养护记录报表如表 6-6 所示。

表 6-6　植草沟运营养护记录报表

报送单位：　　　　　　　月份：

<table>
<tr><td colspan="8">基本信息记录</td></tr>
<tr><td colspan="2">设施名称</td><td colspan="6">植草沟</td></tr>
<tr><td colspan="2">设施所在地</td><td colspan="6"></td></tr>
<tr><td colspan="2" rowspan="2">设施养护部门</td><td colspan="6"></td></tr>
<tr><td>电话：</td><td colspan="5"></td></tr>
<tr><td colspan="8">运营养护记录</td></tr>
<tr><td colspan="2">检查区域</td><td>检查项目</td><td>检查结果</td><td>养护措施及结果</td><td>养护日期</td><td>养护人</td><td>备注</td></tr>
<tr><td rowspan="5">一</td><td rowspan="5">设施区域</td><td>沉积物累积</td><td>是□ 否□</td><td></td><td></td><td></td><td></td></tr>
<tr><td>落叶累积</td><td>是□ 否□</td><td></td><td></td><td></td><td></td></tr>
<tr><td>降雨后积水不能顺利排出</td><td>是□ 否□</td><td></td><td></td><td></td><td></td></tr>
<tr><td>降雨时无水</td><td>是□ 否□</td><td></td><td></td><td></td><td></td></tr>
<tr><td>入流不均匀</td><td>是□ 否□</td><td></td><td></td><td></td><td></td></tr>
</table>

续表

二	设施结构	边坡坍塌	是□ 否□				
		边坡侵蚀	是□ 否□				
		断面形状改变	是□ 否□				
三	进水口	沉积物累积	是□ 否□				
		落叶累积	是□ 否□				
		侵蚀	是□ 否□				
四	溢流口	沉积物累积	是□ 否□				
		落叶累积	是□ 否□				
		侵蚀	是□ 否□				
五	植被	覆盖率低于90%	是□ 否□				
		生长势不良	是□ 否□				
		生长过于旺盛	是□ 否□				
		杂草	是□ 否□				
六	安全检查	警示标志完好	是□ 否□				
注：具体检查项目的频次及日常养护频次如表6-1所示							
负责人签字：							

6.2 渗透管/渠

渗透管/渠指具有渗透功能的雨水管/渠，可采用穿孔塑料管、无砂混凝土管/渠和砾（碎）石等材料组合而成。渗透管/渠对场地空间要求小，但建设费用较高，易堵塞，养护较困难。

6.2.1 日常巡检与养护

渗透管/渠一旦发生堵塞或渗透能力下降，则很难清洗恢复，因此日常养护尤其重要。

渗透管/渠的日常养护要点如下：

（1）禁止在渗透管/渠汇水区堆放黏性物、砂土或其他可能造成堵塞的物质；当农药、汽油等危险物质穿越汇水区时，应采用密闭容器包装，避免洒落，防止污染地下水。

（2）定期清除渗透管/渠上部表面的垃圾、落叶。

（3）定期检查渗透管/渠区域积水情况，如在降雨事件24h后无法完全下渗，应检查进出水口和控制系统是否有堵塞、淤塞沉积现象，并及时清理或维修。

（4）渗透渠内卵石或石笼应定期进行清洗，并按原设计恢复。

渗透管/渠各区域的巡检养护频次如表 6-7 所示。

表 6-7　渗透管/渠巡检养护内容及频次

巡检区域	巡检内容	频次
管渠	排水性能检查	每月 1 次
	是否存在破裂、损坏、断裂等	每季度 1 次；降雨前
	是否存在堵塞	每季度 1 次；降雨前
过滤砾石	渗透性能检查	每半年 1 次；雨季前
透水土工布	是否存在破损	每月 1 次
安全检查	警示标志是否完好	每月 1 次

以河北省某市为例，根据其降雨、地质等实际情况，渗透管/渠各项养护内容历月养护频次详见表 6-8。表中各内容的养护次数应根据项目地实际情况进行调整，在遇暴雨、多雨年份、少雨年份等特殊情况下相应调整养护次数。

表 6-8　渗透管/渠历月巡检养护事项及频次参考一览表　（单位：次）

内容	1 月	2 月	3 月	4 月	5 月	6 月	7 月	8 月	9 月	10 月	11 月	12 月
设施上部日常清扫	31	28	31	30	31	30	31	31	30	31	30	31
设施上部落叶清扫	0	0	0	0	0	0	0	0	0	4	4	0
管渠排水性能检查	1	1	1	1	1	1	1	1	1	1	1	1
管渠安全检查	0	1	0	0	1	0	0	1	0	0	1	0
过滤砾石渗透性能检查	0	0	0	0	0	1	0	0	0	0	0	1
透水土工布完好度检查	1	1	1	1	1	1	1	1	1	1	1	1
标志检查	1	1	1	1	1	1	1	1	1	1	1	1

6.2.2　病害养护

渗透管/渠在日常巡检养护时，设施出现病害需要进行病害养护的养护步骤及养护后正常运行状况如表 6-9 所示。

6.2.3　养护记录

渗透管/渠的运营养护记录报表如表 6-10 所示。

表 6-9　渗透管/渠病害养护表

养护区域	需要养护的状况	养护要点	正常运行状况
污垢和污染物	在设施附近或设施内发现任何油、汽油、污垢或其他污染物质	找出和清除污染源	无污垢或污染物存在
观察井	石块上方或表面入口的沉积物深度大于 30cm	清除沉积物	在渗透管/渠中没有沉积物
排水速度较慢	通常排水孔堵塞预示着排水速度减缓	找出排水孔堵塞的原因； 若为透水土工布破损导致排水孔堵塞，则清洁排水孔，并修复透水土工布； 清除出的沉积物不能直接排放到雨水下水道中	渗透管/渠排水速度满足设计要求

表 6-10　渗透管/渠运营养护记录报表

报送单位：　　　　　　　　　　月份：

<table>
<tr><td colspan="8">基本信息记录</td></tr>
<tr><td colspan="2">设施名称</td><td colspan="6">渗透管/渠</td></tr>
<tr><td colspan="2">设施所在地</td><td colspan="6"></td></tr>
<tr><td colspan="2" rowspan="2">设施养护部门</td><td colspan="6"></td></tr>
<tr><td>电话：</td><td colspan="5"></td></tr>
<tr><td colspan="8">运营养护记录</td></tr>
<tr><td colspan="2">检查区域</td><td>检查项目</td><td>检查结果</td><td>养护措施及结果</td><td>养护日期</td><td>养护人</td><td>备注</td></tr>
<tr><td rowspan="3">一</td><td rowspan="3">渗透管/渠</td><td>破损</td><td>是□ 否□</td><td></td><td></td><td></td><td></td></tr>
<tr><td>堵塞</td><td>是□ 否□</td><td></td><td></td><td></td><td></td></tr>
<tr><td>排水性能不满足设计要求</td><td>是□ 否□</td><td></td><td></td><td></td><td></td></tr>
<tr><td rowspan="4">二</td><td rowspan="4">设施周边</td><td>砾石透水性能检查不满足设计要求</td><td>是□ 否□</td><td></td><td></td><td></td><td></td></tr>
<tr><td>设施上方有落叶</td><td>是□ 否□</td><td></td><td></td><td></td><td></td></tr>
<tr><td>设施上方有沉积物</td><td>是□ 否□</td><td></td><td></td><td></td><td></td></tr>
<tr><td>设施周边有污染物</td><td>是□ 否□</td><td></td><td></td><td></td><td></td></tr>
<tr><td>三</td><td>透水土工布</td><td>破损</td><td>是□ 否□</td><td></td><td></td><td></td><td></td></tr>
<tr><td>四</td><td>观察井</td><td>沉积物</td><td>是□ 否□</td><td></td><td></td><td></td><td></td></tr>
<tr><td>五</td><td>安全检查</td><td>警示标志</td><td>是□ 否□</td><td></td><td></td><td></td><td></td></tr>
<tr><td colspan="8">注：具体检查项目的频次及日常养护频次如表 6-7 所示</td></tr>
<tr><td colspan="8">负责人签字：</td></tr>
</table>

6.3　旱　　溪

6.3.1　日常巡检与养护

旱溪的日常养护要点如下：

（1）旱溪的断面形状改变会影响输水能力，因此，应定期检查旱溪断面是否完好，坡度否是符合设计要求。大雨或者暴雨后 24h 内应进行断面形状检查，如果出现边坡损坏或者坍塌等情况，应及时进行加固和修补。

（2）定期检查旱溪进水口、出水口是否有侵蚀或堵塞，散置的卵石层应平整，间距合理。

（3）定期检查旱溪内是否有淤积，如有淤积，应及时清除沟底的沉积物；淤泥每年应至少清理 1 次，雨季时可根据沉积物情况增加清理次数，沉积物出现后应进行合理处置；清理后旱溪应恢复坡度和深度至设计要求。

（4）旱溪两侧若有植被，植被生长不可过于旺盛，以免影响旱溪正常运行；植被应进行定期修剪。

旱溪各区域的巡检频次如表 6-11 所示。

表 6-11　旱溪巡检内容及频次

巡检区域	巡检内容	频次
进水口	堵塞	每月 1 次；降雨前、后；秋季落叶期后
	分散入流，是否均匀	每年 2 次
	侵蚀控制	每年 2 次
	过滤网	每月 1 次；降雨前、后；秋季落叶期后
设施空间	径流均匀性	每年 2 次；降雨期间
	沉积物	每年 2 次；降雨前、后
	垃圾、落叶等其他杂物	每月 1 次；降雨前、后；秋季落叶期后
	积水	降雨后
	卵石均匀性	每月 1 次
设施结构	断面形状符合设计要求	降雨后
	坡度符合设计要求	降雨后
	边坡坍塌	降雨后
	边坡侵蚀	降雨后
植被	修剪	根据需要
安全检查	警示标志、护栏等是否完好	每月 1 次

以河北省某市为例，根据其降雨、地质等实际情况，旱溪各项养护内容历月养护频次详见表6-12。表中各内容的养护次数应根据项目地实际情况进行调整，在遇暴雨、多雨年份、少雨年份等特殊情况下相应调整养护次数。

表 6-12　旱溪历月巡检养护事项及频次　（单位：次）

内容	1月	2月	3月	4月	5月	6月	7月	8月	9月	10月	11月	12月
设施日常清扫	31	28	31	30	31	30	31	31	30	31	30	31
设施沉积物清除	0	0	0	2	4	4	4	4	4	2	0	0
设施落叶清扫	0	0	0	0	0	0	0	0	0	4	4	0
设施雨期径流均匀性检查	0	0	0	2	4	6	6	6	4	2	0	0
设施雨期积水检查	0	0	0	2	4	4	4	4	4	2	0	0
卵石均匀性	1	1	1	1	1	1	1	1	1	1	1	1
边坡坍塌、侵蚀检查	0	0	0	0	0	0	1	1	0	0	0	0
进水口沉积物清除	1	1	1	2	4	4	4	4	4	2	1	1
进水口侵蚀检查	0	0	0	0	0	0	1	0	1	0	0	0
进水口入流均匀性检查	0	0	0	1	1	1	1	1	1	1	0	0
植被修剪	0	1	0	1	0	1	0	1	0	1	0	1
标志检查	1	1	1	1	1	1	1	1	1	1	1	1

6.3.2　病害养护

旱溪在日常巡检养护时，设施出现病害需要进行病害养护的养护步骤及养护后正常运行状况如表6-13所示。

表 6-13　旱溪病害养护表

养护区域	需要养护的状况	养护要点	正常运行状况
积水	降雨后洼地出现积水，不能自由排出	清除泥沙或垃圾堵塞； 若因旱溪坡度过小，不满足要求，则需重新选址； 清除堵塞	排水达到设计要求
进水口	降雨时，旱溪中无水	重新评估设置设施位置； 加大进水口规模或进行局部下凹等	水流能顺利流入旱溪
	进水口入流不均匀，导致水流分布不均匀	调平并清洁进水口	流量在整个旱溪设施空间内均匀分布

续表

养护区域	需要养护的状况	养护要点	正常运行状况
进水口	进水口或过滤网被沉积物或碎屑堵塞	移除堵塞物	进水口和过滤网区域中没有闭口或堵塞
设施空间	垃圾和碎片在旱溪中累积	清除垃圾和碎片	旱溪内无垃圾和碎片
边坡	卵石在旱溪中不平整	按设计要求重新摆放卵石	卵石粒径分布满足设计要求
	边坡和护堤侵蚀深度超过 5cm	消除侵蚀原因并稳定受损区域（岩石，植被，侵蚀控制垫）。 对于深沟槽或切口（积水深度超过 7.5cm），应采取临时侵蚀控制措施，直到可以进行永久性修复。 在设计流速范围内（除非在极端暴雨条件下），设施不应该被侵蚀。如果侵蚀问题持续存在，应重新评估以下内容：①生物滞留设施规模是否满足汇流区域径流量；②设施内的水流流速；③设施进水口的侵蚀及侵蚀保护策略	边坡恢复到设计要求，无侵蚀、坍塌
	侵蚀导致边坡可能塌陷	采取措施消除侵蚀； 重新加固斜坡	
	沉降大于 7.5cm	恢复到设计高度	
植被	旱溪周边植被生长过于旺盛，影响旱溪正常运行	修剪植被或除去多余植被，使水的流动不受阻碍； 移除修剪的草屑	旱溪周边植被不影响旱溪正常运行
安全警示标志	安全警示标志缺损，被遮挡	若安全警示标志缺损，修补或更新安全警示标志； 若安全警示标志被遮挡，移除遮挡物	安全警示标志完好、清晰可见、未被遮挡

6.3.3　养护记录

旱溪的运营养护记录报表如表 6-14 所示。

表 6-14　旱溪运营养护记录报表

报送单位：　　　　　　　　月份：

基本信息记录		
设施名称	旱溪	
设施所在地		
设施养护部门		
	电话：	

续表

运营养护记录							
检查区域		检查项目	检查结果	养护措施及结果	养护日期	养护人	备注
一	设施区域	沉积物累积	是□ 否□				
		落叶累积	是□ 否□				
		降雨后积水不能顺利排出	是□ 否□				
		降雨时无水	是□ 否□				
		入流不均匀	是□ 否□				
		卵石粒径分布不满足设计要求	是□ 否□				
二	设施结构	边坡坍塌	是□ 否□				
		边坡侵蚀	是□ 否□				
		断面形状改变	是□ 否□				
三	进水口	沉积物累积	是□ 否□				
		落叶累积	是□ 否□				
		侵蚀	是□ 否□				
四	溢流口	沉积物累积	是□ 否□				
		落叶累积	是□ 否□				
		侵蚀	是□ 否□				
五	植被	生长过于旺盛	是□ 否□				
六	安全检查	警示标志完好	是□ 否□				
注：具体检查项目的频次及日常养护频次如表 6-11 所示							
负责人签字：							

第7章　截污净化设施运营养护

水环境截污净化设施是水环境基础设施建设过程中“蓄、滞、渗、净、用、排”中以“滞、净”为主的设施，包括雨水湿地、植被缓冲带、屋顶绿化、人工土壤渗滤。截污净化设施的主要功能是通过土壤、填料、植被净化污染物，减缓雨水直接入管网和河道对水体造成的污染。截污净化设施运营养护关键点是填料不堵塞、雨水不短流、出水水质满足设计要求。屋顶绿化作为屋顶的水环境基础设施，除了对雨水进行截污净化外，还起到了雨水“滞”的作用，运营养护关键点是屋顶植被的运营维护和屋顶的防水检测。本章从单项设施的日常养护、初期养护、季节养护、病害养护等着手，在截污净化设施5～10年甚至更长时间的运营维护期限内，给运营养护技术人员提供一份简明扼要、操作性强的运营养护方案。

7.1　雨 水 湿 地

雨水湿地利用物理、水生植物及微生物等作用净化雨水，是一种高效的径流污染控制设施。从水流流态、水流的空间位置出发，可以分成雨水表流湿地与雨水潜流湿地。雨水湿地与湿塘的构造相似，一般由进水口、前置塘、沼泽区、出水池、溢流出水口、护坡及驳岸、养护通道等构成。其常与湿塘合建并设计一定的调蓄容积。

雨水湿地适用于具有一定空间条件的建筑与小区、城市道路、城市绿地、滨水带等区域，可有效削减污染物，并具有一定的径流总量控制和峰值流量控制效果，但建设与养护费用较高[21]。

7.1.1　初期养护

雨水湿地启动试运营（即雨水湿地的初期养护）需要经过五个阶段：系统调试阶段、植物复活阶段、根系发展不稳定阶段、植物生长成熟阶段、处理效果良好的稳定成熟阶段。经历从启动到成熟的这五个阶段一般需2年时间。

在系统调试阶段，应进行前期测试，并应符合下列要求：

（1）应进行池内水深测试，检查配水管道，配水应均匀；

（2）检查水泵、水位控制器，设备应能正常工作。

为了促进植物根系发育，人工湿地运营阶段应进行水位调节。雨水潜流湿地试运营阶段水位控制应符合下列要求：

（1）在系统调试阶段，植物栽种后即需充水，初期水位控制在地表下 25cm；

（2）按设计流量运营 3 个月左右，达到相对稳定状态后，可适当降低水位，将水位降低至距床底 20cm 处，促进根系向下发展；

（3）待根系深入床底后，再将水位调至地表下 20cm 处开始正常运营；

（4）观察植物生长状态，发现缺苗、死苗应及时补苗，以保持正常植物密度。

雨水表流湿地试运营阶段水位控制应符合下列要求：水位应该逐步提高，以免植物幼苗被淹死或脱离土壤随水漂走。

7.1.2　季节养护

雨水湿地的季节养护指冬季运营养护和春季运营养护。

我国北方地区雨水湿地植物的生长期在 4～11 月，在进入冬季冰冻期前需要做好进出水和湿地的保温措施。

对于设备管道，在冬季应做好防冻措施。在设计时，就应布置在向阳的位置，能够设置在室内的，尽量设置在室内。在冬季应将湿地池内水温控制在高于 4℃，原因是微生物一般在 4℃以下就处于休眠状态。

为了将损失到大气的热量减至最小，可采取如下保温措施：将人工湿地植物在秋季倒伏或者收割后覆盖在湿地上，可将其作为保温材料；空气冰层法在没有覆盖物时能够提供一定的保温效果（空气冰层法指深秋气候寒冷时，水面提升 50cm 左右，待形成冰冻层后，再调低水位）；采用塑料大棚温室对人工湿地进行保温，可以使微生物正常生存；增加滤层厚度或者提高湿地池体超高有助于保温。

雨水湿地春季运营养护的重点是春季冲洗和春季淹水。

5 月左右湿地碎石床内死亡生物膜腐败分解，需要对碎石床进行冲洗。通过水流的关停、开启，利用水力波动，促进生物膜脱落、冲出，避免其厌氧发酵影响水质，并可加速生物膜的更新。

可在每年春季植物发芽阶段对湿地进行淹水，控制旱生杂草的生长及蔓延，待植物生长良好，足以在与杂草生长竞争中占据优势时，恢复正常水位。淹水过程一般持续半个月。

7.1.3　日常养护

雨水湿地日常养护重点是配水均匀性监测、水位控制、植物养护、病虫害防治、蚊蝇控制、野生动物控制、恶臭控制、水质监测等。

1）配水均匀性监测

雨水湿地配水效果的好坏直接影响水流状态。湿地单元进水后，应检查配水效果，配水应均匀，不得有侵蚀和短流现象。

2）水位控制

雨水湿地水位是影响植物和微生物生长并形成所需生物群落的关键，水位的适当控制能够引导植物根系的生长和发育，促使植物周围微生物的生长。

雨水湿地日常运营时可常年维持在同一高程，各个季节无须调整不同水位。通常水深超过 20cm 将造成植物呼吸困难死苗；水深过浅则碎石床高温烧苗。通常，水平流潜流湿地水位控制在床面以下 5～10cm；垂直流潜流湿地水位控制在淹没床面 5～10cm。

雨水湿地日常运营时，建议每个月将湿地池排干 1 次，使湿地处于晾干状态，目的是使空气深入湿地池内部，促进好氧微生物的活性，加快降解填料中沉积的有机物，同时由于系统停止进水，微生物新陈代谢需要的各种营养物质得不到持续的补充，填料中的微生物会逐渐进入内源呼吸期，消耗本身资源并逐渐老化死亡，利于湿地的长期运营，并降低湿地填料发生堵塞的概率。

深秋气候寒冷时，水面提升 50cm 左右，待形成冰冻层后，再调低水位。通过先提升水位再调低水位，可在冰冻层下形成一个空气隔离层。由于冰雪的覆盖，可以保持湿地系统中具有较高的水温，提高冬季处理效果。

雨水表流湿地建议每年春天降低水位，待新芽长出水面后，再升高水位。降低水位可以使阳光穿透水体照射喜光植物，促进新芽生长。

3）植物养护

植物养护应当遵循植物的生长规律，不同季节植物的生长状况不同，加强田间管理可以使其尽快建立健康的植物群落。

少量天然杂草对雨水湿地系统的处理效果影响不大，可不必去除。但当杂草与湿地植物竞生，危及植物系统或发生其他例外情况时，可在每年春季植物发芽阶段对湿地进行淹水，控制旱生杂草的生长及蔓延，待植物生长良好，足以在与杂草生长竞争中占据优势时，恢复正常水位。淹水过程一般持续半个月。此外，也可采用手工或机械去除的方法进行杂草清除。

雨水湿地运营中应及时清理人工湿地填料表面的植物落叶及败落的茎秆等。

植物的收割应该考虑区域、气候、收割季节等因素。每年冬季对雨水湿地中的植物进行收割，人工湿地植物收割后，应及时清理人工湿地上残留植物碎屑，防止因植物残留造成出水效率降低甚至污染物浓度的升高。在植物生长旺季可适当收割一些湿地植物，有利于去除废水中的氮。

4）病虫害防治

雨水湿地最主要的功能是控制径流污染。因此，在病虫害防治的过程中湿地植物除虫不可使用杀虫剂，避免引入新的污染源，对水质产生影响，造成二次污染。雨水湿地的病虫害控制模式可以参考农作物的绿色病虫害防治方法。例如，清除害虫的非作物寄主（即所谓中间寄主）；色板诱杀或驱避害虫；应用昆虫生长调节剂（如灭幼脲、优得乐等）使害虫不能正常生长发育；应用害虫性外激素防治害虫；应用生物防治害虫；应用植物性农药（植物油提取物）防治害虫；等等。

5）蚊蝇控制

蚊蝇控制主要可通过如下方法：

（1）通过水泵提取或在水面安置机械曝气设备来保持水体流动，强化边缘水域的水体流动。

（2）通过设置洒水装置向水面洒水来阻碍蚊蝇向水中产卵。

（3）水边不种植植物，或种植低矮的植株并每年进行收割。

（4）在蚊蝇产卵的季节使用杆菌杀死蚊卵，或使用能够导致蚊子幼虫发育衰减的激素来控制蚊蝇。

（5）通过向雨水湿地投放食蚊鱼和其他天然的摄食者（如蜻蜓、蝙蝠和燕子）来控制蚊子。

（6）周期性淹水和排水有助于打乱蚊子的生长周期，从而控制蚊子数量。

6）野生动物控制

控制野生动物主要指对麝鼠、海狸、河鼠等啮齿类动物的控制，主要可通过如下方法：

（1）临时提升运营水位可以有效控制野生动物；

（2）采用捕鼠夹来诱捕野生动物。

7）恶臭控制

恶臭一般发生在雨水湿地系统前部，特别是夏季高温有风情况下，对环境影响较大，可通过薄膜覆盖、降低污染负荷、强化预处理等有效措施进行控制。

8）水质监测

水质监测的主要目的是对系统各进出水环节进行监控，确定进出水水质是否符合工艺要求，以便调整水量，保证系统的处理能力，指导运行。考察进水，可以通过进水水质的变化适当调整雨水湿地的运行条件。

进出水水质监测项目主要包括：水位、pH、BOD_5、COD_{Cr}、TSS、氨氮、硝酸盐、磷酸盐、电导率、大肠杆菌等。监测频率宜为水温和 pH 每周 1 次，电导率每 3 个月 1 次，其他指标每月 1 次。

监测部位应该包括预处理进口部位水流、预处理出口部位水流及雨水湿地出口部位水流，尤其是预处理出口部位的悬浮物浓度非常重要。

雨水湿地各区域的巡检养护频次如表 7-1 所示。

表 7-1　雨水湿地巡检养护内容及频次

巡检养护区域	巡检养护内容	频次
水体	配水均匀性	每周 1 次
	进水水质监测	每月 1 次[1]

续表

巡检养护区域	巡检养护内容	频次
水体	出水水质监测	每月 1 次[1]
	补水	旱季每月 1 次
	排空	每月 1 次
	水位控制	每月 1 次[2]
设施空间	去除主塘沉积物	每季度 1 次；降雨后
	修复侵蚀和裸露的土壤区域	每季度 1 次；降雨后
前置塘	去除前置塘沉积物	每年 5～7 次
植被	植被修剪	每年 2 次
	移除外来入侵植物物种	根据需要
	植被补植	施工第 1 年每个月 1 次，施工后第 2 年开始每年 1 次
	植被施肥	根据需要
	去除杂草	每 2 个月 1 次
	植被病虫害防治	根据需要
机电设备	阀门等相关设备	每年 1 次
管道	堵塞、破损	5～25 年每年 1 次；根据需要
进水口、出水口、溢流口	堵塞	每月 1 次
	消能碎石	降雨前、后
	侵蚀、损坏	降雨后
边坡、堤坝	检查边坡、堤坝，包括沉降、侵蚀、坍塌等	雨季每月 1 次
	边坡和护堤洞穴、海狸水坝等	雨季每月 1 次
公共卫生	恶臭	夏季；根据需要
	滋生蚊蝇	夏季
安全检查	警示标志、护栏等是否完好	每月 1 次

注：1——监测指标为水温和 pH 每周 1 次，电导率每 3 个月 1 次，其他指标每月 1 次；2——雨水湿地日常运营时，无须调节水位，可维持在同一高度；冬季时，可先抬高水位，形成冰冻层后，再调低水位；春季时，可降低水位，待新芽长出水面后，再升高水位；春季时，可通过淹水半个月，控制旱生杂草的生长及蔓延。

以河北省某市为例，根据其降雨、地质等实际情况，雨水湿地各项养护内容历月养护频次详见表 7-2。表中各内容的养护次数应根据项目地实际情况进行调整，在遇暴雨、多雨年份、少雨年份等特殊情况下相应调整养护次数。

表 7-2　雨水湿地历月巡检养护事项及频次参考一览表　（单位：次）

内容	1月	2月	3月	4月	5月	6月	7月	8月	9月	10月	11月	12月
日常清扫	31	28	31	30	31	30	31	31	30	31	30	31
配水均匀性	4	4	4	4	4	4	4	4	4	4	4	4
进水水质监测	1	1	1	1	1	1	1	1	1	1	1	1
出水水质监测	1	1	1	1	1	1	1	1	1	1	1	1
补水	1	1	1	1	0	0	0	0	0	1	1	1
排空	1	1	1	1	1	1	1	1	1	1	1	1
水位控制	1	1	1	1	1	1	1	1	1	1	1	1
前置塘沉积物清除	0	0	0	1	1	1	1	1	1	1	0	0
边坡和护堤沉降、坍塌、侵蚀检查	0	0	0	0	0	1	1	1	1	0	0	0
边坡和护堤洞穴、海狸水坝等	0	0	0	0	0	1	1	1	1	0	0	0
设施沉积物清除	0	0	1	0	0	1	0	0	1	0	0	1
设施调蓄空间检查	0	0	0	0	1	0	0	0	0	0	0	0
进水口、溢流口沉积物清除	1	1	1	2	4	4	4	4	4	2	1	1
进水口、溢流口侵蚀检查	0	0	0	0	0	1	1	1	1	0	0	0
进水口、溢流口性能检查	0	0	0	2	4	4	4	4	4	0	0	0
植被补植	0	0	1	0	0	0	0	0	0	0	0	0
植被修剪	0	1	0	1	0	1	0	1	0	1	0	1
清除杂草	0	1	0	1	0	1	0	1	0	1	0	1
蚊蝇清除	0	0	0	0	0	2	2	2	0	0	0	0
管渠安全检查	0	0	0	0	1	0	0	0	0	0	0	0
机电检查	0	0	1	0	0	0	0	0	0	0	0	0
标志检查	1	1	1	1	1	1	1	1	1	1	1	1

7.1.4　病害养护

当雨水湿地发生短流时，就会导致污染物去除效率降低（非季节因素导致），植物生长不良。造成雨水湿地短流的原因较多，最可能的原因是污染物堆积在雨水湿地床体中某处，导致水流不畅，或者由于床体内部气团阻碍水流通过。排查及解决短流问题也较为复杂，一般通过对出水的水质监测可以发现。当雨水湿地产生短流时，可通过调节水位解决，如仍出现水质不稳定现象，应检查填料是否堵塞，必要时更换部分填料。

当对人工湿地管件进行定时巡查时，发现管件出现堵塞，应及时清理或更换管件。管件堵塞的原因主要是进水悬浮物过多而堵塞配水管；污染物沉积而堵塞出水管。当进水管堵塞时，会导致配水管无法正常配水；当出水管堵塞时，会导致雨水湿地床水位上升。这两种情况均使雨水湿地系统无法正常工作。

当雨水湿地出现上述病害时，病害养护的养护步骤及养护后正常运行状况如表7-3所示。

表7-3　雨水湿地病害养护表

养护区域	需要养护的状况	养护要点	正常运行状况
水体	水位降低或塘内无水	雨季有充足水源时，检查进水管是否堵塞，清除进水管垃圾及杂物或更换管件； 非雨季时，增加补水频率，保证景观水位要求	水位满足设计要求
	配水不均匀	检查进水管是否堵塞，清除进水管垃圾及杂物或更换管件	配水均匀，满足设计要求
	水面浮油	使用吸油垫或拖拉机卡车从水中取出油； 找到油源，并控制源头； 如果慢性低水平的油很难彻底清除，可选用湿地植物（如龙须草，又名灯芯草），吸收低浓度的油	水面无浮油
	进水水质不满足设计要求	检查是否有非法排入污染物，如污水偷排漏排现象； 杜绝非法污染物的排入	进水水质满足设计要求
	出水水质不满足设计要求	检查湿地是否发生短流现象； 调节水位，促使湿地床内气团排出，使水流畅通； 若通过调节水位，出水水质仍然无法满足设计要求，则检查填料是否堵塞； 填料堵塞，可清理填料，或更换部分填料	出水水质满足设计要求
	排空时间超过设计要求	重点检查出水口是否堵塞，下游是否顶托	排空时间满足设计要求； 若设计无排空时间要求，则排空时间宜为24～48h
设施区域	垃圾和碎片	清除垃圾和碎片	雨水湿地中无垃圾和碎片
	每1000m^{2}池塘面积超过0.5m^{3}的垃圾和碎片积聚	移除沉积物	沉积物从池塘底部除去，恢复至设计的池塘形状和深度
	出现野生动物	通过临时提升运营水位可以有效控制野生动物； 采用捕鼠夹捕捉野生动物	无野生动物

续表

养护区域	需要养护的状况	养护要点	正常运行状况
植被	出现杂草	通过提高水位、水淹的方式清除杂草； 手动或机械方法清除杂草	无杂草，植被无枯死
	病虫害	采用绿色病虫害防治方法：①清除害虫的非作物寄主（即所谓中间寄主）；②色板诱杀或驱避害虫；③应用昆虫生长调节剂（如灭幼脲、优得乐等），使害虫不能正常生长发育；④应用害虫性外激素防治害虫；⑤应用生物防治害虫；⑥应用植物性农药（植物油提取物）防治害虫	植被无病虫害，设施正常运营
	植被生长过于旺盛	修剪植被	植被高度满足设计要求
	植被长势不良	分析长势不良原因； 若为水肥不足，根据季节和植被生长需求，定期进行水肥管理； 若为植被物种不合适，则更换物种补植	植被高度满足设计要求
	植被覆盖率低于90%的种植面积	补植	植被覆盖率不低于90%的种植面积
	乔木影响设施正常作业	移除或修剪乔木； 移除或修剪的乔木可用作设施覆盖物	乔木不影响设施正常功能和养护作业；无枯死、患病乔木
设施结构	边坡或护堤侵蚀或冲刷	使用适当的侵蚀控制措施和修复方法，如岩石加固、植草、压实； 如侵蚀发生在已压实的介质中，应咨询相关专业人员	稳定斜坡
	边坡或护堤坍塌	及时修复坍塌	边坡、护堤稳定，无坍塌
	边坡或护堤出现啮齿动物洞穴	清除啮齿动物； 修复坝和堤顶	无啮齿动物洞穴
	边坡或护堤出现海狸水坝	捕获海狸； 拆除海狸水坝	设施恢复设计功能
	透水土工布破损	修复或更换透水土工布	透水土工布完好无损
	堤坝沉降	修复护堤至设计高度	堤防、护堤高度满足设计要求
	护堤倾斜	修复护堤至设计水平	护堤表面水平，以使水在护堤的整个长度上均匀流动
前置塘	累积的积泥深度超过设计池深的10%，或积泥深度超过6cm	清理塘底积泥和垃圾	前置塘（进水池、预处理区）沉砂池积泥深度满足设计要求

续表

养护区域	需要养护的状况	养护要点	正常运行状况
进水口、出水口	堵塞，有沉积物累积	及时清除疏通进水口、出水口沉积物垃圾及杂物，无堵塞物	进水口、出水口正常，无堵塞物，无垃圾及杂物
	有明显的水流痕迹	找出水流根源，并消除； 如有严重侵蚀应增加卵石或者碎石进行消能处理	无水流痕迹，消能设施工作正常
	出现超过 $1.5m^2$ 的土壤裸露区域	岩石覆盖	无土壤裸露区域
溢洪道	溢洪道土壤裸露	岩石覆盖	无土壤裸露
	植被生长过高，影响水流溢流	去除或修剪植被	不影响水流
公共卫生	恶臭	薄膜覆盖，降低污染负荷，强化预处理等	无恶臭
	滋生蚊蝇	通过水泵提取或在水面安置机械曝气设备来保持水体流动，强化边缘水域的水体流动； 通过设置洒水装置向水面洒水来阻碍蚊蝇向水中产卵； 水边不种植植物，或种植低矮的植株并每年进行收割； 在蚊蝇产卵的季节使用杆菌杀死蚊卵，或使用能够导致蚊子幼虫发育衰减的激素来控制蚊蝇； 通过向雨水湿地投放食蚊鱼和其他天然的摄食者（如蜻蜓、蝙蝠和燕子）来控制蚊子； 周期性淹水和排水有助于打乱蚊子的生长周期，从而控制蚊子数量	无蚊蝇
安全警示标志	安全警示标志缺损，被遮挡	若安全警示标志缺损，修补或更新安全警示标志； 若安全警示标志被遮挡，移除遮挡物	安全警示标志完好、清晰可见、未被遮挡

7.1.5　养护记录

雨水湿地的运营养护记录报表如表 7-4 所示。

表 7-4　雨水湿地运营养护记录报表

报送单位：　　　　　　　　　　　月份：

<table>
<tr><td colspan="3">基本信息记录</td></tr>
<tr><td>设施名称</td><td colspan="2">雨水湿地</td></tr>
<tr><td>设施所在地</td><td colspan="2"></td></tr>
<tr><td rowspan="2">设施养护部门</td><td colspan="2"></td></tr>
<tr><td>电话：</td><td></td></tr>
</table>

续表

运营养护记录							
检查区域		检查项目	检查结果	养护措施及结果	养护日期	养护人	备注
一	前置塘	沉积物累积	是□ 否□				
二	设施区域	沉积物累积	是□ 否□				
		污染和污垢物	是□ 否□				
		有毒有害杂草	是□ 否□				
		植被长势不良	是□ 否□				
		植被生长过于旺盛	是□ 否□				
		干扰设施正常运行的动物，如黄蜂、马蜂等	是□ 否□				
		植被覆盖率低	是□ 否□				
		野生动物	是□ 否□				
三	水体、水位	雨季池塘无水	是□ 否□				
		旱季池塘无水	是□ 否□				
		排空时间不满足	是□ 否□				
		水位控制	是□ 否□				
		水面浮油	是□ 否□				
		配水不均匀	是□ 否□				
		进水水质不满足设计要求	是□ 否□				
		出水水质不满足设计要求	是□ 否□				
四	边坡	啮齿类动物洞孔	是□ 否□				
		海狸建筑的水坝	是□ 否□				
		透水土工布破损	是□ 否□				
		坍塌	是□ 否□				
		下沉	是□ 否□				
		侵蚀	是□ 否□				
五	护堤	啮齿类动物洞孔	是□ 否□				
		海狸建筑的水坝	是□ 否□				
		坍塌	是□ 否□				
		下沉	是□ 否□				
		侵蚀	是□ 否□				
六	进水口、出水口	堵塞	是□ 否□				
		侵蚀	是□ 否□				
		土壤裸露	是□ 否□				

续表

<table>
<tr><td rowspan="3">七</td><td rowspan="3">紧急溢流口、溢洪道</td><td>植被阻挡</td><td>是□ 否□</td><td></td><td></td><td></td><td></td></tr>
<tr><td>土壤裸露</td><td>是□ 否□</td><td></td><td></td><td></td><td></td></tr>
<tr><td>侵蚀</td><td>是□ 否□</td><td></td><td></td><td></td><td></td></tr>
<tr><td rowspan="2">八</td><td rowspan="2">公共卫生</td><td>恶臭</td><td>是□ 否□</td><td></td><td></td><td></td><td></td></tr>
<tr><td>滋生蚊蝇</td><td>是□ 否□</td><td></td><td></td><td></td><td></td></tr>
<tr><td>九</td><td>安全检查</td><td>警示标志、护栏完好</td><td>是□ 否□</td><td></td><td></td><td></td><td></td></tr>
<tr><td colspan="8">注：具体检查项目的频次及日常养护频次如表 7-1 所示</td></tr>
<tr><td colspan="8">负责人签字：</td></tr>
</table>

7.2　植被缓冲带

植被缓冲带为靠近水系的坡度较缓的植物分布带，经植被拦截及土壤下渗作用减缓地表径流流速，通过降低水流速率去除缓冲带沉积物，能够起到避免水系周围水土流失，减少水系受泥沙冲击或水质遭受影响的作用。

植被缓冲带对场地空间大小、坡度等条件要求较高，但建设与养护费用低。植被是植被缓冲带的重要组成部分，也是核心功能部分，起到控制径流量、净化水质的重要作用。缓冲区功能主要靠此区域中的植被来实现，因此植被的养护对保持河岸缓冲区的长期有效性至关重要。

7.2.1　日常巡检与养护

植被缓冲带应按绿地常规要求进行保洁，及时清除生物滞留设施内的垃圾与杂物。雨后应及时清理设施内的垃圾、塑料袋等杂物，并检查植被缓冲带内径流流向及水土流失情况。

各区域的巡检频次如表 7-5 所示。

表 7-5　植被缓冲带巡检内容及频次

巡检区域	巡检内容	频次
植被	覆盖率符合设计要求	每年 2 次；根据需要
	生长势良好	每月 1 次
	种群类别	根据需要
	水肥管理	根据需要
设施空间	径流流向	每年 2 次；降雨期间
	沉积物	每季度 1 次；降雨前、后

续表

巡检区域	巡检内容	频次
下渗排水管	破损、开裂	每年 2 次
	堵塞	每年 2 次；降雨前、后
安全检查	警示标志、护栏等是否完好	每月 1 次

植被缓冲带易出现放牧、外来物种入侵、相邻草本植物竞争营养物质、人为干扰等破坏植物现象。植被缓冲带植被的养护除应符合园林绿化养护管理标准外，还应符合下列规定：

（1）建植后最初几周应每隔 1 天浇 1 次水，并且要经常去除杂草，直到植被能够正常生长并且形成稳定的生物群落。

（2）应根据设施内植被需水情况，适时对植被进行浇灌。浇灌间隔控制在 4～7 天，在夏季或者种植土较薄的条件下应适当增加灌溉次数。

（3）应定期检查植被生长情况，及时去除设施内杂草，出现死株时应及时清理，并补种或更换植被。

（4）应定期根据不同植被的生长习性，及时对植被进行修剪。

（5）病虫害防治应采用物理或生物防治措施。

监测植被缓冲带植被的存活率，可根据场地大小对植被缓冲区进行取样，这样可以更准确地估算其存活率。数据分析应考虑种植材料的存活率和自然再生能力，从而确定是否需要补充种植来提高植物密度。植被存活率低于设计要求时，应按照下列步骤处理：

（1）测定土壤含水率，若含水率过低，可对植被进行浇灌补水；

（2）测定土壤肥力是否满足植被生长要求，若不满足可适当增加肥力，可适当补充环保、长效的有机肥和复合肥；

（3）可能物种不合适，必要时更换物种。

以河北省某市为例，根据其降雨、地质等实际情况，植被缓冲带各项养护内容历月养护频次详见表7-6。表中各内容的养护次数应根据项目地实际情况进行调整，在遇暴雨、多雨年份、少雨年份等特殊情况下相应调整养护次数。

表 7-6　植被缓冲带历月巡检养护事项及频次参考一览表　（单位：次）

内容	1月	2月	3月	4月	5月	6月	7月	8月	9月	10月	11月	12月
日常清扫	31	28	31	30	31	30	31	31	30	31	30	31
设施沉积物清除	0	1	0	0	1	1	1	1	0	0	1	0
设施雨期径流均匀性检查	0	0	0	0	0	0	1	1	0	0	0	0

续表

内容	1月	2月	3月	4月	5月	6月	7月	8月	9月	10月	11月	12月
植被补植	0	0	1	0	0	0	0	0	0	1	0	0
植被修剪	0	1	0	0	1	0	0	1	0	0	1	0
植被生长势检查	1	1	1	1	1	1	1	1	1	1	1	1
植被浇灌	0	5	5	5	5	5	5	5	5	5	5	0
去除杂草	1	1	1	1	1	1	1	1	1	1	1	1
排水管性能检查	0	0	0	0	0	0	1	1	0	0	0	0
标志检查	1	1	1	1	1	1	1	1	1	1	1	1

7.2.2　病害养护

雨后植被缓冲带出现水土流失时，应采取下列措施：

（1）进水口因冲刷造成水土流失时，应设置碎石缓冲或采取其他防冲刷措施。

（2）设施内出现水流细沟冲刷侵蚀，应立即在细沟周围采取沉积物控制措施，及时修复和稳定侵蚀区。

（3）设施边坡出现坍塌时，应及时进行加固。

植被缓冲带进水口不能有效收集径流雨水，或者径流流向错乱时，应加大进水口规模或进行局部下凹等处理。

植被缓冲带在日常巡检养护时，设施出现病害需要进行病害养护的养护步骤及养护后正常运行状况如表 7-7 所示。

表 7-7　植被缓冲带病害养护表

养护区域	需要养护的状况	养护要点	正常运行状况
植被	降雨量较少，或者干旱导致植物生长不良	植物在第一个生长季节需定期进行深度灌溉，可以通过自然降雨灌溉或者通过人工观测有计划地灌溉。秋季播种更能保证建植期间有足够的雨量	植物恢复健康生长
	出现杂草，与植被竞争营养物质	地膜覆盖：地膜有助于保持种植区域根部湿度及适宜土壤温度，并且可抑制一些杂草生长，延缓水分蒸发； 使用除草剂； 杂草垫：覆盖土工布，通过遮阴和防止种子沉积，抑制新种植植物周围的杂草的生长	杂草被清除或生长被抑制
	植被生长过于茂盛	对植被进行修剪，控制现有草的高度，同时促进养分吸收。类似于网格形式的种植布局有助于修剪植被，但会产生非自然间隔的植物群落（割草时要采取保护措施，否则可能会撞击到树干。每个生长季节割草两次。割草机高度应设置在 20～30cm）	植被处于正常高度，生长健壮

续表

<table>
<tr><th>养护区域</th><th>需要养护的状况</th><th>养护要点</th><th>正常运行状况</th></tr>
<tr><td>植被</td><td>出现入侵植物</td><td>处理并消灭入侵植物；
定期监测是否有任何入侵植物的迹象；
基于各种考虑选择入侵植物控制方法，可分为三大类：机器处理，带除草剂的机器处理，直接使用除草剂</td><td>没有入侵植物</td></tr>
<tr><td>动物</td><td>动物对缓冲区植被造成伤害</td><td>种植动物不喜欢的植物（如鹿不喜欢的植物纸桦树、山毛榉、灰树、接骨木等）。
自制动物排斥器。
设置树木庇护所：修理破坏的树桩；拧紧桩线；拉直斜管；清洁管道中的碎屑；随着树的生长可去除网，当树胸径长至大约 2cm 宽时可撤去树木庇护所</td><td>成功阻止动物对植被的破坏</td></tr>
<tr><td rowspan="2">设施空间</td><td>垃圾和碎片在植被缓冲带中累积</td><td>清除垃圾和碎片</td><td rowspan="2">设施空间内无侵蚀、冲蚀，达到设计要求</td></tr>
<tr><td>水流导致植被缓冲带出现冲刷或侵蚀</td><td>对于宽度小于 30cm 的辙迹或裸露区域，可用碎石砾来填充修复受损区域；
如果裸露区域较大，通常大于 30cm 宽的，洼地应重新分级并重新播种；
对于较小的裸露区域，裸露点明显时可多播种，或者从上部斜坡采集植物，并以 20cm 的间隔将其种植在洼地底部</td></tr>
<tr><td>进水口</td><td>无法收集雨水，径流流向改变</td><td>加大进水口规模或进行局部下凹等</td><td>进水口能有效收集径流雨水</td></tr>
<tr><td rowspan="2">下渗排水管（如有）</td><td>破损、开裂</td><td>更换新的排水管</td><td rowspan="2">达到设计要求</td></tr>
<tr><td>堵塞</td><td>清理堵塞物，使下渗速度满足要求</td></tr>
<tr><td>安全警示标志</td><td>安全警示标志缺损，被遮挡</td><td>若安全警示标志缺损，修补或更新安全警示标志；
若安全警示标志被遮挡，移除遮挡物</td><td>安全警示标志完好、清晰可见、未被遮挡</td></tr>
</table>

7.2.3　养护记录

植被缓冲带的运营养护记录报表如表 7-8 所示。

表 7-8　植被缓冲带运营养护记录报表

报送单位：　　　　　　月份：

<table>
<tr><td colspan="3">基本信息记录</td></tr>
<tr><td>设施名称</td><td colspan="2">植被缓冲带</td></tr>
<tr><td>设施所在地</td><td colspan="2"></td></tr>
<tr><td rowspan="2">设施养护部门</td><td colspan="2"></td></tr>
<tr><td>电话：</td><td></td></tr>
</table>

续表

运营养护记录							
检查区域		检查项目	检查结果	养护措施及结果	养护日期	养护人	备注
一	设施区域	沉积物累积	是□ 否□				
		细沟冲蚀	是□ 否□				
二	进水口	侵蚀	是□ 否□				
		无法收集径流雨水	是□ 否□				
三	排水管	破损、开裂	是□ 否□				
		堵塞	是□ 否□				
四	植被	覆盖率低于设计要求	是□ 否□				
		患病	是□ 否□				
		生长过于旺盛	是□ 否□				
		死亡	是□ 否□				
		枯萎	是□ 否□				
		残枝	是□ 否□				
		杂草	是□ 否□				
		无肥力	是□ 否□				
		缺水	是□ 否□				
		外来物种入侵	是□ 否□				
五	覆盖层	裸露	是□ 否□				
		深度小于 5cm	是□ 否□				
六	动物	损害植被	是□ 否□				
		有粪便	是□ 否□				
七	安全检查	警示标志完好	是□ 否□				
注：具体检查项目的频次及日常养护频次如表 7-5 所示							
负责人签字：							

7.3　屋顶绿化

屋顶绿化也称种植屋面、绿色屋顶等，根据种植基质深度和景观复杂程度，屋顶绿化分为花园式屋顶绿化和简单式屋顶绿化。花园式屋顶绿化指根据屋顶具体条件，选择小型乔木、低矮灌木和草坪、地被植物进行屋顶绿化植物配置，设置园路、座椅和园林小品等，提供一定的游览和休憩活动空间的复杂绿化。花园式屋顶绿化从下至上包括结构层、防水层、隔根层、排（蓄）水层、隔离过滤层、基质层、灌溉系统、植被层、园林小品层。简单式屋顶绿化较花园式屋顶绿化简单，不设置园林小品等设施，一般不允许非维修人员活动。

7.3.1 日常养护

屋顶绿化的养护管理与常规地面绿化的养护管理基本原则相同，但由于屋顶环境的特殊性，建筑阻断了植物与大地的联系，植物生长完全靠浇灌和人工施肥来满足植被对水、肥的需要。同时，屋顶环境也比地面环境恶劣得多，屋顶环境通常风大、极端温差大、蒸发量大、空气湿度小，这些环境都不利于植被生长，管理不善就会导致植被生长不良。因此，屋顶绿化的养护和管理较常规绿化有较大的不同[22]。

各区域的巡检养护频次如表 7-9 所示。

表 7-9 屋顶绿化养护内容及频次

巡检区域	巡检内容	频次
生长基质	是否被压实	每年 1 次；降雨后
	厚度小于设计厚度	每年 1 次
	落叶	秋季落叶期后
	流失、侵蚀	每年 1 次；降雨后
	防风固沙	大风期
排水系统	沉积物或其他垃圾	每年 2 次；60mm 以上降雨后
	植被根系堵塞	每年 1 次
	积水	降雨后
植被	覆盖率	每年 2 次
	死亡枯萎	春季、秋季
	植物长势过旺	根据需要
	生长发育不良及营养缺乏	每年 1 次
	出现其他杂草	每月 1 次
	出现有毒有害杂草	每月 1 次
	浇水	建植期（2 年内）旱季每周浇水 1 次；建成期（2 年后），根据需要
	防寒防风	根据需要
屋面	防渗性能检查	每月 1 次
	去除积雪	降雪后
灌溉系统	定位准确	每月 1 次
	冬季放空	入冬前
公共卫生	蚊蝇	夏季；降雨后
	有害动物	根据需要

1）除草

（1）每个月需要清除杂草 1 次（除 12 月、1 月、2 月、3 月外）。

（2）可以用钳子类除草工具、火焰除草机或热水除草机清除杂草；尽量不使用除草剂和农药清除杂草。

（3）对于与种植植物形成物种竞争的杂草必须立即清除。

2）浇水

（1）对于简易式屋顶绿化，在植物建植期的前 2 年，每周浇水 1 次（雨天除外）；2 年后，在植物干旱期根据需要浇水（一般每平方米浇水 0.8～1.3 L）。

（2）对于花园式屋顶绿化，在植物建植期的前 2 年，必须要保证植物有足够的水量，可采用勤浇少量的原则，使植物根部一直保持湿润状态；2 年后，在植物干旱期根据需要浇水。

（3）屋顶绿化宜选择滴灌、微喷灌、渗灌等灌溉系统，既方便操作又经济节能。喷头的设计应当保证水分喷洒到所有树木生长的区域，也可根据需要配以手工浇灌，人工浇水最好以喷淋方式均匀浇灌。

（4）屋顶绿化土层薄，加之日照好，风力大，植物蒸腾作用强烈，浇水量要控制好，以勤浇少量为主。灌溉周期一般控制在 10～15 天，也可根据不同种类和季节，适当增加灌溉次数。一天内的灌溉时间安排在上午 10 点之前和下午 5 点之后。方式多采用叶面喷洒，既可保持植物水分平衡，又降低温度。

（5）春季宜根据天气情况提早浇灌返青水；夏季应早晚浇水，避免中午暴晒时浇水；冬季应适当补水，以保证屋顶种植基质能达到的基本保水量。

（6）灌溉水分不应超过植物边界，不应超过屋面防水层在墙上的距离。

（7）种植层要种植在 1%以上的坡度上，避免土壤积水，出现烂根现象。定期检查屋顶排水系统，保证排水管道畅通，大雨、暴雨后要及时排涝。

（8）应定期检查灌溉系统，保证其正常运行。

3）施肥

（1）屋顶绿化为了避免植物生长过旺而增加建筑物的荷载，应采取控制水肥的方法或生长抑制技术。但是，要使其发挥改善生态环境和美化环境的作用，还是要保证植物的健康生长，特别是屋顶绿化的土壤多为人工合成土，容积小，营养元素极易枯竭。

（2）屋顶绿化施肥应少施氮肥，多施缓释磷肥、钾肥，以增强植物抵抗逆境的能力为主，方式多采用叶面追肥，总体施肥量少，施肥次数少。

（3）在春季生长期之前 2～3 周进行年度土壤测试以评估对化肥的需求。利用试验结果适当调整肥料类型和数量。在植物生长较差时，可在植物生长期内按照 30～50g/m^2 的比例，每年施 1～2 次长效氮、磷、钾复合肥。

（4）相较简单式屋顶绿化，花园式屋顶绿化需要较多水肥。

4）修剪整形

（1）屋顶绿化植物的修剪与一般植物不同，主要以景观为主，而不是以高大茂盛为主。由于栽培基质较薄，根系较浅，为了防止植物过大过高造成的倒伏和减少对屋顶的荷载，除按照一般植物的修剪技术要求外，需要严格控制树木高度，及时疏剪和缩剪枝条，以缩小树冠，并控制其株高、形态和生长速度。

（2）适当进行断根处理，保持适宜根冠比及水分养分平衡，使树木须根增多，避免树木粗壮的直根系穿刺隔离层，破坏楼顶结构，保证屋顶绿化的防水性能和安全性能。

5）补植

（1）及时对缺失苗木进行补植，如有需要，应更换易存活的植被品种；根据季节，及时更换植物种类，以增加屋顶绿化的景观效果。

（2）应及时去除外来物种，避免危及屋顶防水安全。

6）培土

浇水和雨水的冲淋会使人造种植土流失，导致种植土厚度不足。一段时期后应适当培土，土壤来源和配制方法同施工时的种植土。对于根系过密、过多重叠，使之超过标高的，应采取局部换土的方法。

7）防风固土

屋顶绿化栽植植物的土壤层薄，根系浅，且屋顶风力大。为防止植物倒伏，可采取支撑、牵引等方式对其进行固定，并定期对植物固定设施和周边护栏进行检查。在树木之间的空隙种植地被植物，覆盖草坪，或铺撒约 3cm 厚的树皮屑、树皮纤维等覆盖材料，有效保护土壤，防止土壤表面干燥、飞散而造成水土流失和大气粉尘，还能抑制杂草生长。

8）防寒越冬

应根据植物耐寒性的不同，采取搭风障、支防寒罩和包裹树干等措施进行防寒处理。使用材料应具备耐火、坚固和美观的特点。冬季下雪后，及时清除积雪，减轻屋顶荷载。另外，对灌溉设施进行覆盖并放空存水，避免水管冻裂，使其安全越冬。

9）病虫害防治

屋顶绿化植物由于修剪次数比较频繁，树冠生长受限，病虫害较少。一旦发现，应立即选择相应措施，将病虫害消灭在点片时期，并且应采用对环境无污染或污染较小的防治措施。

以河北省某市为例，根据其降雨、地质等实际情况，屋顶绿化各项养护内容历月养护频次详见表 7-10。表中各内容的养护次数应根据项目地实际情况进行调整，在遇暴雨、多雨年份、少雨年份等特殊情况下相应调整养护次数。

表 7-10　屋顶绿化历月巡检养护事项及频次参考一览表　（单位：次）

内容	1 月	2 月	3 月	4 月	5 月	6 月	7 月	8 月	9 月	10 月	11 月	12 月
种植土培土、换土	0	0	0	0	0	0	0	0	1	0	0	0
种植土防寒固沙	0	0	2	2	0	0	0	0	0	0	0	0
落叶清扫	0	0	0	0	0	0	0	0	0	4	4	0
去除积雪	1	1	0	0	0	0	0	0	0	0	1	1
灌溉系统检查	1	1	1	1	1	1	1	1	1	1	1	1
管渠排水性能检查	0	0	0	0	0	1	1	1	1	0	0	0
管渠安全检查	0	0	0	0	0	0	0	0	1	0	0	0
屋面防渗检查	1	1	1	1	1	1	1	1	1	1	1	1
清除杂草	0	0	0	0	1	2	2	2	1	1	0	0
植被修剪	0	0	1	1	0	0	0	0	0	0	0	0
植被施肥	0	0	0	1	0	0	0	0	0	0	0	0
植被灌溉	2	2	4	4	4	6	6	6	4	4	4	2
植被补植	0	0	1	0	0	0	0	0	0	0	0	0
植被防寒防风	1	1	2	2	0	0	0	0	0	0	0	1
蚊蝇清除	0	0	0	0	0	4	4	4	0	0	0	0

7.3.2　病害养护

应定期清理垃圾和落叶，防止屋面雨水斗堵塞，干扰排水。当雨水口、排水沟堵塞或淤积导致排水不畅时，应及时清理垃圾与沉积物。如发现雨水口沉降、破裂或移位及管道出现破损、裂缝、错位时应立即修补、替换或纠正。

雨后雨水排空时间超过 24h 时，应按照以下步骤检查排水不畅原因并进行处理：

（1）检查雨水口、排水管是否堵塞，并根据需要进行清理。

（2）检查种植基质是否堵塞，如表层沉积物累积过多或过于压实，则需要进行松土或替换基质层。测试方法为在种植土上挖一个小洞，观察土壤剖面，并确定压实深度或堵塞情况，以确定需要翻耕或替换的土壤深度。

（3）检查过滤层是否堵塞，根据需要及时清洗或更换。

应定期检查种植基质是否有产生侵蚀、水土流失的现象，如有，应及时补充种植土。

应定期检查屋顶种植层是否有裂缝、接缝分离、屋顶漏水等现象，如有，应及时排查原因，及时修复或更换防渗层。

屋顶绿化在日常巡检养护时，设施出现病害需要进行病害养护的养护步骤及养护后正常运行状况如表 7-11 所示。

表 7-11　屋顶绿化病害养护表

养护区域	需要养护的状况	养护要点	正常运行状况
生长基质	种植土被压实，无法渗水	用耙松土通气； 更换基质层，注意不要损坏防水膜	种植土压实度满足设计要求
	由于水土流失和植物吸收，生长基质厚度小于设计厚度	增加基质厚度至设计厚度	生长基质厚度满足设计要求
	存在落叶或残骸	清除落叶或残骸	生长基质上无落叶或残骸
	基质层冲刷、流失	采取预防措施防止冲刷、流失（如种植地被植物等）； 增加基质厚度至设计厚度	生长基质无冲刷、流失
屋顶排水	沉积物、植被或残骸堵塞排水口	清除堵塞； 消除堵塞源头	排水口无堵塞，排水通畅
	管道堵塞	清理根系或残骸	排水管道无堵塞，排水通畅
屋面	积水	检查雨水口、排水管是否堵塞，并根据需要进行清理。 检查种植基质是否堵塞，如表层沉积物累积过多或过于压实，则需要进行松土或替换基质层。测试方法为在种植土上挖一个小洞，观察土壤剖面，并确定压实深度或堵塞情况，以确定需要翻耕或替换的土壤深度。 检查过滤层是否堵塞，根据需要及时清洗或更换	雨水排空时间不大于24h
	渗水	检查防渗层渗水的原因； 若为植物根系刺穿防渗层出现渗水，应更换防穿刺层阻断根系，并更换防水层； 使用 10～25 年后根据使用情况更换防穿刺层或者防水层	屋面不得出现渗水或者漏水； 植物根系不得穿透防穿刺层
	积雪	清除积雪，不得使用融雪剂	降雪后 24h 无积雪
植被	植被覆盖率低于 90%（除非设计规范规定的覆盖率不到 90%）	根据季节和植被生长需求，定期进行水肥管理； 补植	植被覆盖率高于 90%
	植物死亡枯萎	清除枯萎植物，可直接用于屋顶绿化覆盖物； 若影响了景观美学，则需要移除	植被无死亡
	植物高大茂盛	定期修剪整形，使植被保持在设计高度范围之内	植被形状、高度满足设计要求
	倒伏	采取搭风障等措施进行防风处理	植被不被大风吹倒伏
	冻死	采取支防寒罩和包裹树干等措施进行防寒处理	植被存活

续表

养护区域	需要养护的状况	养护要点	正常运行状况
施肥-简单式屋顶绿化	植物生长发育不良及营养缺乏	在不影响景观美学的前提下，可以覆盖枯萎植物有机残骸以补充植物营养； 在春季生长期之前 2～3 周进行年度土壤测试以评估其对化肥的需求； 根据试验结果施用最小量的缓释磷肥、钾肥，以增强植物抵抗逆生境的能力； 要控制水肥，避免植物生长过旺，总体施肥量少，施肥次数少	植被生长势良好
施肥-花园式屋顶绿化	在建植期间或植物生长发育不良及营养缺乏	在春季生长期之前 2～3 周进行年度土壤测试以评估其对化肥的需求。根据试验结果适当调整肥料类型和数量。 施用最小量的缓释肥料，以增强植物抵抗逆生境的能力。 要控制水肥，避免植物生长过旺，较简单式屋顶绿化，需要更多的肥料	植被生长势良好
杂草	有杂草	用钳子类除草工具、火焰除草机或热水除草机除去杂草	无杂草
有害杂草	出现有害植被	有害杂草必须立即清除，装袋并作为垃圾处理； 不得使用除草剂和农药，防止污染屋顶排水	无有害植被
夏天浇灌-简单式屋顶绿化	建植期（1～2 年）	旱季，每周浇水一次，确保植物生长（浇灌量为每平方米浇灌 0.8～1.3 L）	植被生长势良好
	建成植被（2 年后）	旱季浇水，浇灌量为每平方米浇灌 0.8～1.3 L	植被生长势良好
夏天浇灌-花园式屋顶绿化	建植期（1～2 年）	勤浇少量，宜选择滴灌、微喷灌、渗灌等灌溉系统； 若采用传统人工浇灌，可选用浸泡式软管	植被生长势良好
	建成植被（2 年后）	旱季浇水，浇灌量为每平方米浇灌 0.8～1.3 L	植被生长势良好
灌溉系统	定位不准确，或无水，或冻裂	按设备要求进行养护； 入冬前放空管道	设备正常运行； 入冬前，应放空灌溉系统内存水
蚊蝇	降雨结束的 24h 内，仍然有积水	识别积水的原因，并采取适当措施解决问题； 手动清除积水，可直接把积水排向周边市政雨水系统； 禁止使用农药或苏云金芽孢杆菌消灭蚊蝇	无蚊蝇
有害动物	有害动物侵蚀设施，损害植物，或设施中积有粪便	破坏利于有害动物的生境； 放置捕食者诱饵； 定期清除动物尸体	无有害动物

7.3.3　养护记录

屋顶绿化的运营养护记录报表如表 7-12 所示。

表 7-12　屋顶绿化运营养护记录报表

报送单位：　　　　　　月份：

<table>
<tr><td colspan="8">基本信息记录</td></tr>
<tr><td colspan="2">设施名称</td><td colspan="6">屋顶绿化</td></tr>
<tr><td colspan="2">设施所在地</td><td colspan="6"></td></tr>
<tr><td colspan="2" rowspan="2">设施养护部门</td><td colspan="6"></td></tr>
<tr><td>电话：</td><td colspan="5"></td></tr>
<tr><td colspan="8">运营养护记录</td></tr>
<tr><td colspan="2">检查区域</td><td>检查项目</td><td>检查结果</td><td>养护措施及结果</td><td>养护日期</td><td>养护人</td><td>备注</td></tr>
<tr><td rowspan="6">一</td><td rowspan="6">种植土</td><td>压实</td><td>是□ 否□</td><td></td><td></td><td></td><td></td></tr>
<tr><td>厚度不满足设计要求</td><td>是□ 否□</td><td></td><td></td><td></td><td></td></tr>
<tr><td>侵蚀、流失</td><td>是□ 否□</td><td></td><td></td><td></td><td></td></tr>
<tr><td>落叶、残骸</td><td>是□ 否□</td><td></td><td></td><td></td><td></td></tr>
<tr><td>侵蚀</td><td>是□ 否□</td><td></td><td></td><td></td><td></td></tr>
<tr><td>裸露</td><td>是□ 否□</td><td></td><td></td><td></td><td></td></tr>
<tr><td rowspan="2">二</td><td rowspan="2">排水系统</td><td>沉积物累积</td><td>是□ 否□</td><td></td><td></td><td></td><td></td></tr>
<tr><td>堵塞</td><td>是□ 否□</td><td></td><td></td><td></td><td></td></tr>
<tr><td rowspan="10">三</td><td rowspan="10">植被</td><td>覆盖率低于 90%</td><td>是□ 否□</td><td></td><td></td><td></td><td></td></tr>
<tr><td>患病</td><td>是□ 否□</td><td></td><td></td><td></td><td></td></tr>
<tr><td>生长过于旺盛</td><td>是□ 否□</td><td></td><td></td><td></td><td></td></tr>
<tr><td>死亡</td><td>是□ 否□</td><td></td><td></td><td></td><td></td></tr>
<tr><td>枯萎</td><td>是□ 否□</td><td></td><td></td><td></td><td></td></tr>
<tr><td>残枝</td><td>是□ 否□</td><td></td><td></td><td></td><td></td></tr>
<tr><td>杂草</td><td>是□ 否□</td><td></td><td></td><td></td><td></td></tr>
<tr><td>无肥力</td><td>是□ 否□</td><td></td><td></td><td></td><td></td></tr>
<tr><td>缺水</td><td>是□ 否□</td><td></td><td></td><td></td><td></td></tr>
<tr><td>倒伏</td><td>是□ 否□</td><td></td><td></td><td></td><td></td></tr>
<tr><td rowspan="2">四</td><td rowspan="2">灌溉系统</td><td>定位不准确</td><td>是□ 否□</td><td></td><td></td><td></td><td></td></tr>
<tr><td>无水</td><td>是□ 否□</td><td></td><td></td><td></td><td></td></tr>
<tr><td rowspan="3">五</td><td rowspan="3">屋面</td><td>渗水</td><td>是□ 否□</td><td></td><td></td><td></td><td></td></tr>
<tr><td>积雪</td><td>是□ 否□</td><td></td><td></td><td></td><td></td></tr>
<tr><td>积水</td><td>是□ 否□</td><td></td><td></td><td></td><td></td></tr>
</table>

续表

六	公共卫生	蚊蝇	是□ 否□				
		有害动物	是□ 否□				
七	安全检查	警示标志完好	是□ 否□				
注：具体检查项目的频次及日常养护频次如表 7-9 所示							
负责人签字：							

7.4　人工土壤渗滤

人工土壤渗滤系统是应用土壤学、植物学、微生物学等基本原理，用于过滤和入渗雨水的生物过滤系统，其核心是通过土壤-植被-微生物生态系统净化功能来完成物理、化学、物理化学及生物等净化过程。人工土壤渗滤的作用机理包括土壤颗粒的过滤作用、表面吸附作用、离子交换作用，植物根系和土壤中生物对污染物的吸收分解等。

人工土壤渗滤系统包括垂直渗滤和水平渗滤，可用于植被浅沟、植被缓冲带、高植坛等技术中[23]。

7.4.1　日常巡检与养护

人工土壤渗滤系统的使用寿命受悬浮物含量的影响，可通过预处理尽量降低总悬浮物含量，以延长渗滤系统的使用周期。人工土壤渗滤的养护重点是悬浮物的清除，各区域的养护内容及频次如表 7-13 所示。

表 7-13　人工土壤渗滤巡检养护内容及频次

巡检区域	巡检养护内容	频次
沉淀池	沉积物是否超过 15cm	每年 2 次；根据需要
草皮	高度是否小于 30cm	每个生长季节至少 4 次
表层	是否有沉积物	雨季时每周 1 次，旱季可根据沉积物情况适当减少
滤床	在滤床上挖一个小的测试坑，以确定前 7cm 的砂子是否明显变色	每年 1 次
	平整度	每年 1 次
	是否有垃圾和碎屑	每年 1 次
	草皮盖的过滤器应具有 95%的植物覆盖率	根据需要
入口	是否有碎屑	每年 1 次
	格栅是否有沉积物覆盖	根据需要

续表

巡检区域	巡检养护内容	频次
分流器	是否有碎屑	每年 1 次
设施结构	是否有剥落、接头故障、泄漏、腐蚀等情况	每年 1 次
出口	是否有剥落、接头故障、泄漏、腐蚀等情况	每年 1 次
顶层砂层	更换	每 5 年 1 次
排水面和侧坡	是否受到侵蚀	根据需要
积水	降雨结束后 48h 仍有积水	降雨后
安全检查	警示标志是否完好	每月 1 次

人工土壤渗滤首要的是养护过滤器。清理过滤器应安排每年至少 1 次，清除垃圾和漂浮物堆积在预处理细胞与滤床。在干、湿沉降室推荐每 1～3 年保持过滤器的功能和性能的泥沙清洗。

合格的专业人员定期检查排泥设备，更换过滤介质，减轻表面堵塞。尤其是地下和周边过滤器需要频繁检查，因为它们不在视线内，容易被遗忘。一般情况下，过滤系统可能会在正常降雨的几个月内堵塞。

以河北省某市为例，根据其降雨、地质等实际情况，人工土壤渗滤各项养护内容历月养护频次详见表 7-14。表中各内容的养护次数应根据项目地实际情况进行调整，在遇暴雨、多雨年份、少雨年份等特殊情况下相应调整养护次数。

表 7-14 人工土壤渗滤历月巡检养护事项及频次参考一览表 （单位：次）

内容	1 月	2 月	3 月	4 月	5 月	6 月	7 月	8 月	9 月	10 月	11 月	12 月
过滤器清洗	0	0	0	0	1	0	0	0	1	0	0	0
沉积物清除	1	1	1	1	2	4	4	4	4	1	1	1
设施雨期径流均匀性检查	0	0	0	0	1	1	1	1	1	0	0	0
流量器碎屑清除	0	0	0	0	1	0	0	0	0	0	0	0
植被覆盖度检查，补植	0	0	1	0	0	0	0	0	0	1	0	0
设施结构完整性检查	0	0	0	0	1	0	0	0	0	0	0	0
顶层砂层更换	0	0	0	0	1	0	0	0	0	0	0	0
设施雨期排空性能检查	0	0	0	2	4	6	6	6	4	2	0	0
标志检查	1	1	1	1	1	1	1	1	1	1	1	1

7.4.2 病害养护

人工土壤渗滤在日常检测养护时，设施出现病害需要进行病害养护的养护步骤及养护后正常运行状况如表 7-15 所示。

表 7-15　人工土壤渗滤病害养护表

养护区域	需要养护的状况	养护要点	正常运行状况
过滤带	沉积深度超过 5cm	去除沉积物； 重新调整坡度至水平状态	雨水径流均匀
	过滤带上堆积了垃圾和碎屑	从过滤器清除垃圾残骸	雨水径流均匀，无垃圾等沉积物
设施空间	水流冲刷，使设施形成侵蚀或冲刷的区域	对于宽度小于 30cm 的车道或裸露区域，通过填充碎石砾来修复受损区域；如果裸露区域较大，通常大于 30cm 宽，则需要重新划分滤带和补植；对于较小的裸地，可采用补植措施	无裸露区域
植被	植被长得过于高大，高于 25cm	修剪植被，不超过 10cm	水流不受阻碍
	当杂草和其他植被开始成为优势群落种，物种被替换	去除杂草和其他植被	无杂草和其他物种
砂滤床	砂滤床上堆积有垃圾和碎屑残骸	移除垃圾和碎屑残骸	砂滤床上无垃圾、碎屑等沉积物
过滤器	过滤器沉积物深度超过 1.5cm	清除沉积物	植被上无沉积物沉积
	砂子长时间处于饱和状态，通常是几周时间，并且由于持续的基底流动或长时间的流动形成了滞留设施。降雨结束后仍然有大量积水	导流或更换砂过滤器	过滤器正常运行
	水流集中在砂过滤器的个别位置，而不是均匀分散的	更换砂过滤器	通过砂过滤器的水流和渗滤是均匀的，且分散在整个过滤区域
砂过滤介质	雨水通过砂过滤介质渗透时间超过 24h，或经常通过溢流管溢流	刮除顶部砂层，根据堵塞程度更换砂过滤器深度； 通过筛分分析法确定下部砂是否需要满足设计要求	砂过滤介质正常运行，渗透时间不超过 24h，设计降雨条件下不溢流
坡面	侵蚀深度超过 5cm	控制侵蚀，稳定斜坡	坡面无侵蚀
岩垫层	岩垫层丢失或错位，垫层下土壤裸露	更换岩垫层	岩垫层恢复到设计状态
流量分布器	流量分布器不均匀或堵塞，使流动不是均匀地分布在整个过滤器宽度上	清洁堵塞物，并调整过滤器至水平状态	使流量均匀分布在整个过滤器上
管道	管道超过 20%的部分被压碎、变形或发生其他损坏	修理或更换管道	管道无损坏、变形，恢复到设计状态
安全警示标志	安全警示标志缺损，被遮挡	若安全警示标志缺损，修补或更新安全警示标志； 若安全警示标志被遮挡，移除遮挡物	安全警示标志完好、清晰可见、未被遮挡

7.4.3 养护记录

人工土壤渗滤的运营养护记录报表如表 7-16 所示。

表 7-16　人工土壤渗滤运营养护记录报表

报送单位：　　　　　　　月份：

<table>
<tr><td colspan="8">基本信息记录</td></tr>
<tr><td colspan="2">设施名称</td><td colspan="6">人工土壤渗滤</td></tr>
<tr><td colspan="2">设施所在地</td><td colspan="6"></td></tr>
<tr><td colspan="2" rowspan="2">设施养护部门</td><td colspan="6"></td></tr>
<tr><td colspan="2">电话：</td><td colspan="4"></td></tr>
<tr><td colspan="8">运营养护记录</td></tr>
<tr><td colspan="2">检查区域</td><td>检查项目</td><td>检查结果</td><td>养护措施及结果</td><td>养护日期</td><td>养护人</td><td>备注</td></tr>
<tr><td rowspan="5">一</td><td rowspan="5">过滤系统</td><td>沉积物</td><td>是□ 否□</td><td></td><td></td><td></td><td></td></tr>
<tr><td>积水</td><td>是□ 否□</td><td></td><td></td><td></td><td></td></tr>
<tr><td>渗透时间超过设计要求</td><td>是□ 否□</td><td></td><td></td><td></td><td></td></tr>
<tr><td>设计降雨条件下溢流</td><td>是□ 否□</td><td></td><td></td><td></td><td></td></tr>
<tr><td>侵蚀</td><td>是□ 否□</td><td></td><td></td><td></td><td></td></tr>
<tr><td rowspan="2">二</td><td rowspan="2">植被</td><td>生长过于旺盛</td><td>是□ 否□</td><td></td><td></td><td></td><td></td></tr>
<tr><td>优势物种被替换</td><td>是□ 否□</td><td></td><td></td><td></td><td></td></tr>
<tr><td rowspan="2">三</td><td rowspan="2">流量分布器</td><td>不均匀</td><td>是□ 否□</td><td></td><td></td><td></td><td></td></tr>
<tr><td>堵塞</td><td>是□ 否□</td><td></td><td></td><td></td><td></td></tr>
<tr><td rowspan="3">四</td><td rowspan="3">管道</td><td>破损</td><td>是□ 否□</td><td></td><td></td><td></td><td></td></tr>
<tr><td>变形</td><td>是□ 否□</td><td></td><td></td><td></td><td></td></tr>
<tr><td>堵塞</td><td>是□ 否□</td><td></td><td></td><td></td><td></td></tr>
<tr><td></td><td>安全检查</td><td>警示标志完好</td><td>是□ 否□</td><td></td><td></td><td></td><td></td></tr>
<tr><td colspan="8">注：具体检查项目的频次及日常养护频次如表 7-13 所示</td></tr>
<tr><td colspan="8">负责人签字：</td></tr>
</table>

第 8 章　附属设施运营养护

水环境附属设施是第 3～7 章水环境基础设施的附属设施，目的是保障水环境主体设施的正常运转，包括初期雨水弃流设施、环保型雨水口、生态树池、路缘石。附属设施运营养护的重点是从径流总量、径流污染控制双重目标出发协调保障水环境基础设施的正常作业，本章从附属设施的日常养护、病害养护等着手，在附属设施 5～10 年甚至更长时间的运营维护期限内，给运营养护技术人员提供一份简明扼要、操作性强的运营养护方案。

8.1　初期雨水弃流设施

初期雨水弃流设施是其他水环境基础设施的重要预处理设施，适用于屋面雨水的雨落管、径流雨水的集中入口等水环境基础设施的前端，目的是降低雨水储存及净化设施的费用。初期雨水弃流设施的养护重点是挂篮、滤网、进出水口。

目前常用初期雨水弃流设施自控装置是电动阀和水力调流阀。电动阀一般通过控制进水时间的方式控制径流雨水的流向；水力调流阀处于全开状态，降雨开始后，初期小流量雨水通过水力调流阀弃流排到污水管网中，待后期雨水量大时，利用弃流口口径小的特点，弃流管无法及时将雨水排出，井室水位提高，此时浮筒产生的浮力使设备开始旋转，阀门开度逐渐减小，当液位上升到一定高度时水力调流阀关闭，弃流结束，雨水从溢流口直接进入出水口，外排至市政雨水管网或者雨水调蓄池[24]。

8.1.1　日常养护

各区域的养护内容及频次如表 8-1 所示。在遇暴雨、多雨年份、少雨年份等特殊情况下相应调整养护次数。

表 8-1　初期雨水弃流设施巡检养护内容及频次

养护区域	巡检养护内容	频次	正常运行状况
进水管、出水管、雨水弃流管	是否堵塞	降雨前、后；秋季落叶期后	无堵塞
	是否存在损坏、破裂	每季 1 次	无损坏、破裂
	接缝处是否渗漏	每季 1 次	接缝处无渗漏
	是否易于拆卸	每季 1 次	易于拆卸

续表

养护区域	巡检养护内容	频次	正常运行状况
挂篮	是否有沉积物	每月 1 次；降雨前、后	无沉积物
设施空间	是否有沉积物	每月 1 次；降雨前	无沉积物
	雨季应无水	降雨时	雨季有水
	是否排空	降雨前	降雨前排空设施
	初期雨水是否顺利排入污水管[1]	降雨时	弃流时，初期雨水能顺利排入污水管
处理设施	处理后是否达标排放[2]	降雨后	处理后达标排放
自控装置	电动阀和水力调流阀运行情况	每半年 1 次	正常运行
安全检查	警示标志是否完好	每月 1 次	警示标志完好

注：1——此项内容针对初期雨水弃流设施不作处理；2——此项内容针对初期雨水弃流设施自身有处理设备。

在降雨开始前，首先要检查上一次降雨后滞留在初期雨水弃流设施内部的雨水是否被清空，若没有清空，则无法完成本次降雨的初期雨水弃流工作。初期雨水弃流设施设计为自动清空，但也需要人为检查清空，若清空设备故障，则必要时需要手动清空。

所有初期雨水弃流设施的入口管应易于拆卸，以便在需要时可以使水流短流不注入初期弃流设施。

确保初期雨水弃流设施的出水口没有任何碎屑。如果出水口被堵塞，一方面待分流器满水后无法分流干净水至雨水罐，另一方面待降雨停止后分流器无法排空。主要养护要点是：定期拧下分流器的端盖并清洗，以防止任何碎屑掉落。定期清洗过滤网，并清洁流量控制阀，若清洗不干净，则予以更换。

8.1.2 养护记录

初期雨水弃流设施的运营养护记录报表如表 8-2 所示。

表 8-2 初期雨水弃流设施运营养护记录报表

报送单位： 月份：

<table>
<tr><td colspan="7">基本信息记录</td></tr>
<tr><td colspan="2">设施名称</td><td colspan="5">初期雨水弃流设施</td></tr>
<tr><td colspan="2">设施所在地</td><td colspan="5"></td></tr>
<tr><td colspan="2" rowspan="2">设施养护部门</td><td colspan="5"></td></tr>
<tr><td>电话：</td><td colspan="4"></td></tr>
<tr><td colspan="7">运营养护记录</td></tr>
<tr><td>检查区域</td><td>检查项目</td><td>检查结果</td><td>养护措施及结果</td><td>养护日期</td><td>养护人</td><td>备注</td></tr>
</table>

续表

一	进水管	堵塞	是□ 否□				
		损坏、破裂	是□ 否□				
		接缝处无渗漏	是□ 否□				
		易于拆卸	是□ 否□				
二	出水管	堵塞	是□ 否□				
		损坏、破裂	是□ 否□				
		接缝处无渗漏	是□ 否□				
三	弃流管	堵塞	是□ 否□				
		损坏、破裂	是□ 否□				
		接缝处无渗漏	是□ 否□				
		初期雨水顺利排入污水管	是□ 否□				
四	滤网、挂篮	沉积物	是□ 否□				
五	设施空间	沉积物	是□ 否□				
		雨季无水	是□ 否□				
		排空	是□ 否□				
六	自控装置	设备正常工作	是□ 否□				
七	安全检查	警示标志完好	是□ 否□				
注：具体检查项目的频次及日常养护频次如表 8-1 所示							
负责人签字：							

8.2　环保型雨水口

雨水口是指排水管道收集地面上雨水的进水构筑物，传统雨水口和环保型雨水口从地表上看几乎没有差别，主要区别在于路面下的内部结构不同，因而对径流中污染物的拦截和弃除效果也存在显著差异。

8.2.1　日常养护

环保型雨水口的养护重点是雨水篦子、挂篮等组件，应按常规道路养护要求进行清扫、保洁。此外，各区域的养护内容及频次如表 8-3 所示，在遇暴雨、多雨年份、少雨年份等特殊情况下相应调整养护次数。

表 8-3　环保型雨水口养护内容及频次

养护区域	巡检内容	频次	正常运行状况
雨水篦子	是否缺失	每月 1 次	无缺失
	是否破损	每月 1 次	无破损
	是否有垃圾及杂物	每月 1 次	无垃圾及杂物
挂篮	是否缺失	每月 1 次	无缺失
	是否破损	每月 1 次	无破损
	是否有垃圾及杂物	每月 1 次	无垃圾及杂物
进出水管道	是否堵塞	每月 1 次	无堵塞
	是否存在破损	每月 1 次	无破损

养护重点如下：

（1）环保型雨水口应及时清理雨水篦子上的垃圾及杂物，雨水篦子如有缺损应及时修补或者更换。

（2）截污挂篮应无损坏，挂篮内垃圾及杂物不得超过容积的 30%。

（3）有沉泥槽的雨水口积泥深度应在管底以下 50mm，无沉泥槽的雨水口积泥深度应不超过管底以上 50mm。

8.2.2　养护记录

环保型雨水口的运营养护记录报表如表 8-4 所示。

表 8-4　环保型雨水口运营养护记录报表

报送单位：　　　　　　　月份：

<table>
<tr><td colspan="8">基本信息记录</td></tr>
<tr><td colspan="3">设施名称</td><td colspan="5">环保型雨水口</td></tr>
<tr><td colspan="3">设施所在地</td><td colspan="5"></td></tr>
<tr><td colspan="3" rowspan="2">设施养护部门</td><td colspan="5"></td></tr>
<tr><td>电话：</td><td colspan="4"></td></tr>
<tr><td colspan="8">运营养护记录</td></tr>
<tr><td colspan="2">检查区域</td><td>检查项目</td><td>检查结果</td><td>养护措施及结果</td><td>养护日期</td><td>养护人</td><td>备注</td></tr>
<tr><td rowspan="2">一</td><td rowspan="2">进水管</td><td>堵塞</td><td>是□ 否□</td><td></td><td></td><td></td><td></td></tr>
<tr><td>损坏、破裂</td><td>是□ 否□</td><td></td><td></td><td></td><td></td></tr>
<tr><td>二</td><td>出水管</td><td>堵塞</td><td>是□ 否□</td><td></td><td></td><td></td><td></td></tr>
<tr><td rowspan="3">三</td><td rowspan="3">雨水篦子</td><td>损坏、破裂</td><td>是□ 否□</td><td></td><td></td><td></td><td></td></tr>
<tr><td>缺失</td><td>是□ 否□</td><td></td><td></td><td></td><td></td></tr>
<tr><td>垃圾、杂物等沉积物</td><td>是□ 否□</td><td></td><td></td><td></td><td></td></tr>
</table>

续表

四	截污挂篮	损坏、破裂	是□ 否□				
		缺失	是□ 否□				
		垃圾、杂物等沉积物	是□ 否□				
注：具体检查项目的频次及日常养护频次如表 8-3 所示							
负责人签字：							

8.3 生态树池

生态树池和传统树池主要区别在于路面下的内部结构不同，因而对径流的控制、径流中污染物的拦截和弃除效果也存在显著差异。

8.3.1 日常养护

生态树池的养护重点是生态条石、雨水篦子、进出水口等组件，应按常规绿地养护要求进行清扫、保洁。此外，各区域的养护内容及频次如表 8-5 所示，在遇暴雨、多雨年份、少雨年份等特殊情况下相应调整养护次数。

表 8-5　生态树池养护内容及频次

养护区域	巡检内容	频次	正常运行状况
条石	是否错位	每月 1 次	无错位
	是否缺损	每月 1 次	无缺损
雨水篦子	是否缺失	每月 1 次	无缺失
	是否破损	每月 1 次	无破损
	是否存在垃圾及杂物	每月 1 次	无垃圾及杂物
进水口	是否存在垃圾及杂物	每月 1 次	无垃圾及杂物
	是否受到侵蚀	每月 1 次	无侵蚀
进水管道	是否存在堵塞情况	每月 1 次	无堵塞
	是否存在破损情况	每月 1 次	无破损
出水管道、溢流口	是否存在堵塞情况	每月 1 次	无堵塞
	是否存在破损情况	每月 1 次	无破损
	是否溢流正常	每月 1 次	溢流正常
	是否逆坡	每月 1 次	顺坡
植被	长势情况	每月 1 次	长势良好

养护重点如下：

（1）定期对生态树池进行巡视，生态树池条石无错位及缺损，进水口无垃圾及杂物堵塞。如有错位，重新调整至设计要求；如有丢失，及时更换条石。

（2）生态树池雨水进水口进水正常，雨水篦子下部垃圾及杂物不超过有效容积的 30%。

（3）生态树池雨水进水口如有侵蚀，应增加卵石或者碎石并合理布置，消除侵蚀痕迹。

（4）生态树池溢流口溢流正常，同下游雨水排水管或其他水环境基础设施连接顺畅，无逆坡，无堵塞。

（5）植被长势良好，满足设计及景观要求。

8.3.2　养护记录

生态树池的运营养护记录报表如表 8-6 所示。

表 8-6　生态树池运营养护记录报表

报送单位：　　　　　　月份：

<table>
<tr><td colspan="8">基本信息记录</td></tr>
<tr><td colspan="3">设施名称</td><td colspan="5">生态树池</td></tr>
<tr><td colspan="3">设施所在地</td><td colspan="5"></td></tr>
<tr><td colspan="3" rowspan="2">设施养护部门</td><td colspan="5"></td></tr>
<tr><td>电话：</td><td colspan="4"></td></tr>
<tr><td colspan="8">运营养护记录</td></tr>
<tr><td colspan="2">检查区域</td><td>检查项目</td><td>检查结果</td><td>养护措施及结果</td><td>养护日期</td><td>养护人</td><td>备注</td></tr>
<tr><td rowspan="2">一</td><td rowspan="2">条石</td><td>错位</td><td>是□ 否□</td><td></td><td></td><td></td><td></td></tr>
<tr><td>缺损</td><td>是□ 否□</td><td></td><td></td><td></td><td></td></tr>
<tr><td rowspan="2">二</td><td rowspan="2">进水管</td><td>堵塞</td><td>是□ 否□</td><td></td><td></td><td></td><td></td></tr>
<tr><td>损坏、破裂</td><td>是□ 否□</td><td></td><td></td><td></td><td></td></tr>
<tr><td rowspan="2">三</td><td rowspan="2">进水口</td><td>垃圾及杂物</td><td>是□ 否□</td><td></td><td></td><td></td><td></td></tr>
<tr><td>侵蚀</td><td>是□ 否□</td><td></td><td></td><td></td><td></td></tr>
<tr><td rowspan="2">四</td><td rowspan="2">出水管</td><td>堵塞</td><td>是□ 否□</td><td></td><td></td><td></td><td></td></tr>
<tr><td>无法溢流</td><td>是□ 否□</td><td></td><td></td><td></td><td></td></tr>
<tr><td rowspan="3">五</td><td rowspan="3">雨水篦子</td><td>损坏、破裂</td><td>是□ 否□</td><td></td><td></td><td></td><td></td></tr>
<tr><td>缺失</td><td>是□ 否□</td><td></td><td></td><td></td><td></td></tr>
<tr><td>垃圾、杂物等沉积物</td><td>是□ 否□</td><td></td><td></td><td></td><td></td></tr>
<tr><td>六</td><td>植被</td><td>长势良好</td><td>是□ 否□</td><td></td><td></td><td></td><td></td></tr>
<tr><td colspan="8">注：具体检查项目的频次及日常养护频次如表 8-5 所示</td></tr>
<tr><td colspan="8">负责人签字：</td></tr>
</table>

8.4 路　缘　石

水环境基础设施的路缘石包括开口路缘石和平缘石，用在广场、道路、公园、绿地内，主要为了方便雨水流入水环境基础设施，控制雨水径流量和径流污染。应定期对路缘石进行巡视，路缘石应无破损、错位，开口部位无垃圾及杂物堵塞，进水口应无侵蚀。路缘石应按常规绿地广场、道路养护要求进行清扫、保洁。此外，各区域的养护内容及频次如表 8-7 所示，在遇暴雨、多雨年份、少雨年份等特殊情况下相应调整养护次数。

表 8-7　路缘石养护内容及频次

养护区域	巡检内容	频次	正常运行状况
路缘石	是否错位	每月 1 次	无错位
	是否缺损	每月 1 次	无缺损
进水口	是否有垃圾及杂物	每月 1 次	无垃圾及杂物
	是否受到侵蚀	降雨后	无侵蚀

路缘石的运营养护记录报表如表 8-8 所示。

表 8-8　路缘石运营养护记录报表

报送单位：　　　　　　　月份：

<table>
<tr><td colspan="8">基本信息记录</td></tr>
<tr><td colspan="2">设施名称</td><td colspan="6">路缘石</td></tr>
<tr><td colspan="2">设施所在地</td><td colspan="6"></td></tr>
<tr><td colspan="2" rowspan="2">设施养护部门</td><td colspan="6"></td></tr>
<tr><td>电话：</td><td colspan="5"></td></tr>
<tr><td colspan="8">运营养护记录</td></tr>
<tr><td colspan="2">检查区域</td><td>检查项目</td><td>检查结果</td><td>养护措施及结果</td><td>养护日期</td><td>养护人</td><td>备注</td></tr>
<tr><td rowspan="2">一</td><td rowspan="2">路缘石</td><td>错位</td><td>是□ 否□</td><td></td><td></td><td></td><td></td></tr>
<tr><td>缺损</td><td>是□ 否□</td><td></td><td></td><td></td><td></td></tr>
<tr><td rowspan="2">二</td><td rowspan="2">进水口</td><td>垃圾及杂物</td><td>是□ 否□</td><td></td><td></td><td></td><td></td></tr>
<tr><td>侵蚀</td><td>是□ 否□</td><td></td><td></td><td></td><td></td></tr>
<tr><td colspan="8">注：具体检查项目的频次及日常养护频次如表 8-7 所示</td></tr>
<tr><td colspan="8">负责人签字：</td></tr>
</table>

第9章　水环境基础设施智慧运营维护管理技术

通过精细化、互馈式管理，实现水环境资产的全生命周期效益最大化，是城市水环境基础设施运营养护的重要目标。信息化技术为我们实时掌握水环境基础设施运行状态、科学评估、智能管理提供了技术基础。本章重点介绍水环境基础设施养护工作面临的挑战，国内外水环境基础设施信息化管理应用进展、相关技术及模式。

9.1　国内外研究进展

9.1.1　灰色设施管理

欧美发达国家比较早地开展了水环境基础设施运营维护管理工作，其主要特点是通过信息化技术对水环境基础设施的运行状态数据进行收集分析，从全生命周期角度对水环境基础设施运行状况进行评估，基于评估的结果进行针对性养护，实现了全生命周期效益最大化。

美国国家环境保护局发表了排水系统资产管理情况说明书，可以指导基础设施资产的购买、使用和处理，以优化服务水平，并使资产在整个生命周期内的成本最小化，它成功地应用于城市中心和大型区域排水系统，改善运营、环境和财务绩效[25]。美国国家环境保护局还与市政府和其他行业代表合作，开发了一个排水系统的动态管理方法，称为容量、管理、运营和养护（CMOM）方法，该方法是一种基于信息的方法，用于确定活动和投资的优先级[25]。

Park 和 Kim 提出了一个基于数据仓库的下水道基础设施管理决策支持系统，使用数据仓库技术管理污水基础设施，将污水管道的安装信息、检查信息和更新信息等都存储在数据仓库中，数据仓库与用于管道检查和更新的决策支持模块相关联，决策支持模块可以为每条管道分配适当的检查和更新方法，并估算相关成本，根据得出的结果报告可以进行有效和实用的污水基础设施管理，而且相关人员不需要经过培训或具备系统流程和结构方面的高级专业知识就可以很容易地使用该系统[26]。

Ryu 和 Park 提出了利用快速混沌遗传算法规划下水道资产修复策略，采用快速混沌遗传算法提出了一种具有目标函数的优化修复策略，使下水道修复和污水处理的总成本最小化[27]。该模型可作为一种决策工具，为下水道修复项目确定优先次序，为市政或地方政府官员估计最佳预算做出贡献，此外，该模型还可以作为工程顾问对下水道修复项目进行成本效益分析的补充工具。

美国国家环境保护局为小型和农村社区的污水基础设施开发了资产管理工具（CUPSS），可以帮助污水厂企业建立成功的资产管理规划。该工具具备多种功能，具体如下。

（1）资产档案管理功能：录入设备基本信息，记录设备状态、使用年限，估算剩余寿命，为设备的维修更换提供数据支撑。

（2）设备运营养护管理功能：系统能够追踪记录设备的日常运营养护记录信息，通过任务工单进行记录，与设备清单建立联系。任务包括监测、日常保养、维修、修复、更换等类型。如果任务已过期则向用户发出警报，并在未按计划执行养护时提醒用户重新评估资产状况。

（3）财务管理功能：计算年度收入和支出，为制定合理的财务计划提供建议。

（4）检查功能：资产检查和财务检查。资产检查可以生成资产检查报告，总结资产库存，绘制资产连接关系，以及资产预期使用年限等。财务检查用于了解公司当前和未来的财务状况，可通过设置用户增长率结合通货膨胀速率来计算公司未来收入和支出。

（5）资产管理计划功能：可指导制定具有成本效益的资产管理计划，有助于为社区提供可持续性的服务，同时分配人员、时间和其他资料来实施该计划。

法国十几年前开始对下水道的规划、建设、运营、养护及监管等进行立法，并逐渐对各环节的问题提出明确的法律规范。巴黎市政府为了对地下管线的实时状态进行动态管理，建立了城市地下管线数据库，同时还加快电磁感应技术在地下管路的定位与施工中的应用，以便提高相关管理部门对管道的维修效率[28]。

英国泰晤士水务公司将先进的信息技术融入城市管道管理，该公司不仅在网站上实时发布地下管道维修、更换、渗透报告和计划中的管道工程，帮助市民查出所在区域管道的各种信息，同时设置了实时报警系统，方便市民随时将各类管道拥堵和故障情况上报，以便及时处理相关问题。

美国国家环境保护局对排水系统进行状态评估，根据评估结果可以对排水系统进行养护、运营、维修，从而消除溢流[29]。状态评估通常采用闭路电视（closed circuit television，CCTV）、下水道扫描评估技术（sewer scanner evaluation technology，SSET）、检查井检查、烟雾测试、染色水注入或其他评估方法进行检查。结构评估主要检查管道破裂、裂缝、接口移位、管件缺失、腐蚀和检查井结构缺陷等。渗透量、流入量状态评估采用检查井检查、污水管道闭路电视检查和流量监测等方法的组合进行，对数据进行分析以估计渗透量和流入量。

我国上海市和北京市等多个城市利用地理信息系统对城市排水管网进行数字信息化管理，并且通过建立排水管网水力模型，实现了对地下管网的可视化管理，同时通过数据统计分析、地理定位等功能，可以帮助工作人员规划对管网的养护管理、应急抢修管理和防洪防汛管理等[30]。总体来说，我国信息化管理工作尚处于初级阶段，对于业务流程化管理系统开发较多，对于管网监测和检测也只有少数发达城市纳入了日常管理工作，更是鲜见通过先进的算法基于各种数据进行诊断评估并制定全生命周期运营养护策略的案例。

9.1.2　绿色设施养护管理

多伦多市为了养护管理低影响开发设施，使它们能够长期有效地发挥能效，制定了低影响开发雨水管理实践检查和养护指南，提倡将低影响开发最佳管理实践（best management practices，BMPs）纳入雨水管理系统中，以更好地处理潜在雨水对受纳水体的影响。并制定了一系列检查和养护计划，包括：制定最佳管理实践清单，制定项目政策和文件，通过计划评审实施政策，建立检查职责和计划表，为业主提供培训和教育资源，开发追踪系统，执行并记录检查和养护等，以便相关工作人员更好地管理和养护低影响开发设施[31]。

奥克兰市将雨水资产管理纳入法律法规，并制定了相应的政策和标准，要求雨水设施设计过程必须考虑未来的养护管理，还开发了资产管理系统（SAP GIS）以便对管网和雨水设施进行监测和管理。对于低影响开发设施的养护，政府会对一些没有工作的人进行培训，让人们对自己生活区域的雨水花园等绿色设施进行养护管理。奥克兰市还利用遥感和地理信息技术将区域内的水道、塘、湿地、雨水处理设施等分公共设施与私人设施标注在 GeoMaps 上供公众和养护管理部门查阅下载[32]。

美国 Fulcrum 公司开发供生物滞留设施检修的 APP，软件内包含项目信息、设施出入口状态、植物状态等 9 大项共 60 小项的录入内容，方便养护人员检修备案[33]。美国对于资产养护管理也制定了相应的法规，政府招募志愿者并鼓励居民对他们生活周围的低影响开发设施进行养护。费城市政府要求每个居民每年交一小部分雨水费，并将这些资金用在了养护管理工作上，剩余资金状况等实时上传到网站上供居民监督查看。

芝加哥市于 2017 年开始尝试采集绿色基础设施的效能数据并上传到云端供实时下载[33]。

我国深圳市为了有序、协调、稳步推进低影响开发项目的管理工作，总结了国内外大量低影响开发及雨水综合利用工程的经验与教训，并参考了大量国内外相关的规范、技术标准及研究工作，制定了《低影响开发雨水综合利用技术规范》，有助于深圳市低影响开发及雨水综合利用工程的质量管理和养护等工作。

国内目前多个海绵城市试点城市也在开展相关探索。例如，池州市计划未来 3 年依靠信息化技术构建雨水设施资产管理体系；北京市计划建设智能管控平台管理试点区雨水资产的同时提高养护效率；西咸新区将海绵城市监测数据接入陕西省大数据中心统一处理分发至各养护管理部门[33]。

9.2　设施运行数据的监测技术

通过监测技术可了解水环境基础设施运行的状况，以适时地给予必要的养护与管理，从而降低养护成本。长期监测所累积的监测数据还可以定量分析各项水环境基础设施的运行效能，评估水环境基础设施的水量和水质控制效果，为设施后续设计改进提供决策依据。

9.2.1　监测方案

监测开始前应制定详细的监测方案，本节提供了一个包括四个步骤的制定监测方案的方法，通过收集监测数据评估水环境基础设施运行的效果。

步骤一：进行详细的现场资料收集，以确定具体的监测目标。

监测目标制定前应收集场地的气象资料、地形资料、水文地质资料、河湖水系情况、现状及规划排水系统、历史内涝点及内涝原因、系统化方案及建设情况、典型项目和设施的施工图与竣工图等资料，制定水环境基础设施之间的拓扑关系图，确定系统、片区及设施级别的具体监测目标。监测目标应包括总体的目标和具体的目标，具体的目标宜详细到以下程度。

（1）设施在正常条件（典型暴雨类型）下的径流削减和污染控制程度是否达到设计要求？

（2）开发条件下与开发前相比在峰值流量、径流总量、峰现时间、场地渗透能力等方面的水文特性如何？

（3）污染物不同，污染削减效果有什么差异？

（4）正常的效果会如何随暴雨特征而变化？

（5）水环境基础设施设计变量如何影响水环境基础设施的控制效果？

（6）不同的操作和养护方法，水环境基础设施的效能会如何变化？

（7）海面设施的控制效果是否会随着时间的推移而改善、减弱或保持稳定？

（8）水环境基础设施的控制效果是否会随季节进行变化？例如，低温条件下渗透率会减小到什么程度？

（9）不同水环境基础设施的控制效果会有什么不同？

步骤二：基于监测目标，明确信息输入需求，确定监测内容。

本步骤需要依据步骤一提到的目标确定，哪些指标将通过监测确定、哪些指标将通过估算确定、哪些指标可以从现有的技术文献中获取，哪些指标通过模型评估。

步骤三：依据监测内容，合理选择监测设备，适当布置监测点位。

依据监测内容，进行现场勘察，依据要素和指标选择监测设备，调查了解区域现有监测设备，避免资源重复浪费。同时，通过现场踏勘，了解相关资料与现场状况的对应关系，确定拟监测点现场实施的可行性。最终绘制详细的监测点位布置图。

步骤四：制定数据保障计划，制定相应的评估分析方法。

应制定数据保障计划，以尽可能多地获取可靠的数据，并确定如何分析收集到的数据，以便步骤一中提出的目标能够得到解答。这一步骤应指定所用的分析和统计方法，并对分析方案进行推演以判断分析方法的可行性，依据现场布点情况及后续数据收集和分析情况不断优化监测布点方案。监测实施过程中，应不断评估监测方案的合理性并进行优化。当出现下列情况时，监测单位应及时调整监测方案：①监测场地不具备监测条件；②海绵城市建设工程设计或施工有重大变更；③现场数据采集或收集情况未能达到预期要求。

9.2.2　监测布点

1. 灰色设施监测布点

进行连续的水量监测是分析设施运行状况的有效手段之一，通过合理布设监测点不仅可以有效识别设施结构性和功能性的问题，包括管网入流入渗、管网淤积堵塞等问题，还可以进行问题的定量化评估。通过在城市排水管道广泛布设监测点，根据监测数据可以快速识别管道的异常情况，从而有针对性地展开管网检测及管网养护，提高设施的安全性。监测对象应覆盖以下内容：

（1）在研究区域均匀布设雨量监测设备，获取逐分钟雨量监测数据。

（2）对市政管网的末端排放口进行流量监测，整体掌握排水系统的排水量。

（3）对上游关键节点进行流量监测，包括集中调蓄设施或泵站的上下游、主干管网的支线接入点等流量可能发生剧烈变化的位置。

（4）特殊问题点进行流量监测，如分流、回流、内涝点、雨污水混接、河水接入等，以便掌握特殊点的运行状况及水量，为进行上下游、系统间水力分析提供数据依据。

2. 绿色设施监测布点

绿色设施监测对象应覆盖以下内容：

（1）在设施附近布设雨量监测设备，获取逐分钟雨量监测数据。

（2）在设施入流口和出流口布设监测点位，进行流量测量，并对水质进行监测。如果有底部排水盲管，还应对底部排放水量进行连续监测。

（3）应对设施内部水位、土壤湿度进行连续监测，如果有监测井，可在监测井内布设水位监测设备。

（4）在绿色设施所在项目出口布设流量和水质监测设备。

9.2.3　水量监测

在进行水量监测时，设施需保证进出水的集中，最好是保证具有唯一进出水口，以使监测点位最少。如果无法保证唯一进出水口，那么每个进出水口都需进行监测。

1. 流量测量方法

由于大多数水环境基础设施设计为分散入流，相对于管网、明渠来说，水环境基础设施地表径流的监测较难实施。水环境基础设施监测中最常用的流量测量方法包括水位流量关系法、流速面积法、稀释法和直接法。

1）水位流量关系法

水位流量关系法是指通过历史资料建立水位流量关系，然后通过实测的水位观测资料推算流量过程。水位流量关系包括水力学公式、水位流量关系曲线等，可以借助水建筑物（水工建筑物、堰、槽等）建立标准的水位流量关系。

2）流速面积法

先测量渠道的平均流速，然后通过水位和渠道的形态换算出过流面积，利用平均流速乘以过流面积计算相应的流量。按照测量流速的方法和仪器的不同，可以分为：①测量点流速的流速面积法，需使用点流速仪；②测量剖面流速的流速面积法，需使用剖面流速仪，主要是声学流速仪；③测量表面流速的流速面积法，需使用电波流速仪、浮标。

3）稀释法

稀释法也称为示踪剂法，在国外使用较多，国内鲜有案例。其原理是：将一定量的某种物质（如示踪剂）连续均匀或者一次性地突然注入水流中，在水流下游测量水中该示踪剂的含量，或测量该示踪剂含量的变化过程，从而推算流量。应用的示踪剂主要有放射性示踪剂、化学示踪剂和荧光示踪剂。

4）直接法

直接法包括容积法和重量法，需要借助容器，通过测量容器内水流一定时间内的体积或质量变化来计算流量，适用于流量极小的沟涧及潮汐影响的河段。

2. 主要流量测量装置

主要流量测量装置分为两大类，即堰和槽。在地表设置标准形式的量水堰或量水槽，观测上游或下游水位，即可用水力学公式推算流量，堰槽法属于水位流量关系法的一种。

1）堰

堰是指专门为进行流量测量而严格按照规定的标准建立的专用测流堰，堰一般竖直安装，与液流的方向垂直。堰一般布设在明渠内，或者布设在管道内，水流状态为明渠流时进行测量，这样水流能从堰的顶部边缘或者堰板的开口中通过。

与量水槽相比，堰通常成本低，易于安装，并且正确使用时准确度较高。但是当堰板运行一段时间后很容易沉积一部分沉积物，特别是在低流量条件下，这样将会影响局部的出水，造成出水不均匀。沉积在堰板后方的沉积物和碎屑也会改表水力条件，改变水位流量间的经验关系。所以在使用过程中，应定期对堰进行检查，清除积聚的沉积物或碎屑。如果在流动中经常出现大量沉积物或碎屑，这种情况下使用水槽会更合适，水槽可以避免沉淀问题。

按照缺口形状分类，一般有矩形薄壁堰（图 9-1）、三角形薄壁堰（图 9-2）、圆形堰和梯形堰及复合堰（图 9-3），其中复合堰是指含有两个以上不同堰型或尺寸，可分级测流的堰。例如，在美国广泛使用的 Thel-Mar 堰即是一种复合堰，为三角形和矩形复合堰，其中 V 形缺口可以准确地测量低流量，矩形部分可用于测量高流量。每种类型堰的流量公式各不相同。

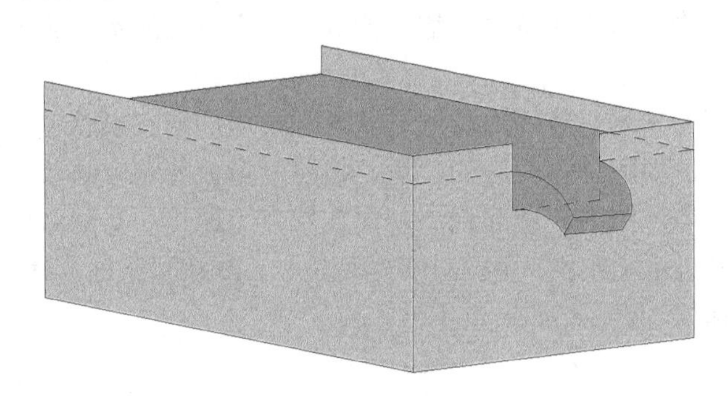

图 9-1　矩形薄壁堰

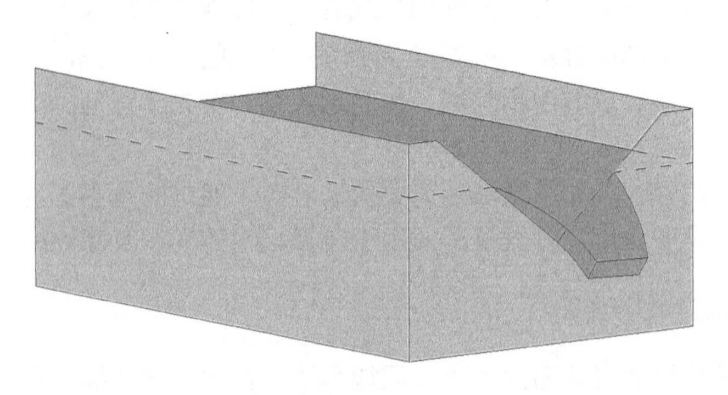

图 9-2　三角形薄壁堰

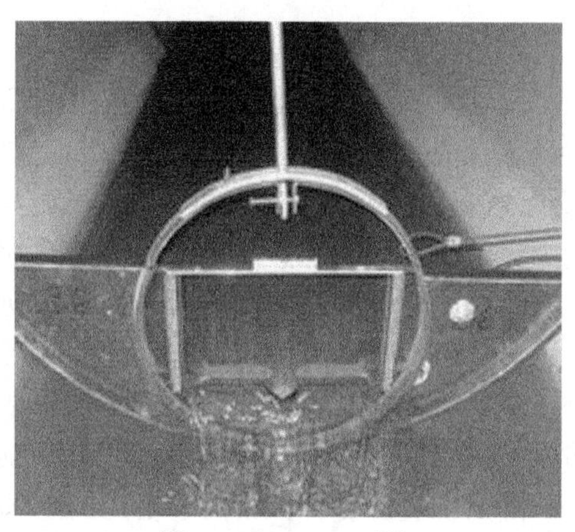

图 9-3 Thel-Mar 堰

图片来自 http://www.thel-mar.com/[34]

2）槽

槽是指具有特定形状和尺寸，用于测量流量的人工槽。和堰相比，槽具有壅水及淤积较少，杂物不易阻塞，水头损失较小，精度较高的特点，但是往往比堰昂贵且难以安装。

量水槽有长喉道槽及短喉道槽两大类。

首先，介绍长喉道槽。

长喉道槽由上游收缩段、喉道及下游扩散段组成。长喉道槽的喉段形式较多，广泛应用的有三种类型，分别为矩形喉道、梯形喉道和 U 形喉道。P-B 槽是一种典型的梯形喉道量水槽，由 Palmer 和 Bowlus 于 20 世纪 60 年代提出，简称 P-B 槽，最早也称为文丘里槽。该槽喉道段底部为一平台，侧面为梯形断面，喉道段上下游渐变段以斜面与圆管相切，适用于污水管道计算，在美国西部、日本大量采用，精度为 2.0%～4.0%。

水槽具有固定的几何形状，而喉道的充分收缩使得水流在喉道末端产生临界水深，故仅需测定上游水深（量测断面位于上游收缩段始端以上 3～4 倍最大水头处）就可确定流量。为保证量测精度，要求渠道水流为缓流，同时喉道长度及断面尺寸、上游水头的上下限及收缩（扩散）段的收缩（扩散）比等参数都必须按规定修建。

然后，介绍短喉道槽。

短喉道槽在长喉道槽基础上改进而成。短喉道槽类型较多，有卡法奇（Khafagi）量水槽、巴歇尔（Parshall）量水槽、无喉道量水槽、H 槽等[35]。第一种主要在欧洲使用，后三种主要在美国使用，巴歇尔量水槽在我国使用较多。

卡法奇量水槽为一种喉道很短的量水槽。其几何尺寸主要根据上游渠道宽度、喉道宽与上游渠道宽的比值及水头确定。卡法奇建议矩形断面喉道宽与上游渠道宽的比值为 0.4。目前较大尺寸的卡法奇量水槽还缺乏足够的率定资料。

巴歇尔量水槽为美国科罗拉多农业推广站原主任工程师巴歇尔于 1920 年创制，被广泛地用于灌溉水量的测定。巴歇尔量水槽的构造如图 9-4 所示。其大小以喉道宽度 *W* 为主要标志。量水槽具有固定的几何形状，与长喉道槽类似，仅需测定上游水深就可确定流量。当下游水头大于上游水头的 60%时，成为淹没流，则需同时测定两处水深才能确定流量。由于淹没流的水位观测及流量计算均较复杂，故应尽可能设计为自由出流。为避免喉道水面波动而影响水位观测，上、下游水尺应安设在槽壁后观测井内，上游水尺位于距喉道首端 2/3*A* 处（图 9-4），下游水尺位于喉道末端以上 5cm 处。巴歇尔量水槽可用木、砖或混凝土材料制成，也可预制装配，安装于固定位置。各种大小的水槽，其全部结构均有一定的标准尺寸，故其流量与水头也有一定的关系。通过流量表可直接由水头查得流量。巴歇尔量水槽量水精度较高，量水误差在 5%以下。在美国还采用了改良型巴歇尔量水槽，其主要修改部分在喉道下游，使喉道紧接陡坡、消力池，成为一个综合的建筑物，以节省投资。

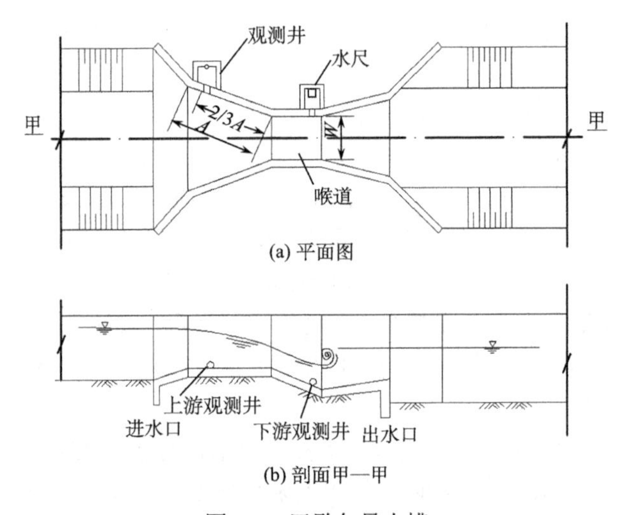

图 9-4　巴歇尔量水槽

无喉道量水槽是美国在 20 世纪 60 年代中期为了经济和便于施工的目的而设计的一种形式。其特点是取消了喉道段，使上游收缩段和下游扩散段直接相交，具有构造简单、壅水量小、经济实用、便于修建及在淹没出流下测流精度较高等优点。中国陕西省各灌区曾采用这种形式，效果良好。

H 槽由美国农业部水土保持局（现美国自然资源保护局，US-NRCS）开发，由梯形平面构成。表面放置形成垂直的收缩侧壁，梯形侧面的下游边缘靠近上游的地方向上倾斜，形成凹口，该凹口随着距底部位置距离的增大。H 槽为系列水槽，包括 H 槽、HS 槽和 HL 槽。

除了上述类型，还有水跃量水槽、简易放水槽等形式。水跃量水槽是通过缩小渠道宽度，抬高渠底，使水流在一定断面内产生临界流速，构成一个控制断面，从水深与流量关系中测出流量的建筑物。简易放水槽是一种可移动的埋在沟埂中的小木槽，常在自毛渠引水的输水沟中使用，测流较粗略。

3. 水位监测设备

水位监测设备按传感器原理分浮子式水位计、跟踪式水位计、压力式水位计和反射式水位计等。常用的水位计有浮子式水位计、气泡式水位计、超声波式水位计、压力式水位计、雷达式水位计。

1）浮子式水位计

浮子式水位计由浮子组成，利用浮子跟踪水位升降，以机械方式直接传动记录。浮子式水位计以浮子感测水位变化，工作状态下，浮子、平衡锤与悬索连接牢固，悬索悬挂在水位轮的 V 形槽中。平衡锤起拉紧悬索和平衡作用，调整浮子的配重可以使浮子工作于正常吃水线上。在水位不变的情况下，浮子与平衡锤两边的力是平衡的。当水位上升时，浮子产生向上浮力，使平衡锤拉动悬索带动水位轮做顺时针方向旋转，水位编码器的显示读数增加；水位下降时，则浮子下沉，并拉动悬索带动水位轮逆时针方向旋转，水位编码器的显示读数减小。

浮子式水位计在使用中，需要有测井设备（包括进水管），建设工程较大，耗时耗力。

2）气泡式水位计

气泡式水位计利用静水压力原理，向引压管中不断输气，通过自动调节的压力天平将水压力转换成机械转角量，从而带动记录水位。气泡式水位计的工作过程为：将一根上端装有压力传感器和气源的管子插入水中，以恒定流向管子内通入少量空气或惰性气体，压力传感器即可测出管内气体压力，此值与管子末端以上水头成正比，通过记录系统转换为水位。该设备通常集成一个可以进行数学计算的流量计或数据记录装置，可实时将测量的水位数据转换为流量数据。

气泡式水位计易于使用，通常不受风、湍流、泡沫、蒸汽或温度变化的影响，在干燥环境下仍可保持其测量的准确性。此外，传感器不直接与水体接触，可不建设测井，特别适用于水体污染严重和腐蚀性强的工业废水等场合。然而，该设备的使用受液体流速的限制，当流速超过 1.8m/s 时，在气泡管口周围会产生低压区，引起误差，因此，设备不应在底部坡度超过 7%的管渠中使用。此外，沉积物和有机材料会引起起泡管堵塞，应定期用压缩空气或气体吹扫。

3）超声波式水位计

超声波式水位计利用声波遇不同界面反射的原理测量水位，分为水介式和气介式两种。水介式以水为声波传播的介质，将换能器安装在河底，垂直向水面发射超声波，传播速度快，测量距离大。气介式以空气为声波的传播介质，将换能器固定在水面上一定高度处，由水面反射声波，根据回波时间计算水位，设备不接触水体，完全避免了水中泥沙、流速冲击和水草等不利因素的影响。

虽然超声波式水位计，特别是气介式不易受水体污染和水流结构的影响，但风况、噪声、湍流、泡沫等因素会影响超声波信号的接收，影响设备测量的准确性，通常不宜安装在水流湍急、波涌大的闸下。有些设备为了消除干扰信号的影响，增设了噪声防护装置，并设置补偿程序排除气象因素的干扰。

4）压力式水位计

压力式水位计主要由压阻式压力传感器和单片机系统组成。压力传感器直接安装在水下测点，根据压力与水深成正比的静水压力原理，被测水位在压力传感器压模片上形成相应的水压强，由压力传感器的感压膜片感生出相应电压，将水压力转变为电压模量或频率输出，以测点水压力加上该点高程间接测量出水位。单片机系统按设定的程序进行数据取样、处理、储存和通信，将数据传输至岸上处理并记录。

压力式水位计的传感器不受风、湍流、泡沫和温度变化等因素的影响，也不需建设静水测井，但由于探头设置于水下，易受雷电干扰。水中污染物可能会干扰或损坏探头，需要定期的检查和养护，也不宜用于泥沙淤积较大的地区，对于流速大的河段需要有良好的静水措施和装置，否则易产生较大误差。

5）雷达式水位计

雷达式水位计实际上是一台雷达测距仪，利用电磁波反射测距原理，其天线发射的电磁波经被测对象表面反射后，再被天线接收，从而测量到水面的距离。监测系统由雷达水位计、水位遥测终端、安装支架、供电系统、传输系统及配件组成。

雷达式水位计具有测量量程大、精度高、可靠性强等优点。电磁波的测距精度为毫米级，雷达式水位计通过内部波浪滤波功能实测水位精度可达 1～3cm，量程范围最大可到 70m。设备可以通过改变电磁信号的波长消除或减少泡沫、雾、空气温度、气压等因素变化带来的问题，受天气因素影响较小。雷达式水位计以非接触方式测量水位，不受水体密度、浓度等物理特性的影响，不易被洪水冲毁，使用寿命长，易养护。因其高精度和灵敏度，在运行安装时要保证探头垂直于水面，避免因电磁波斜射至水面而引起的误差，探头至水面间不应有任何物体的遮挡，避免电磁波将遮挡物误认为水面而引起测量误差。

4. 流速监测设备

常用的流速仪有以下类型。

1）声学多普勒流速仪

声学多普勒流速仪利用多普勒原理，使声音在水流方向传播，产生与水流速度相关的多普勒频移，采用脉冲相干处理技术分析频率从而得到水流速度。测速时波源与接收器之间距离不变，水中粒子的运动产生的频率变化即为多普勒频移。目前有声学多普勒计程仪和声学多普勒流速剖面仪两种，声学多普勒流速剖面仪是由声学多普勒计程仪改进而来，结合声呐原理和雷达检测技术，通过数字信号处理技术对检测信号进行实时计算，测量水域深度大，测量精度高，可直接测出复杂场地的流速剖面及流量信息，可测量三维流速。

声学多普勒流速仪测量精度高，操作简便，对水流干扰小，在灌区、冰封河流有较好的应用。但使用时对测量距离有一定要求，不能太近，否则无法测得信号，也不能太远，否则信号衰弱无法测量，通常要求深度大于 1.5cm，宽度大于 8cm。此外，该方法对低流速测量精确度较高，对高流速和高掺气水流测量的误差较大。

2）激光多普勒流速仪

激光多普勒流速仪的原理与声学多普勒流速仪类似，利用多普勒频移与光的波长成反比，与光学系统的几何参数及粒子运动速度成正比的原理，在确定光的波长和几何参数的前提下，通过检测多普勒频移确定流速。通常应用时由于流体的散射光较弱，而获取速度信息需要足够的光强，故需要散播适当尺寸和浓度的微粒作为示踪粒子，当激光束聚焦到示踪粒子上时发生散射现象，用检测器接收散射光，散射光与入射光的频率差就是激光多普勒频移。

该方法探头不需与被测流体接触，因此不会干扰和破坏流场，测量精度高，范围大。但所测得的速度为示踪粒子的运动速度，与直接测量的流体速度有一定的误差。此外由于系统较复杂，使用不够灵活，且价格昂贵。

3）转子式流速仪

转子式流速仪是利用水流对流速仪转子的动能传递而工作的，当水流流过流速仪转子时，水流的直线运动能量对转子产生转矩，此转矩克服转子的惯量、轴承等内摩阻，以及水流与转子之间的相对运动引起的流体阻力，从而使流速转子转动。在一定流速范围内，流速仪转子的转速与水流速度呈较稳定的近似线性关系，因此，计测转子在预定时间内的转速，查阅流速仪相应检定公式或检定关系曲线，便可计算流体流速。转子式流速仪分为旋桨式流速仪和旋杯式流速仪两种，两者主要差别在于水力参数的不同，其中旋桨式流速仪使用较普遍。

转子式流速仪性能稳定，使用方便，对于各种水流条件的适应性较强，广泛适用于高、低速水流条件。但在漂浮物或水草较多和含沙量较高的深水水域，易发生机械故障而无法进行测量。当流速小于启动流速或超高流速时，仪器的线性关系不复存在，难以进行准确测量。此外，由于设备需要与流体进行接触，当流速变化过快时，同步捕捉能力较差。

4）电波流速仪

电波流速仪应用多普勒效应，向水面发射与接收无线电波，利用其频率变化与流体流速成正比的关系进行测速。目前常见的有点式电波流速仪和扫描式电波流速仪两种，其中，点式电波流速仪发射单个雷达波束，将水面被照射区当作一个点来进行测算，而扫描式电波流速仪利用天线阵发射超高频（ultra-high frequency，UHF）波段的雷达波，利用水流表面波对雷达产生的布拉格散射效应获得测量区域的径向发射信号，从而计算出流速。

电波流速仪操作简便、量程大、响应快且不受漂浮物影响，但主要针对流体表面，而难以测算流体深部的流场流速，对于扫描式电波流速仪来说，由于发射和接收角度问题，测速存在一定的盲区。

5）电磁式流速仪

电磁式流速仪利用法拉第电磁感应定律，根据流体切割磁场所产生的感应电势与流体速度成正比的关系测定流体流速。通常设备的探头安装在河道底部或其附近，在探头周围产生均匀的磁场，水在两侧流动时做切割磁感线运动，产生感应电动势，由此推算出流体流速。

电磁式流速仪在含沙量较高、水草和漂浮物水域及冰凌区域的流速测量具有一定的优势，在我国黄河的一些水文站均用其测量流速。但电磁式流速仪的被测介质必须是导电的液体或浆液。另外设备的测量电极间的电位差极小，易受到如同相电压、共模电压等与流速无关的信号的干扰，因此需要消除干扰信号并放大流速信号。

6）压力式流速仪

压力式流速仪依据伯努利定理，通过测量流体流动过程中产生的压差来测量流体流速，常见的为毕托管。毕托管由两根空心细管组成，一根为总压管，另一根为测压管。测量时总压管下端出口方向正对流体流速方向，测压管下端出口方向与流速垂直，利用两细管间的压差测量流体的流速。

毕托管仪器设备简单，操作便捷，价格低廉，但在流速过小时误差较大，此外，由于测压管下端需与流体接触，会对流场产生一定干扰。

7）热线/热膜式流速仪

热线/热膜式流速仪是一种测定水流脉冲流速的接触性流速仪，是由电阻温度系数较高的铂、钨、铂铑合金等材料制成细度为5～10μm，长度为1～3mm的细短金属丝，在其上镀一层极薄的石英膜绝缘保护层，作为传感器，置于被测流体中并通电流加热。加热的线由于自由对流、热辐射、探针之间的热传导和流体流动的强迫对流所引起的热消耗而冷却，电阻发生变化。流速越大，强迫对流造成的热损耗越大，金属丝电阻变化越大，通过测量电阻的变化测得流体流速。

热线/热膜式流速仪空间、时间分辨率高，背景噪声低，可实时测量流速并进行流速的三维测量。但由于在测量过程中探头浸没入液体中，易破坏和干扰流场，并且调试复杂，每次测量需进行多次标定。此外，设备对水质要求较高，水体中泥沙等杂质易对传感器造成损坏。

8）粒子图像流速仪

粒子图像流速仪利用流动显示的原理，在流体中投放跟随性好的示踪粒子，在强光照射下，通过图像记录装置获得粒子运动信息的图像，利用图像处理手段获得粒子的速度，即反映了流体的速度。该方法要求示踪粒子的相对密度与试验流体尽量一致，尺寸适当，大小分布均匀，有足够高的光散射效率，不干扰原流体的运动，不易沉淀和污染流体，尽可能为球形，通常选用花粉、聚氯乙烯、镀银空心玻璃球等作为示踪粒子，光源多选用单色性能好的激光。

粒子图像流速仪可测量断面及空间内的三维速度，可以获得流场的瞬时速度并不干扰流场形态，但对示踪粒子要求较高，测量二维速度时误差较大，测量三维速度时操作较复杂。

9.2.4　水质监测

1. 水质监测参数

雨水径流中可能含有各种物质，会对下游管网及受纳水体的水质造成不利影响。在选择水质监测参数时，主要需要考虑水环境基础设施的目标污染物，一般应包括悬浮物、氨氮、总磷、总氮、化学需氧量等指标。

2. 水样采集形式

根据采样形式可分为瞬时采样和混合采样。

1）瞬时采样

瞬时采样是指在一定的时间和地点从水中瞬时采样，然后逐个对水样按规定的项目进行分析，取得的水样称为单水样。单水样通常均为手工瞬时采集，也可以用自动化方法采集。由于在降雨事件中雨水质量往往会发生显著变化，单一简单采样的结果通常无法对污染物或污染物负荷的事件平均浓度（event mean concentration，EMC）提供可靠的估计。但是，简单采样在水环境基础设施监测中仍然发挥重要作用，主要体现在以下方面：

（1）在降雨初期收集的瞬时样本通常可用于表征初次冲刷的污染物浓度。通常情况下，在整个径流过程中污染物浓度最高的时刻发生在降雨初期，这种现象被称为初始冲刷效应。所以，在降雨初期收集的简单样本可以用于确定需重点关注的污染物。然而，这种方法在受到低强度、长期连续降雨、较短降雨事件的区域可能不太有效，因为在这样的天气条件下“初次冲刷”效应不太明显。

（2）一些参数（如挥发性有机物）容易被微生物降解和转化，导致样品混合会带来很大的误差。

（3）某些污染物，如油脂和总石油烃，往往会黏附在样品容器表面，因此应尽量减少取样容器中间的转移。

2）混合采样

混合采样是指将多次瞬时采样的样品组合起来形成单个复合样本来进行分析。但是如果要监测的站点较多的话，这通常是不切实际的。另外，如果需对多次降雨事件进行分析，则手动监测比自动监测更昂贵。基于以上原因，选择自动监测设备更适合进行混合采样。混合水样类型又可分为时间比例混合水样和流量比例混合水样。

首先，介绍时间比例混合水样。

时间比例混合水样是指在降雨期间以相等的时间间隔（如每 20 min）采集等体积的单个样品并混合均匀的水样。时间比例混合水样不考虑流量的变化，在降雨期间低流量和高流量时均要求收集相等体积的水量，导致时间比例混合水样通常不能提供 EMC 或污染物负荷的可靠估计，除非样品等分试样之间的间隔非常短且流速相对恒定。

然后，介绍流量比例混合水样。

流量比例混合水样是指在有自动连续采样器的条件下，在一段时间内按流量比例连续采集而混合均匀的水样。流量比例混合水样一般利用与流量计相连的自动采样器采样。流量比例混合水样更适合估算 EMC 和污染物负荷。流量比例混合水样分为连续比例混合水样和间隔比例混合水样两种。

3. 自动监测

自动监测通过使用电子或机械装置进行样品采集，这些装置在实际雨水样品采集期间不需要操作员在现场。它是收集流量加权复合样品的首选方法。在工人可能暴露于氧气不足，有毒或爆炸性气体，风暴波或危险交通状况的地方时，自动监测通常比手动监测更好。可以设置自动采样器，以便在检测到预定的暴雨径流速度时触发采样操作。相反，人工监测依赖于天气预报（及相当大的判断力和好运气），很难预测雨水径流何时开始，因此，手动监测人员可能过早到达并花费大量时间等待比预期更晚开始的降雨，或者他们可能来得太晚并且错过了比预期更早开始的暴雨，从而无法收集到初期降雨径流水样。如果将自动化设备设置为使用与流量方法成比例的恒定体积-时间来收集流量加权的复合样品，则可以减少测量样品用于合成的需要。

1）自动采样器

自动采样器是用于自动采集水质样品的一种装置，可实现瞬时、时间等比例、流量等比例等多种方式的样品采集。自动采样器一般由主控制器、托盘、进水管、取样管、分配臂和蠕动泵组成。

可以对自动采样器进行编程以在特定时间、特定时间间隔或者在接收到来自流量计的信号或其他信号（如水深、湿度、温度）时收集样本。采样器将单个样品分配到单个瓶子或单独的瓶子中，可以单独分析或混合分析。一些自动采样器提供多种瓶子配置，可根据计划目标进行配置。

2）水质监测设备

对于悬浮物（suspended solid，SS）、pH、溶解氧（dissolved oxygen，DO）、氧化还原电位（oxidation reduction potential，ORP）等水质指标可选择在线监测，当径流污染严重且易干扰在线监测设备导致监测误差较大时，应采用人工采样方法。需监测多个水质指标时，尽量选择多参数监测设备。

9.2.5　气象监测

1. 降雨量监测

降雨量监测是水环境基础设施监测的重要组成部分，通过降雨量监测，可获取长期雨量变化。在时间尺度上，降雨数据变化较快，为了能观测到不同类型的降雨数据，建议采用自动化监测手段获取降雨数据，并分析雨型、场次总降雨量、降雨强度等参数。

自记雨量计指自动记录降雨量及其过程的仪器，目前投入使用较多的主要有虹吸式雨量计、翻斗式雨量计、称重式雨量计和光学雨量计。前三种是基于力学原理来进行降雨量的探测的，也称为机械式雨量计；最后一种基于光学测量原理，采用非接触式测量的方法进行降雨量的探测。

1）虹吸式雨量计

虹吸式雨量计可以连续记录液体降水量和相对时间，从而获取降水强度。虹吸式雨量计由承水器、浮子室、自记钟和外壳所组成。雨水由上方的收集口收集后引入承水器，经过下方漏斗的汇集将降雨引入浮子室。浮子室由浮子和圆筒组成，浮子随汇集雨水的增加而向上浮动，带动自记装置上升。自记钟固定在座板上，外部裹上了一层层的记录纸，当时钟转动时，记录纸跟随转动，然后就记录下一条包含时间信息的降雨量曲线。记录纸上纵坐标记录雨量，横坐标由自记钟驱动，表示时间。当雨量收集到一定程度（通常为 10mm）时，浮子室里的雨水升至虹吸管弯曲部分，虹吸开始，快速地把浮子室中的雨水排入储水瓶，同时自记笔在记录纸上垂直下跌至零线位置，并再次开始随雨水的流入而上升，如此往返持续记录降雨过程。

由于浮子室积存 10mm 的雨量就需要排空存水，排空时将会产生误差，从而影响降雨测量的准确性。虹吸管也容易发生故障，需要经常进行检查。

2）翻斗式雨量计

翻斗式雨量计可连续记录降雨量随时间的变化并测量累计降雨量，由感应器及信号记录器两部分组成，其间用电缆连接。感应器由承水器、上翻斗、计量翻斗、计数翻斗、干簧开关等构成；信号记录器由计数器、自记笔、自记钟、控制线路板等构成。其工作原理为：雨水由最上端的承水口进入承水器，通过引水漏斗注入小翻斗中，当小翻斗中的储水量达到一定高度（如 0.5mm）时，翻斗失去平衡翻倒，雨水被倒出。翻斗每翻倒一次，都会触发开关接通电路，向信号记录器输送一个脉冲信号，信号记录器控制自记笔将雨量记录下来，如此往复即可将降雨过程测量并记录下来。

翻斗式雨量计的使用有一定的限制因素，在冰冻天气中，雨量计的摇杆结构可能结冻或者漏斗孔被冰块堵住从而影响设备的准确度；在强风暴期间，摇杆结构可能失效或双重倾斜，降低雨量测量的准确性。此外，翻斗式雨量计由于自身结构和原理的局限性，翻斗必须和雨水接触，当雨水中夹杂尘土或者遭受沙尘暴时，将会降低雨量测量的准确性，甚至影响雨量计的正常工作。

3）称重式雨量计

称重式雨量计利用一个弹簧装置或一个重量平衡系统，将储雨筒及其所收集的雨水的整体质量进行连续记录，记录方式采用机械发条装置或平衡锤系统。不论固体或是液体的降水，在其落入储雨筒时就被记录下来。这类雨量计通常没有自动倒水的功能，其储雨筒的容积从 150mm 到 750mm 不等，相当于雨量计的量程。由于称重式雨量计是对降雨进行实时称重，为了测量较为准确，要尽可能减少蒸发带来的雨量损失，故一般会往储雨器中添加一定量的油或是其他可以抑制蒸发的液体，在雨水表层上形成抑制蒸发的薄膜。通常在大风天气时，风力的作用会破坏平衡导致难以测量，可通过一种油阻尼装置来降低强风的作用力，也可以设计一个微型处理器，直接在测量数据输出上消除此类效果的影响。

和上述两种雨量计不同，由于称重式雨量计是对降水进行计重，不需要融化固态降水，特别适用于测量雪、冰雹、雨夹雪等包含固态粒子的降水，通常比翻斗式雨量计更昂贵且养护成本更高。称重式雨量计灵敏度极高，当风或温度条件变化时都会引起一定的误差，因此，测量数据需要消除误差因子引起的波动，才能得到真正的降水变化量。

4）光学雨量计

与前面介绍的虹吸式雨量计、翻斗式雨量计和称重式雨量计相比，光学雨量计是一项较新的技术。光学雨量计的工作原理是：当发生降水时，降水粒子会对正常传播的探测光产生影响，光学雨量计通过探测器感应并捕获检测光包含的降水粒子信息，借此来观测降水。光学雨量计根据探测方法的不同可分为以下几类：光学散射探测雨量计、光强衰减法雨量计和图像采集法雨量计等。

和前面三种雨量计不同，光学雨量计作为一项较新的技术，具备测量准确的优点，但是通常成本较高。

为了保证雨量计测量的准确性，雨量计的布设地点应避开强风区，周围应空旷、平坦，不受突变地形、树木和建筑物及烟尘的影响。

2. 其他气象数据

除了降雨量，其他气象数据（如温度、湿度、风速、气压和蒸发蒸腾）对于水环境基础设施的现场条件测量、效能评估和养护也很重要。例如，风速过大会使雨量测量产生误差，需同时进行风速测量，用于校正雨量资料；温度会影响土壤渗透能力。

可以采用气象站来监测气象数据，气象站通常可以监测以下气象参数：降水、温度、湿度、风速和风向、气压。

与雨量计一样，气象站的场地选择也非常重要，能影响气象数据测量的准确性及代表性。一般情况下，气象站应露天安装，远离建筑物、树木或其他可能影响测量的物体。各种传感器需要放置在不同的位置。例如，温度和湿度传感器应放置在阴凉处，以避免太阳直接辐射，同时需要远离植被；而风速和雨量传感器应放置在空旷的地方，防止障碍物对风速和雨量测量的影响。

9.3　设施病害检查及检测技术

检查主要针对管渠设施，通过管渠检查可以全面分析管渠存在的问题。传统的排水管道检查方法如地面巡视检查、进入管内检查、量泥斗检查、潜水检查、反光镜检查等，仅适用于大管道，同时由于完全依赖人工作业，判断过程存在主观性和盲目性，检查效果差，成本也较高。随着科学技术的发展，形成了多种借助仪器的检查方法，包括 CCTV 检测、声呐检测、潜望镜检测、烟雾检查和染色检查等[36]。管渠检查检测方法及适用范围如表 9-1 所示。

表 9-1　管渠检查检测方法及适用范围

检测方法	中小型管渠	大型以上管渠	倒虹管	检查井	功能状况	结构状况
CCTV 检测	√	√	√	—	√	√
声呐检测	√	√	√	—	√	√
量泥斗检测	—	—	—	√	√	—
潜水检查	—	√	—	√	√	√

续表

检测方法	中小型管渠	大型以上管渠	倒虹管	检查井	功能状况	结构状况
反光镜检查	√	√	—	√	√	—
水力坡降检查	√	√	√	—	√	—
染色检查	√	√	√	—	√	—
烟雾检查	√	√	√	—	√	—

注：“√”——适用；“—”——不适用。

表格摘自《城镇排水管渠与泵站运行、维护及安全技术规程》（CJJ 68—2016）[36]。

9.3.1 CCTV 检测

CCTV 检测是指采用 CCTV 系统进行管渠检测的方法。CCTV 系统是指通过 CCTV 录像的形式，将摄像设备置于排水管道内，拍摄影像数据传输至计算机后，在终端电视屏幕上进行直观影像显示和影像记录存储的图像通信检测系统。检测系统一般包括摄像系统、灯光系统、爬行器、线缆卷盘、控制器、计算机及相关软件。

CCTV 检测能对管渠的功能性缺陷和结构性缺陷进行精确定位，其中功能性缺陷是指影响排水管渠过流能力的缺陷，包括沉积、结垢、障碍物、残墙、坝根、树根、浮渣、倒坡等；结构性缺陷是指影响排水管渠结构本体的缺陷，包括裂缝、破裂、变形、腐蚀、错口、起伏、脱节、接口材料脱落、异物穿入等。CCTV 检测主要适用于管道内水位较低状态下的检测，所以在检测之前，通常需要对管道进行清洗、疏通，并适当通风，防止管道中存在蒸汽和雾影响摄像视线。所以 CCTV 检测往往成本较高。

应按照现行行业标准《城镇排水管道检测与评估技术规程》（CJJ 181—2012）的有关规定，进行 CCTV 检测。

检测完成后，应提供影像资料和检测报告，完整记录管道的缺陷。

9.3.2 声呐检测

声呐检测是通过声呐设备以水为介质对管道内壁进行扫描，扫描结果经计算机处理得出管道内部的过水断面状况，能对管渠的结构性缺陷和功能性缺陷状况进行检测。声呐检测系统包括水下扫描单元（安装在漂浮、爬行器上）、声学处理单元、高分辨率彩色监视器和计算机。应按照现行行业标准《城镇排水管道检测与评估技术规程》（CJJ 181—2012）的有关规定，进行声呐检测。

声呐检测只能用于水下物体的检测，可以检测积泥、管内异物，对结构性缺陷检测有局限性，也不宜作为缺陷准确判定和修复的依据。

9.3.3 潜望镜检测

潜望镜检测是指采用管道潜望镜在检查井内对管道进行检测的方法。管道潜望镜也称为电子潜望镜，它通过操纵杆将高放大倍数的摄像头放入检查井或隐蔽空间，能够清晰地显示管道裂纹、堵塞等内部状况。设备由探照灯、摄像头、控制器、伸缩杆、视频成像和存储单元组成。

潜望镜检测主要适用于设备安放在管道口位置进行的快速检测，可观察管道是否存在严重的堵塞、错口、渗漏等问题，对于较短的排水管可以得到较为清晰的影像资料，其优点是速度快、成本低，影像既可以现场观看、分析，也便于计算机储存。但是对于细微的结构性问题，不能提供很好的成果，所以潜望镜检测一般用于管道内部状况的初步判定。对于管道里面有疑点的、看不清楚的缺陷还需要采用 CCTV 在管道内部进行检测。

9.3.4 烟雾检查

烟雾检查主要用于污水管道入流入渗的检测，具有操作简单、成本低的优点。可检测到的具体入流入渗来源包括由管道破损所带来的地下水入渗及由排水管网非法连接造成的降雨入流。

烟雾检查系统一般由烟雾发生器、鼓风机组成。烟雾包括液体烟雾和气体烟雾，气体烟雾一般通过燃烧蜡烛或点燃烟幕弹产生，由鼓风机吹入管道。在进行烟雾检查前，通常需要在进行烟雾检查的管段两端通过沙包、塞子等进行封堵，被测管段不宜太长，一般不应超过两个检查井的间隔。通过鼓风机往管道里面灌入无毒、无污染的烟雾，根据烟雾扩散的路径，判断入流入渗源的位置。鼓风机一般放置在管段中央的检查井处。

在检测前，应绘制检测草图，包括检测地点、日期、公司或机构的名称及执行检测人员的名称等信息。检测前，应准备足够的烟幕弹，确保检测期间烟雾不断产生，充满整个管道区间。检测期间，检测人员需要不断地在周围的建筑物及管道附近查看，观察是否有烟雾泄露，并及时拍摄照片记录。检测完成后，应在草图上标记烟雾泄露的位置、泄露地址的描述及照片的编号。照片应连续编号，以便后期整理与查看。烟雾检查时，地面应干燥，避免在下雨、有风的天气进行检查，同时管道不能充满水。

为了防止出现事故，应提前通知附近居民、警察和消防员，并采用预防措施，避免居民接近烟雾。

9.3.5 染色检查

染色检查主要用于污水管道降雨入流入渗的检测，主要用于对烟雾检查识别出来的可疑区域进行补充检查。往可疑的入流源注入染料，根据染料的路径判断检测管道是否连接至污水管道。染色检查通常与 CCTV 检测结合进行，通过 CCTV 检测可对问题区域进行精确定位。染色检查应尽量避免在冬季水温较低时进行。用于染色检查的荧光染色剂应较鲜艳，能够通过肉眼直观辨别。染料应无毒无害，可溶于水，同时可进行生物降解，不与管道和管道内的杂物发生化学反应。

染料测试法与流量监测法结合也可用于入流量的测定。在测试前，用沙包或塞子封堵被测管道两端，往被测管道中灌满水，并加入染料。在下游出现染料的地方用流量计监测水流流量并记录出现染料的时间。

第 10 章　水环境基础设施智慧运营维护管理平台

水环境基础设施稳定运行是城市水环境安全的重要保证，可以借助在线监测、模型模拟评估、管网检测及信息化等技术手段来辅助运营，形成一套完善的水环境基础设施评估、诊断、养护流程，制定出科学、经济、有效的设施修复养护方案和验收依据，提高城市市政建设、改造和养护的管理水平。

10.1　数据管理平台

数据管理平台采用 C/S、B/S 和 M/S 混合架构，支持通过客户端进行数据的录入和编辑，支持网页浏览器访问本系统和通过手机端进行数据的填报。

10.1.1　绿色设施数据管理系统

1. 资产填报

提供养护项目及所辖设施数据标准化填报接口，项目施工单位及养护单位可通过统一的网址进行数据填报。施工单位需填写项目及设施的竣工资料和信息，包括所属项目、设施编号、设施类型、设置地点、用地面积、控制容积等基础信息，设施大样图、平面分布图等竣工图纸，以及设施管理维护重点，为养护单位创建设施养护计划提供参考；养护单位需填写单位、养护人、开始养护时间等信息。

系统支持对已填报设施列表的查看，支持新建设施、编辑设施信息及删除设施。界面设计图如图 10-1、图 10-2 所示。

如果设施较多，应支持通过批量导入的方式来实现设施资产的快速导入。系统提供导入模板（图 10-3），施工人员按照模板格式进行设施的整理，通过一键导入的方式批量导入系统。

2. 二维码配置

二维码功能实现设施二维码信息的配置管理，包括二维码条码生成、二维码图片导出等功能。通过二维码算法，设施生成二维码图片，记录设施的身份信息；二维码图片导出功能以批量的形式对已经生成二维码的设施导出二维码图片。

雨水利用设施维护管理系统　权限管理　用户管理　系统日志　系统消息　用户

设施列表

新增项目　新增设施　请输入关键字　全部　查询

编号	设施类别	设施名称	项目名称	面积（公顷）	创建日期	控制容积（立方米）	操作
VS-1	植草沟	中央花园植草沟1#	朝阳社区小区	1	2016-08-04	0.2	编辑　删除　查看
VS-2	植草沟	中央花园植草沟2#	朝阳社区小区	0.7	2012-11-04	0.3	编辑　删除　查看
VS-3	植草沟	西部花园植草沟	朝阳社区小区	0.8	2010-06-04	0.5	编辑　删除　查看
VS-4	植草沟	东部花园植草沟	朝阳社区小区	1.1	2009-11-04	0.4	编辑　删除　查看
GR-1	绿色屋顶	1栋21楼绿色屋顶	朝阳社区小区	1.2	2009-11-04	0.8	编辑　删除　查看
GR-2	绿色屋顶	11栋21楼绿色屋顶	朝阳社区小区	1.3	2009-11-04	0.7	编辑　删除　查看
GR-3	绿色屋顶	保安室5楼绿色屋顶	爱家园小区	0.8	2009-11-04	0.9	编辑　删除　查看
GR-4	绿色屋顶	15栋21楼绿色屋顶	爱家园小区	1.2	2009-11-04	1.1	编辑　删除　查看
RG-1	雨水花园	中心湖旁雨水花园	朝阳社区小区	1	2009-11-04	1.3	编辑　删除　查看
RG-2	雨水花园	11栋东侧雨水花园	朝阳社区小区	0.9	2009-11-04	1.5	编辑　删除　查看
RG-3	雨水花园	1栋西侧雨水花园	朝阳社区小区	0.8	2009-11-04	1.6	编辑　删除　查看
RG-4	雨水花园	物业南侧雨水花园	朝阳社区小区	0.7	2009-11-04	1.4	编辑　删除　查看
PP-1	透水铺装	南门停车场透水铺装	朝阳社区小区	0.7	2009-11-04	0.4	编辑　删除　查看
PP-2	透水铺装	东门停车场透水铺装	朝阳社区小区	0.9	2009-11-04	0.2	编辑　删除　查看
PP-3	透水铺装	中心花园人行透水铺装	爱家园小区	1.1	2009-11-04	0.3	编辑　删除　查看
PP-4	透水铺装	西部花园人行透水铺装	爱家园小区	1.1	2009-11-04	0.5	编辑　删除　查看

总共有20条设施信息　1　2　共2页　当前1页

图 10-1　设施列表查看界面设计

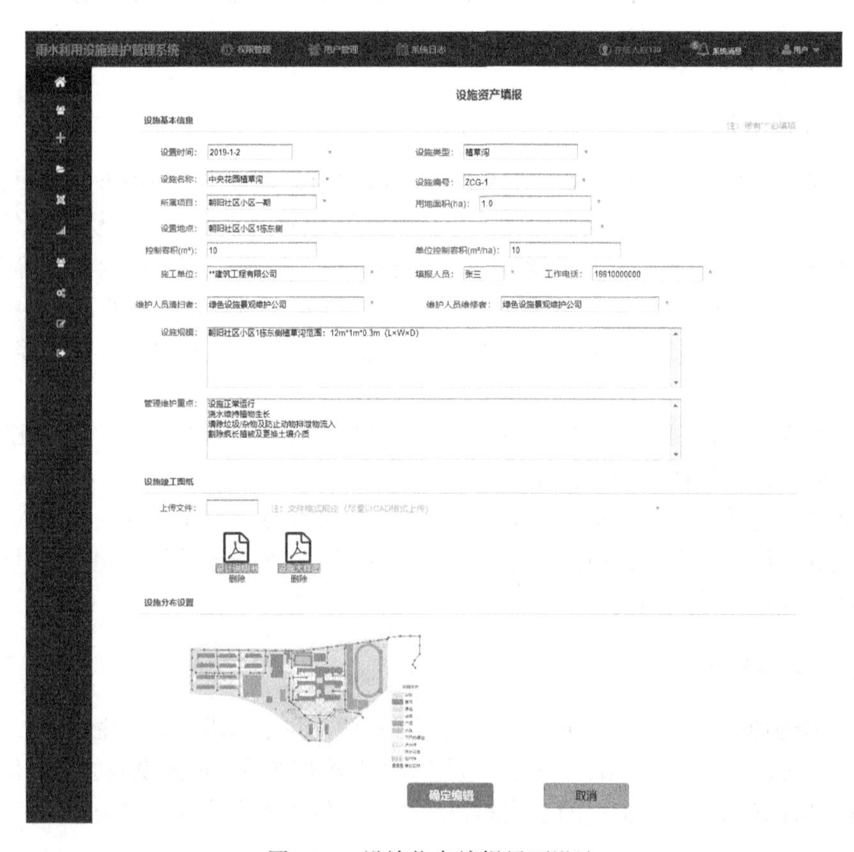

图 10-2　设施信息编辑界面设计

设施名称*	设施编号*	设施类型*	所属项目*	面积（公顷）*	……
中央花园植草沟 1#	VS-1	植草沟	朝阳社区小区	1	
中央花园植草沟 2#	VS-2	植草沟	朝阳社区小区	0.7	
1 栋 21 楼绿色屋顶	GR-1	绿色屋顶	朝阳社区小区	0.8	

图 10-3　导入模板示例

3. 设施档案管理

通过设施资料填报功能，相关人员将设施及所在项目信息进行填报上传，在此基础上，设施档案管理功能实现设施的相关信息的查看和统一管理。设施档案管理功能实现单位所辖项目的统一管理，可查看项目名称、施工单位、项目地址、总规模等基本信息，并了解项目中包含哪些水环境基础设施，各个水环境基础设施的详细信息，以及各个设施在项目中的分布。界面设计如图 10-4 所示。

图 10-4　项目信息查看界面设计

同时设施档案管理实现项目及设施的分类查询、检索、统计，系统支持按时间、关键字等查询项目及设施名称。

4. 设施状态评估

绿色设施状态评估是基于设施进出口采集的流量、液位及水质在线监测数据，评估设施对径流总量及径流污染负荷的控制效果。通过多年数据累积，计算设施的平均控制效果，当控制效果严重下降时，提供报警功能，提示管理人员对设施进行养护或更换。

除了对设施的状态进行综合评估外，还可以对各单项值进行查看，如土壤入渗率的评估，设施年、月及每场降雨的径流体积控制率和峰值流量削减率的评估，设施年及每场降雨的径流污染控制效果的评估。

10.1.2　灰色设施数据管理系统

1. 数据编辑

我国灰色设施数据存储格式多样，包含原始图纸、电子表格、图形数据、矢量图层等多种格式，数据的内容、格式也不统一，不便于数据的管理和使用。为了提高数据录入和管理效率，清华大学和中国城市规划设计研究院编制了《城市排水防涝设施数据采集与维护技术规范》(GB/T 51187—2016)，有助于科学、规范地开展城市排水防涝设施数据采集与养护工作，建立格式统一、信息完整的城市排水防涝设施数据库，提高城市排水防涝规划、设计、建设、管理的水平。灰色设施普查数据需要按照《城市排水防涝设施数据采集与维护技术规范》的要求，建立格式统一的数据库，便于数据的管理并为运营养护提供基础数据支撑。

为了充分利用现有数据，系统应支持不同格式数据的导入。用户只需要选择匹配的字段，即可将设施的空间数据和属性数据批量导入数据库，建立映射关系，避免人工录入的工作量。同时系统也应支持设施的手动编辑，包括设施的添加、删除、管线拆分、管线方向反转、设施形状编辑、属性数据批量修改等功能。用户可以加载背景底图，在底图上进行临摹，绘制管网要素。图 10-5 为数据录入界面。

数据编辑应实现空间数据与属性数据的同步更新，并应保持排水防涝设施拓扑关系的完整性。如相连节点的名称修改后，应同步修改管线的上下游节点编号信息。

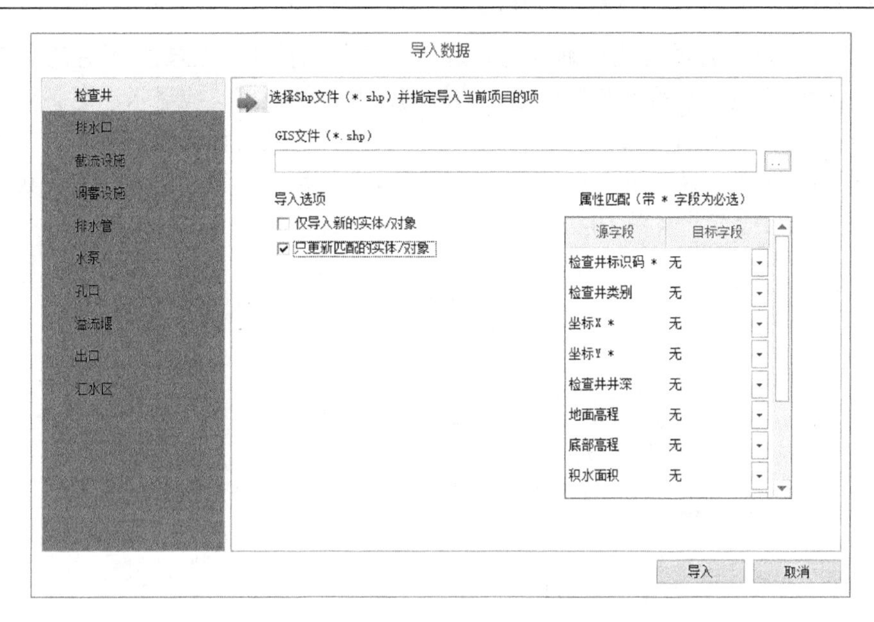

图 10-5　数据录入界面

2. 数据查询

利用 GIS 技术，实现对灰色设施空间与属性数据的查询显示，应包括地图查询、属性查询等。地图查询（图 10-6）功能即通过用户在地图上选择的方式，获取所选设施的相关信息，选择方式包括点选、框选、圈选及多边形选择等，可同时选择多个要素进行查看。

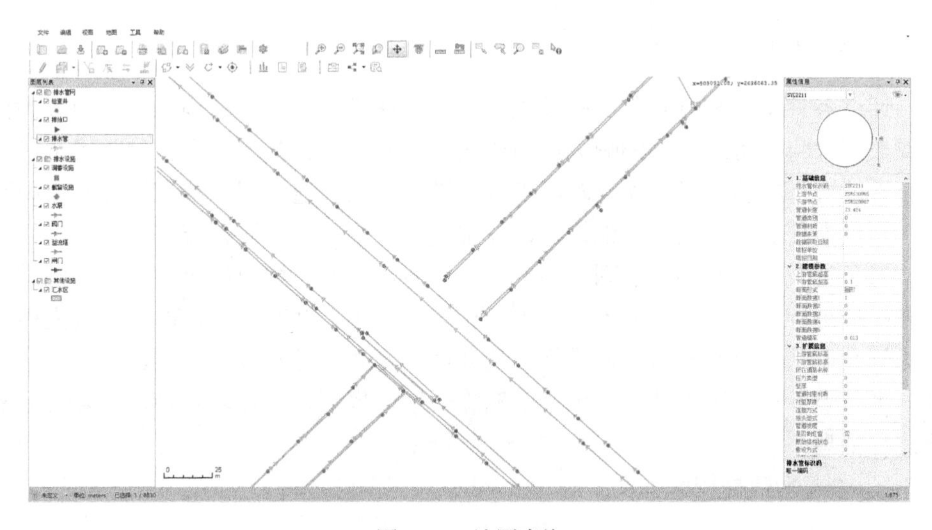

图 10-6　地图查询

属性查询指通过设置查询语句筛选符合条件的要素，应支持所有的属性要素，包括数值型、字符型等多种格式的查询，查询结束后，应显示满足条件的要素个数，同时查询结果应在地图高亮显示。由于灰色设施往往数据量较大，通过属性查询，可以快速查询满足要求的要素，有助于管理决策。例如，快速获取井深超过 5m 的检查井（图 10-7）。

图 10-7　查询窗口

3. 数据校验

通过各种渠道和方式获得的设施数据由于在设计、存储和施工阶段的人为错误或改变，将不可避免地影响数据的质量，故有必要建立一套数据校验机制对数据合理性进行校验，指导设计及施工人员进行现场核查，保证数据的完整性和准确性。数据校验应包括完整性检查、异常值检查及拓扑问题核查等功能。

对于查找出的问题，以列表的方式分类显示，同时检查结果可以放大到选择要素区域进行高亮显示，便于用户进行核查和修正。针对每项问题，系统提供默认的解决办法，可对问题数据进行批量处理。例如，针对重合节点，默认删除属性一个节点；对于孤立节点，可全部删除。用户也可以一项项查看，结合实际情况进行处理。

图 10-8 为数据校验界面。

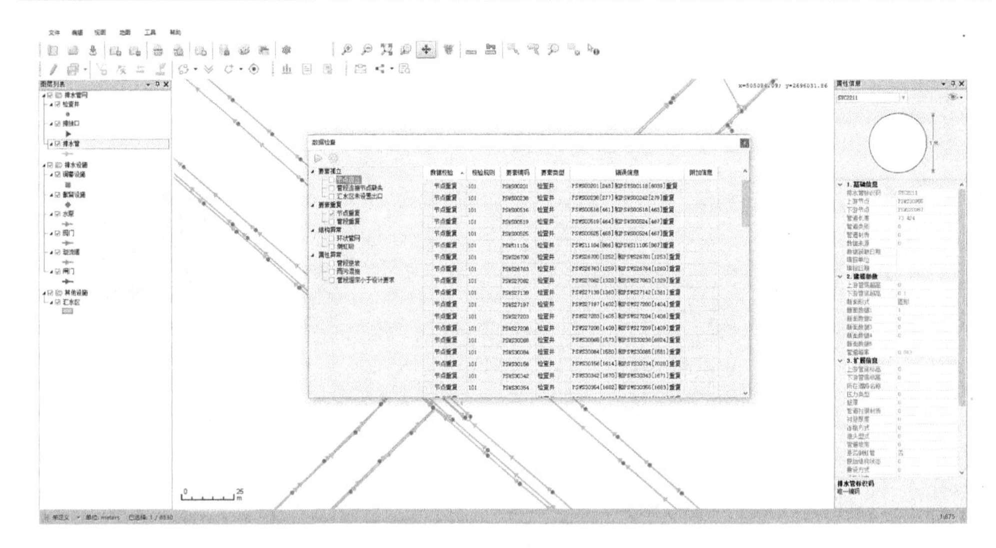

图 10-8 数据校验界面

4. 检测数据管理

检测数据管理可以对排水管网的管道内窥检测数据进行统一管理，存储作业编号、检测日期、检测单位、检测人、功能性缺陷、结构性缺陷等详细检测信息，并可以链接视频文件，查看检测视频。通过对检测信息与管网进行关联，统计进行了管网检测的管段数量，同时可根据是否进行过检测来渲染整个排水管网系统，管理人员可快速了解管网系统情况。另外，可以查询检索具有内窥检测数据的管网，对检测信息进行快速检索查看，并分级渲染管段缺陷等级，了解管网动态运行信息。

通过排水管网数据普查平台，可以进行管段检测数据的展示，用户通过单击已检测的管段，可查看管段基本属性信息，同时主界面下方将展示本管段各缺陷点的纵向位置和环向位置，选择管段上的缺陷点，还可以查看缺陷点照片，如图 10-9 所示。

在排水管网的电子地图上，通过不同深浅的颜色或不同大小的符号来显示管网缺陷的严重等级，这样可以直观查看管网检测及缺陷的分布情况，为管网养护修复提供地图支撑（图 10-10）。

通过管网检测数据的入库及与管网普查数据的挂接，可以统计整个排水管网系统已进行检测的管段，并在电子地图上高亮展示已进行检测的管段，用户可以了解整个排水管网系统检测的程度及分布情况（图 10-11），为以后的管网养护工作提供指导。同时可以进行管段缺陷类型统计，根据结构性缺陷种类和功能性缺陷种类，分别统计各种缺陷的等级和数量。

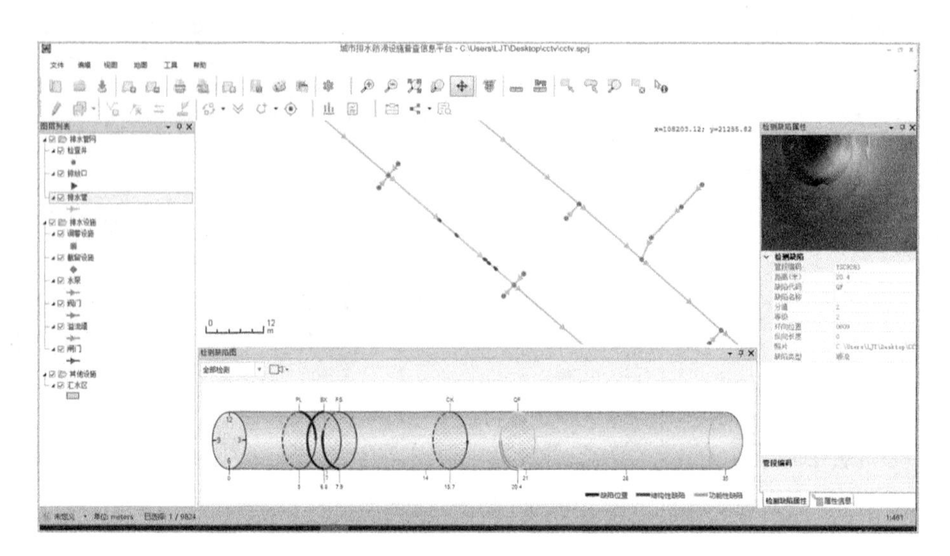

图 10-9　管网检测数据展示

图 10-10　三级以上缺陷专题图显示界面示例图

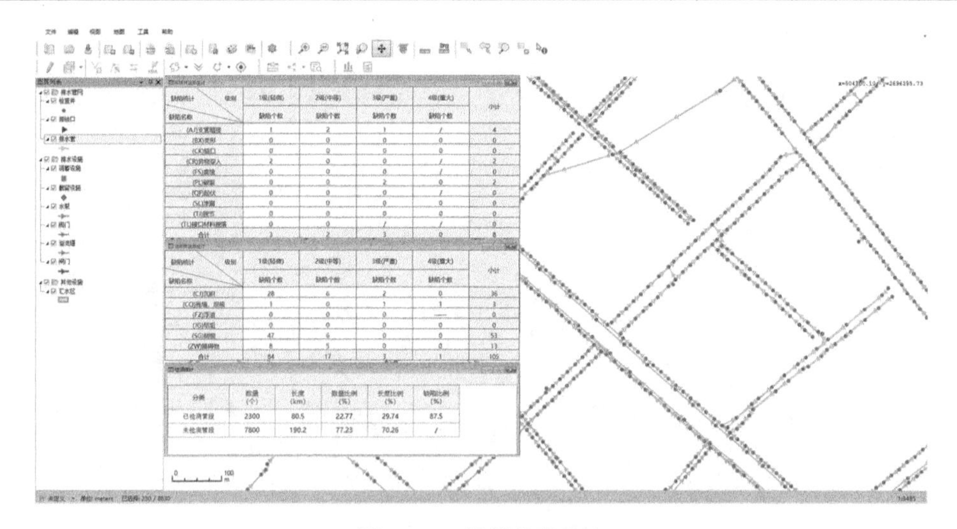

图 10-11　检测管段统计

5. 状态评估

城市排水系统是一个复杂、庞大的网络体系，由于长期运行及雨污混接、运行管理不善等原因，管网均会高负荷运行，极易造成排水管道内污泥沉积、结垢、腐蚀及破裂，影响其运行效果，甚至带来城市内涝、溢流污染等事故。对管网进行实时监测和定期检测均有助于发现设施的问题及隐患，但是由于缺少状态评估机制，无法实时对设施状态进行综合准确评估，无法为系统优化决策提供科学依据，也不利于数据的有效利用。

状态评估功能基于管网普查数据，关键监控节点所采集的流量、液位、水质等在线监测数据及管网检测数据，实现管网运行状态的动态评估。其中在线监测数据关联监测展示系统，实现数据共享。系统通过嵌入状态评估模型，实现设施运行状态的动态评估，将管网状态分为 5 个等级，对于未发现问题的管网，状态等级为 1，随着故障程度的逐渐严重，状态等级逐级增加，最高等级为 5。同时系统针对每项缺陷和问题，提供对应的解决办法，可为管理者进行灰色设施的修复和更换提供科学依据。

系统支持按照管网的状态等级进行专题渲染（图 10-12）。

10.1.3　监测展示系统

地理信息展示系统基于 B/S 结构，使用浏览器和计算机网络查看在线监测数据和相关图表。系统支持设施、管网、分区等不同层级监测设备的分类展示。

图 10-12　管网状态等级专题渲染

1. 数据采集

数据采集功能实现了水质水量在线监测仪表读数和监测设备运行参数的系统接入与数据的可视化。在线监测设备安装后根据仪器设定的监测频率会定期采集相应监测指标的数值，以及监测设备的运行状态等参数，在线监测接口接入功能可以将以上数据的参数及时接入系统中并展示在系统界面上，并不断更新。

数据采集功能模块（图 10-13）对不同设备类型进行了分类，通过不同的设备类型快速查找设备，然后进行数据的填报，同时也可通过快速检索查找设备。数据填报时根据实际时刻值选择所需填报的时刻数据，若填报错误，还可删除错误数据。

丰兴隆生态公园水系水质（SZ-1）

#	时间	悬浮物浓度(mg/L)	液位(m)	温度(℃)	pH值(无)	溶解氧(mg/L)	电压(V)	操作
1	00:00		1.305	-99.9	-0.1	0.1	12.91	
2	00:05		1.31	-99.9	-0.1	0.1	12.89	
3	00:10		1.311	-99.9	-0.1	0.1	12.91	
4	00:15		1.309	-99.9	-0.1	0.1	12.9	
5	00:20		1.307	-99.9	-0.1	0.1	12.9	
6	00:25		1.31	-99.9	-0.1	0.1	12.91	
7	00:30		1.309	-99.9	-0.1	0.1	12.88	
8	00:35		1.31	-99.9	-0.1	0.1	12.9	
9	00:40		1.309	-99.9	-0.1	0.1	12.89	
10	00:45		1.308	-99.9	-0.1	0.1	12.9	
11	00:50		1.309	-99.9	-0.1	0.1	12.88	
12	00:55		1.31	-99.9	-0.1	0.1	12.89	

图 10-13　数据采集功能模块

2. 实时数据展示

实时数据主要用于查询监测设备的实时数据及历史数据，可利用不同的搜索条件查询各监测设备监测数据详情，以图表形式进行展示，同时可下载所查询监测数据，以 Excel 形式导出。

实时数据模块（图 10-14）能根据设备类型、所属范围、监测对象进行设备查询，同步显示最新实时数据，同时能显示不同指标历史数据曲线和监测点位置。

图 10-14　实时数据模块

3. 监测地图

基于通用地图（百度、高德等）实现在线监测设备及数据的定位、显示与查看，实现各监测设备的安装点位、运行状态、监测数据在地图上的实时显示，便于管理者直观全面地了解各监测站点的数据监测与设备运行情况，辅助管理者进行远程实时监控（图 10-15）。

4. 设备管理

设备管理功能（图 10-16）实现了在线监测设备的信息化管理。该功能支持新接入设备的添加和已有设备的查询，包括设备的基本信息、指标信息、位置信息、现场照片和安装信息等信息的录入、修改和查询，并生成相应的日志报告，同时能进行监测指标的预警值设定。

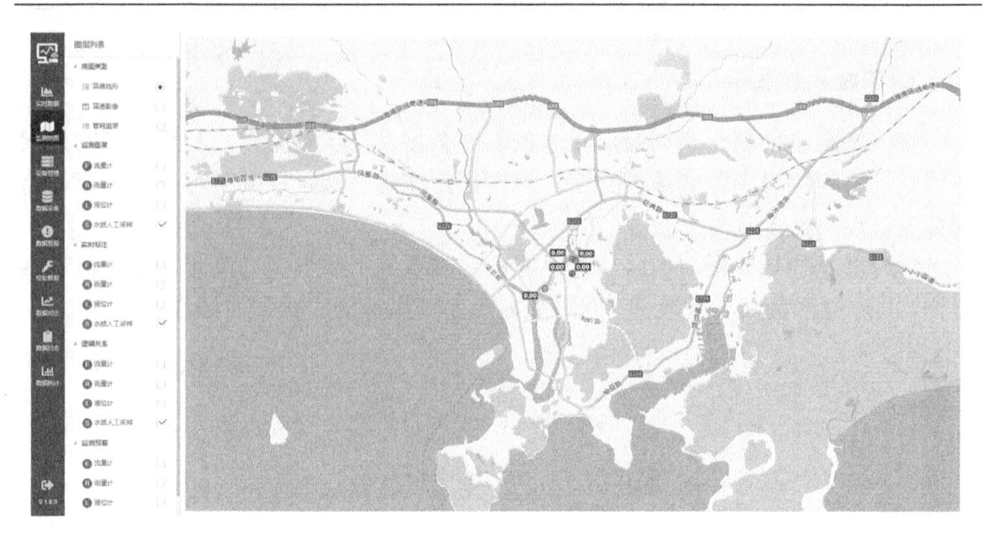

图 10-15　监测地图界面示例图

图 10-16　设备管理界面示例图

5. 数据警报

监测数据报警实现了监测点监测数据超过相应阈值后向系统自动发出报警信息，并显示在系统界面上的功能。对不同警情设定相应的阈值，安装的监测设备的实时数据传输到系统数据库后，当实时监测数据超过相应的阈值时，会自动发出不同级别的报警信息，以便决策者及时掌握监测点处的警情，做出相应的判断和决定。系统还能查询和展示历史警报信息，以便用户查看分析。

6. 校验修复

校验修复功能实现了对在线监测设备采集的监测数据的自动校验，包括缺失值（图 10-17）和异常值的检验，同时支持自动修复和人工修复，对数据中存在的缺失值进行合理插补，对异常值经过判断后选择合理的方法进行修正。

图 10-17　缺失值校验

其中缺失值修复方法包括线性法和均值法两种方法，线性法即将缺失段的数据按照线性插值的方法补全；均值法即选择该监测点以前类似情况的监测数据来替代缺失段数据。异常值检查方法包括阈值法、截断点法、变化率法、方差检查等，阈值法即根据设置的上下限判断数据是否超出范围；截断点法即根据历时监测数据系统自动判断数据的范围，超出范围认为异常；变化率法即根据设置的变化率上下限判断数据是否变化太快；方差检查即根据设置的方差下限判断数据是否过于恒定。修复方法包括最小值处理、归零处理、均值处理等。用户可以查看每项方法校验的异常值的分布，选择合适的方法进行校验和修复。

7. 数据对比

数据对比功能（图 10-18）旨在综合、全局地对比分析数据，实现多设备不同指标不同时间段的任意方式对比，对比结果以曲线图形式展示。通过上下游水质水量数据的对比，用户可分析水质水量变化区段，进而调查水质水量变化原因。

8. 数据统计

监测数据统计功能（图 10-19）实现了监测数据的深度统计和分析，通过该功能对监测所得的原始数据进行统计分析，找出水质水量数据结果所反映的各项指标之间的关系、内在变化规律，有利于整体把握横琴一体化区水系统运行规律。数据统计包括降雨场次识别、产流量统计、年径流总量控制率等水文和水力数据统计，同时包括警报、数据异常缺失情况、设备日志等养护情况统计等。

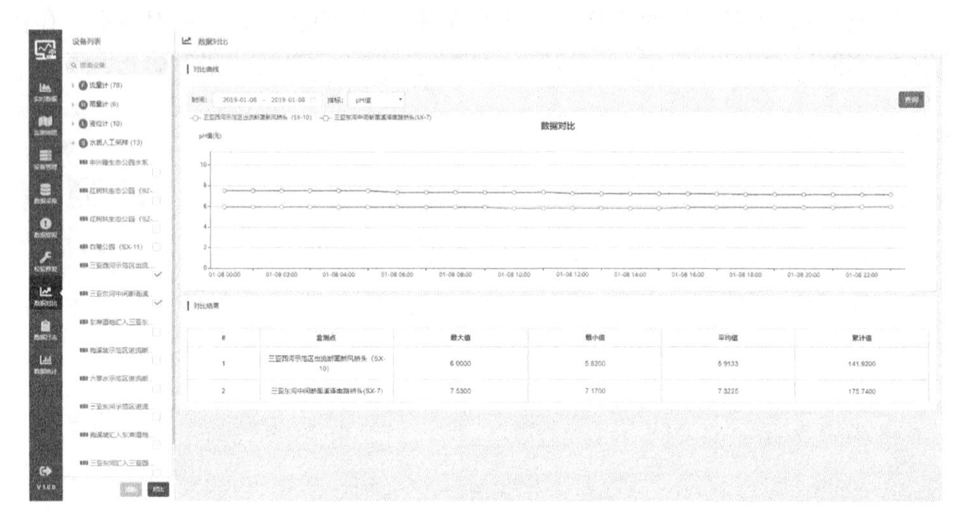

图 10-18　数据对比界面

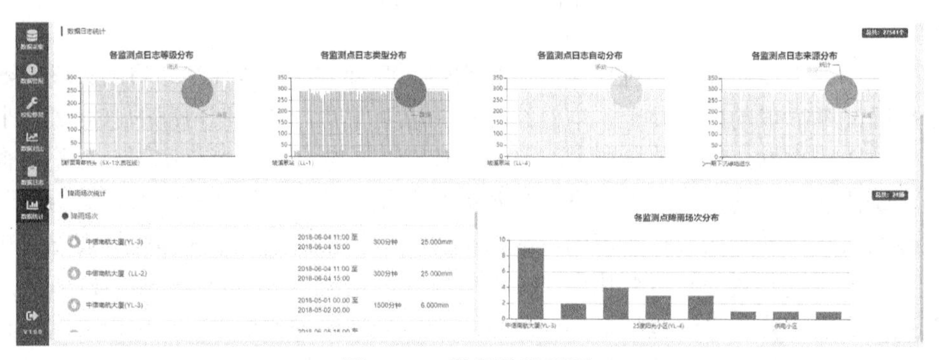

图 10-19　数据统计界面

10.2　运营养护平台

建立一体化运营养护平台，实现绿色设施和灰色设施的一体化运营维护。

10.2.1　工作流程

1. 绿色设施

通过构建水环境基础设施运营维护系统，为水环境基础设施养护工作提供了全流程、精细化、标准化的管理模式，工作流程如图 10-20 所示。系统采用 M/S 模式与 B/S 模式相结合的方式，可以满足维护单位现场维护人员与管理人员及时沟通信息的需要，同时社会公众、监管单位、施工单位也可以参与设施维护。

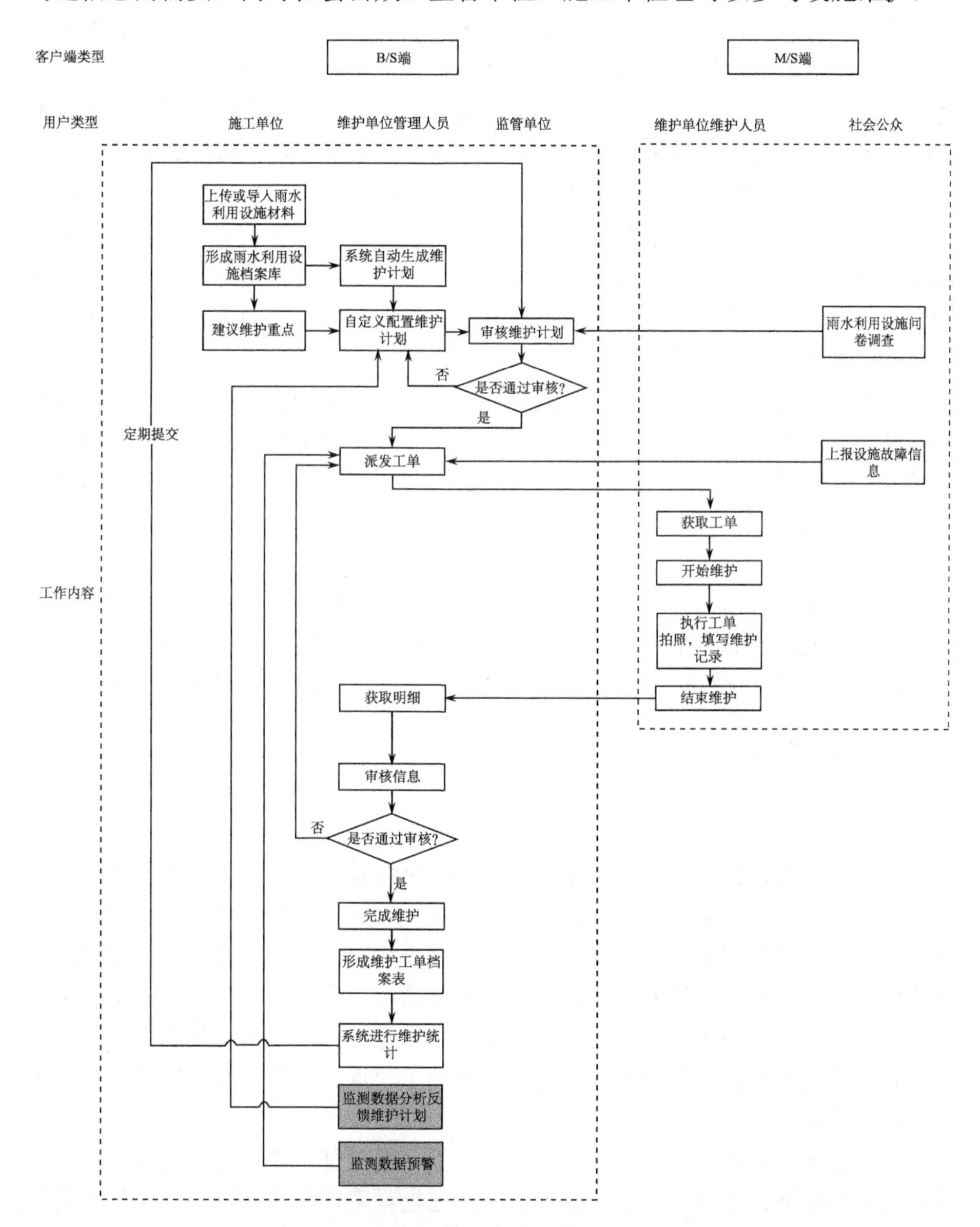

图 10-20　绿色设施运营维护系统工作流程图

针对海绵城市建设项目，图中监管单位包括建设主管部门、海绵城市技术主管部门等单位；对于非海绵城市项目，监管单位主要指管委会等

项目在竣工验收合格后，按既定的管养职能职责，及时办理移交管养手续，移交给相应维护单位运行管养。首先，在项目移交的同时，应由施工单位提供项目及相关水环境基础设施的资料，并提出各项设施维护管理的作业重点，方便维护单位管理者建立该项目的水环境基础设施的维护计划。维护单位确定好维护计划后提交监管单位审核，审核无误后开始向维护人员派发工单。在设施巡查维护过程中，现场维护人员通过微信公众号登录水环境基础设施维护系统，将现场维护作业信息及时上传，而维护单位管理人员通过登录B/S端即可对记录明细进行查询和审核，及时了解设施现场的详细信息，并对维护作业情况进行审核，必要时可对现场维护人员派发紧急任务，现场维护人员查看任务后即可快速处理事故现场。社会公众也可以通过微信公众号对设施故障信息进行紧急上报，并对水环境基础设施的维护效果进行问卷填写，设施问卷调查结果有助于管理单位对维护计划进行改进。

现场安装的监测设备采集的监测数据也可对维护计划进行反馈。监测数据分析，对于维护计划的改进及设施的可持续性运作有指导意义。监测展示系统也可以提供数据报警，当数据异常时提示管理人员派发相关工单以保证设施的稳定性。

2. 灰色设施

灰色设施的工作流程（图 10-21）和绿色设施类似，主要减少了监管单位环节。同时灰色设施的竣工资料不由施工单位填报，而是需要借助桌面端软件实现设施的录入和标准化处理，数据校验合格后为设施运营维护提供数据支撑。

10.2.2　网页端功能

1. 维护计划管理

系统为每种设施配置维护计划模板，维护单位管理人员可采取推荐的维护计划派发维护工单。维护计划管理模板（图 10-22）应包括检查内容、检查频率等内容。根据设施类型的不同，模板的内容应各不相同。例如，绿色屋顶应包括雨落管检视、雨落管清扫等内容；雨水花园应包括植被清扫、植被浇灌、更换土壤介质等内容。检查频率可选择每天、每两周、每月、每季、每半年及大雨过后。这项功能的实现需施工单位在填报资料时准确填写设施类型，系统应覆盖所有的水环境基础设施类型。

系统也支持对维护计划进行修改，管理员可针对施工单位提出的维护重点及地区特点调整维护计划，增加巡检项，修改巡检频率，使水环境基础设施能更科学地进行维护。

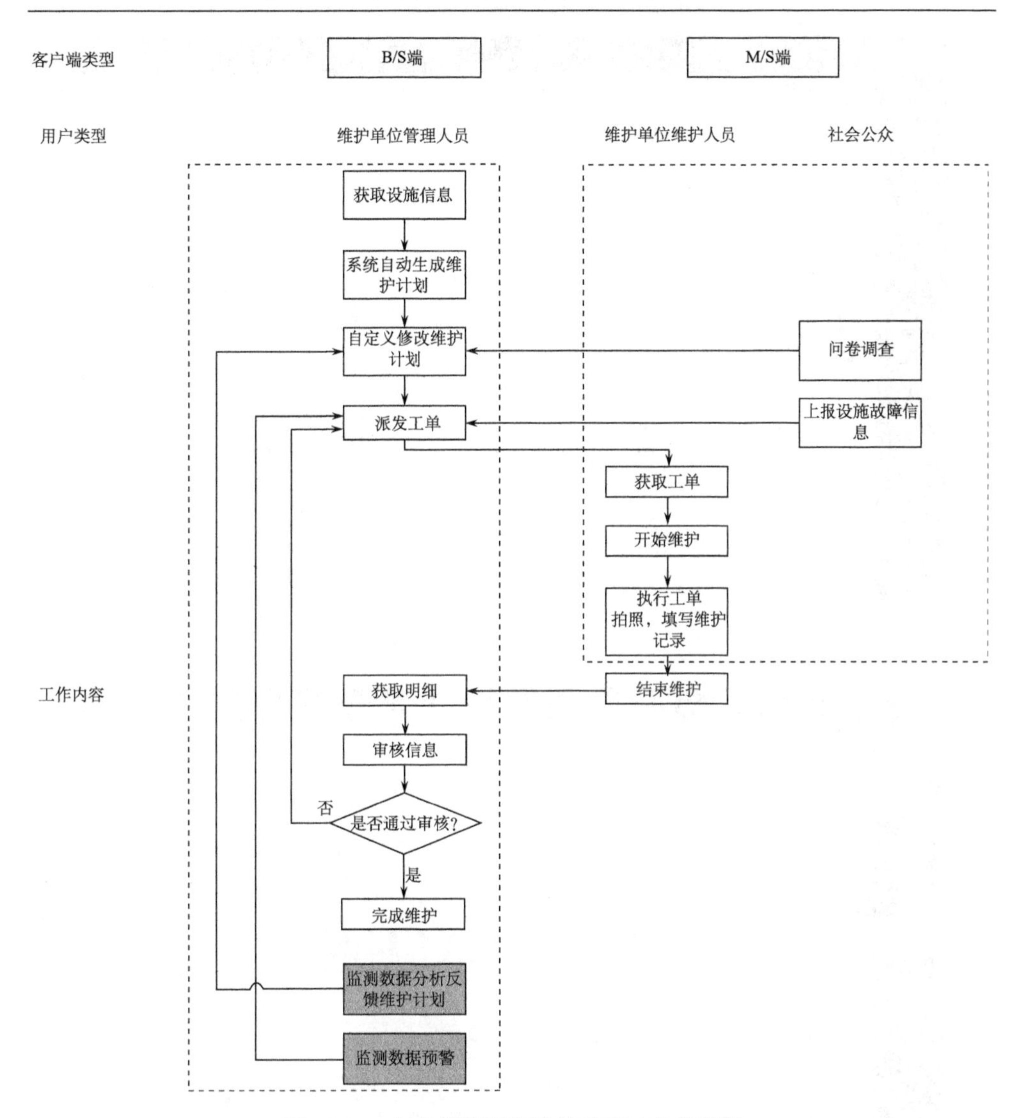

图 10-21　灰色设施运营维护系统工作流程图

维护计划完成创建后，可统一分配给同一个维护人员进行维护，也可以分项分配。系统可对项目所辖设施的维护计划进行统一管理和查询统计，支持查看所有设施的维护计划创建情况，可分别显示已完成和未完成维护计划的设施，统计所有检查项目的个数，统计每个维护人员的任务项个数。

2. 维护日历

维护日历功能（图 10-23）以日历的形式显示当前、未来和过去的设施维护

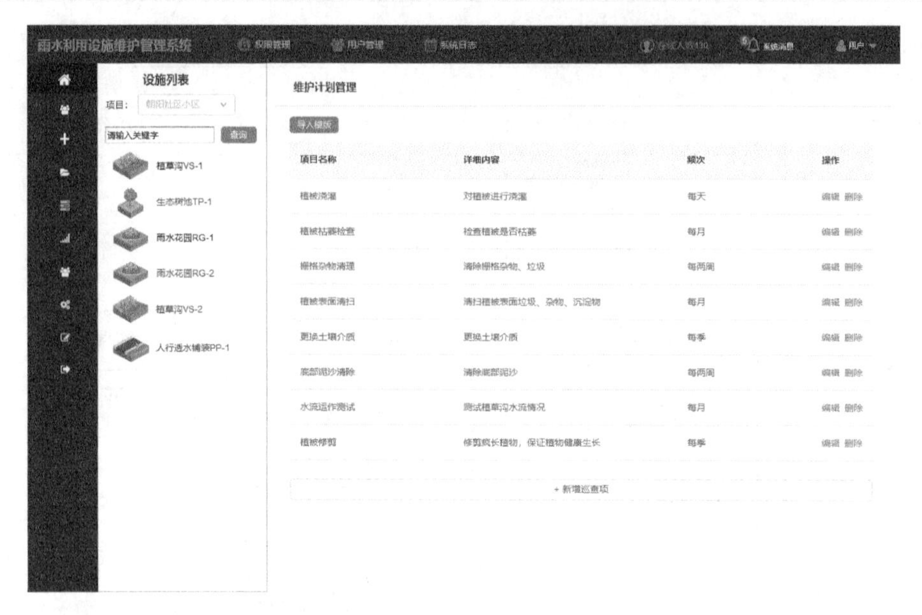

图 10-22　维护计划管理

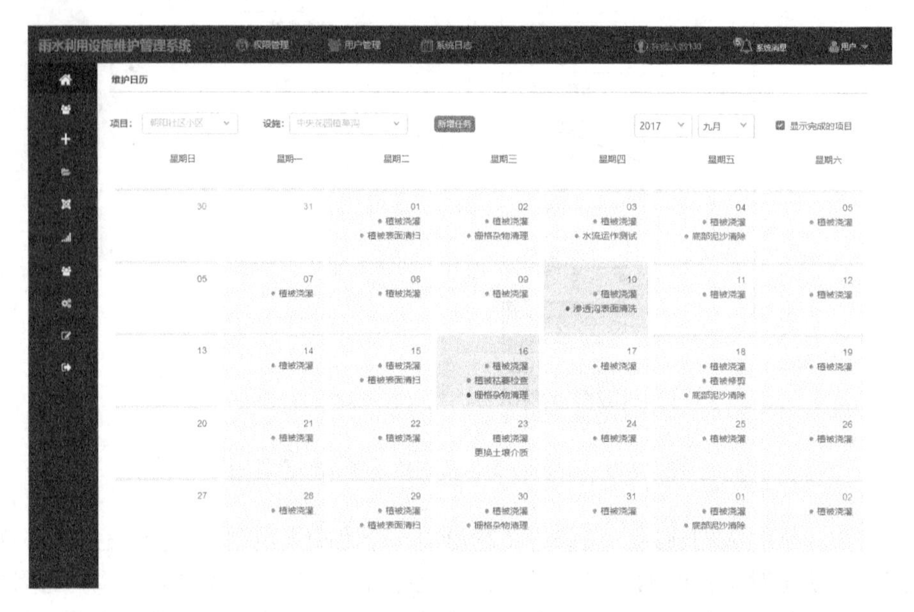

图 10-23　维护日历界面设计

活动。当现场维护人员完成某项维护任务并通过审核后，任务将标记为“已完成”。如果任务状态已过期，将在维护日历中突出标识该任务，同时会给现场维护人员推送延期提醒。同时，系统还支持查看未来的任务，展望未来的任务有助于管理人员更好地管理设施维护计划。

在此界面上，管理人员可以按照项目及设施过滤任务，支持查看具体某个设施的维护情况，也可以显示所有设施及所有所辖项目的维护情况。系统默认显示本月的维护日历，用户可以修改日期，查看选择日期的维护日历（图 10-24）。在此界面上也可通过选择“显示完成的任务”仅显示已完成的任务。系统默认将所有任务显示在日历上，单击日历中的日期，将弹出窗口显示该日期的所有任务信息。

图 10-24　查看某一日期任务详情

双击日历中的任务，将打开“任务详细信息”表单。

在此界面上，还支持添加任务，管理人员可结合监测数据及现场维护人员、公众上报问题快速创建临时任务，及时分配给现场维修人员进行处理。

3. 工单管理

工单管理功能可实现已制定的养护计划的工单签发、派发，已经执行工单的回单确认、回单审核，可辅助水环境基础设施养护管理人员对养护工作的统一监管，提高设施养护的工作效率。工单管理界面如图 10-25 所示。

通过工单管理，管理人员可以查看任一工单的详细信息（图 10-26），包括工单编号、工单名称、工单状态、养护人员、工单地图等信息，也可以查看工单现场记录信息，包括养护前后照片（图 10-27）、文字叙述等信息。

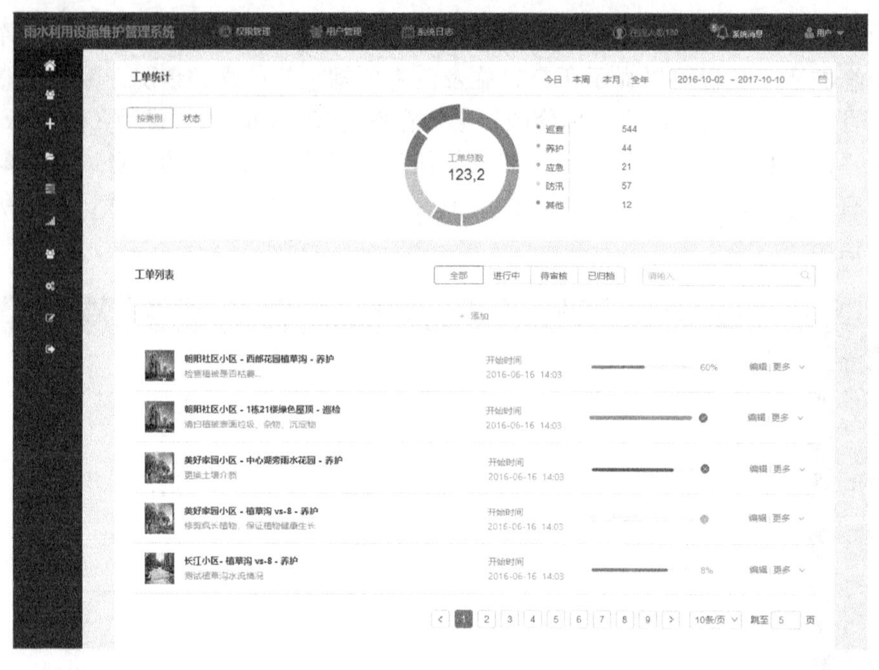

图 10-25　工单管理界面

图 10-26　工单详情查看

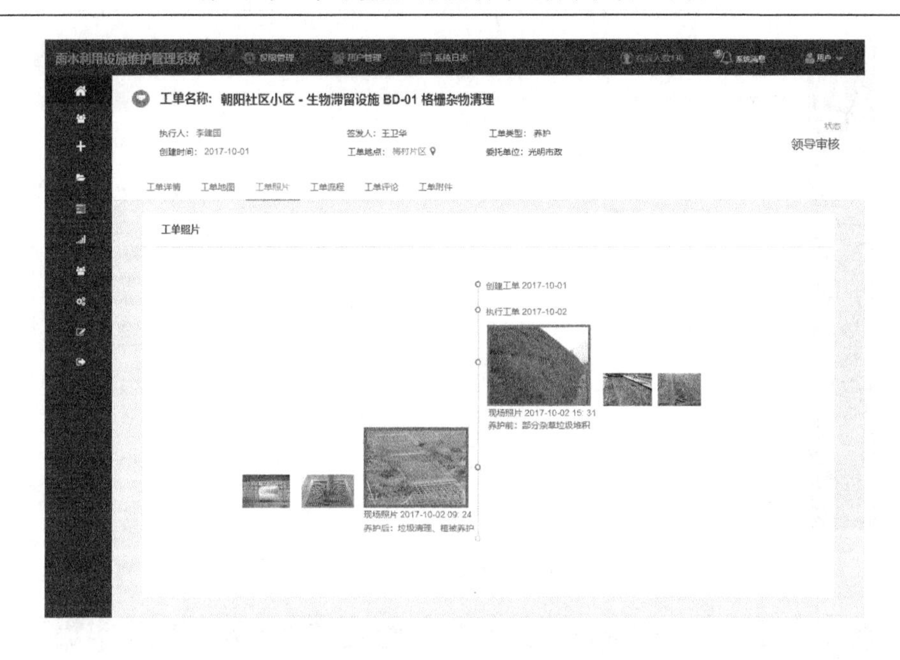

图 10-27　工单照片查看

工单管理功能支持对历史养护信息进行查询，可通过日期、关键词搜索，同时可按照完成情况、设施类型、养护人员等不同类别进行养护工单的分类查询。

工单管理功能也支持对工单进行统计，可按照任务完成情况、设施、养护单位等不同类别进行养护工单的统计，统计结果以数据表、饼状图或柱状图显示。

4. 消息中心

消息中心实时跟踪工单消息，一旦工单现场状态发生改变，消息实时发送至管理人员，提示管理人员审核，公众及养护人员现场上报的问题也会显示在消息中心中。消息中心设计界面如图 10-28 所示。

5. 地图管理

以地图的方式综合展示设施、排水管网、现场养护人员、监测设备等的空间位置（图 10-29）。提供地图操作工具，可进行地图放大、缩小、平移、展示全图等。可通过不同颜色显示现场养护人员的工作状态（在线、离线），展示监测设备的通信状态，显示监测设备实时数据等。通过地图管理模块，管理人员可查看养护人员的位置，监督人员是否在附近工作，也方便快速发送任务给附近人员进行处理。

雨水利用设施维护管理系统　权限管理　用户管理　系统日志　系统消息　用户

消息中心

未读　已读

用户名	设施类别	设施名称	工单名称	消息内容	创建日期	操作
李建国	植草沟	中央花园植草沟1#	维护	回单	2016-08-04	标记为未读
王卫华	植草沟	中央花园植草沟2#	维护	回单	2012-11-04	标记为未读
李建国	植草沟	西部花园植草沟	维护	回单	2010-05-04	标记为未读
王卫华	植草沟	东部花园植草沟	修复	派单	2009-11-04	标记为未读
李建国	绿色屋顶	1栋21楼绿色屋顶	巡检	派单	2009-11-04	标记为未读
王卫华	绿色屋顶	11栋21楼绿色屋顶	应急	派单	2009-11-04	标记为未读
李建国	雨水花园	中心湖旁雨水花园	应急	派单	2009-11-04	标记为未读
李建国	雨水花园	中心湖旁雨水花园	维护	派单	2009-11-04	标记为未读
李建国	雨水花园	中心湖旁雨水花园	维护	派单	2009-11-04	标记为未读

总共有115条设施信息　1 2 >　共5页　当前1页

图 10-28　消息中心设计界面

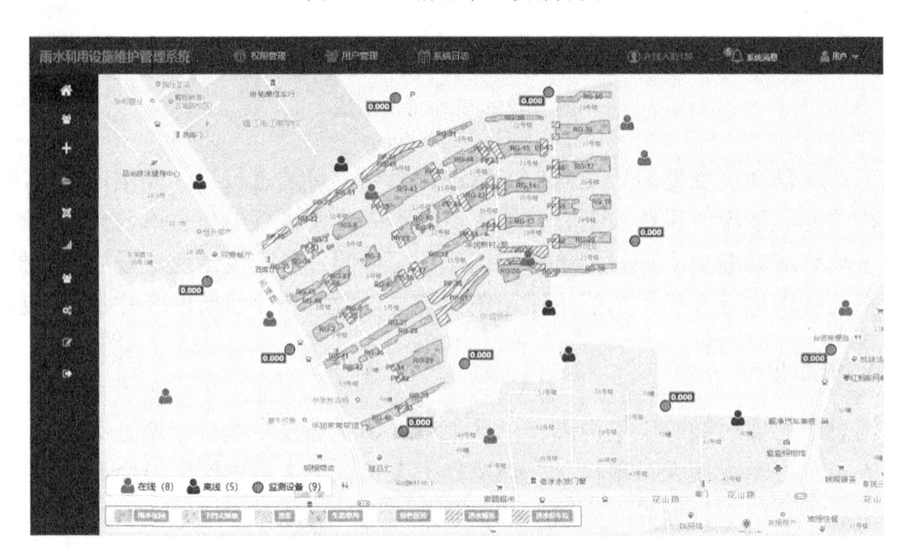

图 10-29　地图管理

在地图中单击相关对象，可查看详细信息，如单击养护人员，可查看养护人员的名称、单位、电话等信息。

6. 问卷管理

问卷管理功能模块（图 10-30）实现了对公众问卷调查结果的统一管理，支持问卷的查询和问卷调查报告的浏览与下载。

雨水利用设施维护管理系统　权限管理　用户管理　系统日志　系统消息　用户

+ 创建问卷　网格视图　列表视图

问卷	状态	操作	回收量	创建时间
中央花园植草沟1#问卷调查（32314231）	正在回收	导出excel	15	2019.03.29
中央花园植草沟2#问卷调查（32314232）	正在回收	导出excel	25	2019.03.27
西部花园植草沟问卷调查（21232234）	调查结束	导出excel	5	2019.03.27
东部花园植草沟问卷调查（21232235）	调查结束	导出excel	5	2019.03.26
1栋21楼绿色屋顶问卷调查（21232236）	调查结束	导出excel	3	2019.03.25
11栋东侧雨水花园问卷调查（21232237）	调查结束	导出excel	2	2019.03.25
东门停车场透水铺装问卷调查（21232238）	调查结束	导出excel	3	2019.03.23
中央花园人行透水铺装问卷调查（21232239）	调查结束	导出excel	5	2019.03.23

图 10-30　问卷管理界面

系统还支持根据调查结果生成统计图表（图 10-31），包含折线图、柱状图、饼状图等多种表现形式。

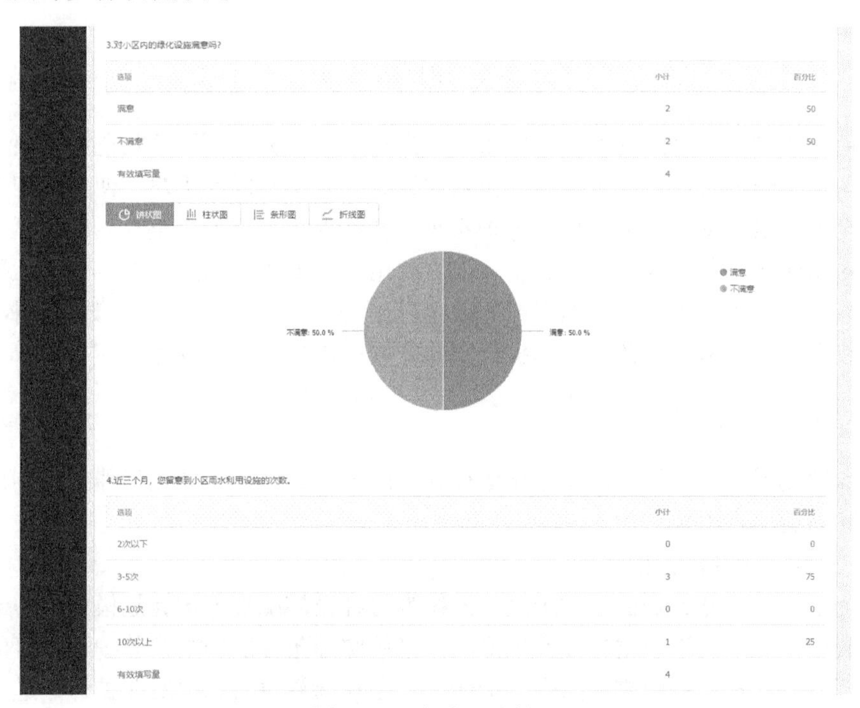

图 10-31　问卷调查统计

7. 用户管理

水环境基础设施养护管理系统的用户较多，包括项目施工单位、养护单位、社会公众等。用户管理模块（图 10-32）主要实现对用户的管理，对用户基本信息、账号密码进行养护，系统管理员可添加、删除系统用户或单位，同时可对角色和权限进行定义，实现用户-角色和角色-权限的配置。

图 10-32　用户管理界面

用户通过单点登录的方式访问系统，为每个用户分配不同的角色和权限。将各种角色（管理员、数据填报员、技术主管等）赋给不同的用户，使用户拥有相应的功能权限（图 10-33），用以养护系统安全性保护数据的完整性。针对不同的用户对功能赋予各种权限，具有相应权限的用户才能访问相应功能，如施工单位人员只有填报指定项目和设施资料的权限，只有技术主管才具有审核数据的权限。一个权限可属于多个角色，如养护日历功能各个用户均可以操作。

8. 参数配置

参数配置功能模块实现对系统运行参数的设置管理，主要包括养护计划模板配置和问卷调查配置。

1）养护计划模板配置

为了降低设施养护的工作难度，系统为每种设施配置养护计划模板，考虑到目前我国养护经验不丰富，以及地形、气候等实际条件的影响，养护计划可能并不合理，在养护过程中需要结合养护情况及公众问卷调查结果对养护计划进行不断调整，因此需要对养护计划模板进行可配置养护。养护计划模板配置包括养护项、频率等参数的配置，支持对养护项进行增删改及对频率进行修改。

图 10-33　权限管理

2）问卷调查配置

问卷调查配置包括题库管理、问卷定义、条件管理、答题限定等内容。

（1）题库管理：此模块用于定义调查问题的标题、选项及选择方式，包括单项题、多项题、文字问答题。可以将题目组成题库，根据实际应用情况组成各种问卷。

（2）问卷定义：管理者在后台动态地定义一个问卷，问卷里的题目是管理员从题库中动态选择生成的。管理员可以预先组织多套问卷，根据实际需要，动态地开启问卷及结束问卷。

（3）条件管理：管理者可以在后台限定一个统计条件库，如年龄段、性别、地域、人群和文化程度等。可以根据不同问卷的需要动态地添加统计条件。

（4）答题限定：对答题者的答题条件给予限定，如回答次数、IP 地址、计算机 cookie、是否需要注册等条件限定。

10.2.3　移动端功能

由于手机微信具有普及率高和沟通便捷的特点，基于微信平台开发微信移动平台，省去了 APP 复杂的安装过程，升级也不需要通知用户，为现场作业提供更便捷的手段，可以实现巡检、养护工单的实时推送，有效提高巡检养护人员的工作效率。同时，结合微信平台扫码功能和设备二维码模式，可以在巡查养护及应急过程中快速进行设备定位和信息上报。

1. 工单管理

养护人员登录软件后，可看到所有的工单任务列表。系统根据已接单和未接单，将管理员派发的工单进行分类。工单“已接单”状态代表此工单巡查人员已经进行了接单，但还未进行回单操作，说明此工单任务在执行中。每个工单信息提供了设施类型、养护内容、养护时间、养护频率等内容。工单任务列表设计界面如图 10-34 所示。

图 10-34　工单任务列表设计界面

在工单任务列表设计界面，支持根据工单名称、执行时间快速搜索对应工单。

2. 现场执行

现场养护人员根据管理人员派发的养护任务有针对性地进行设施养护，任务主要来源包括管理人员创建的养护计划、其他巡检人员上报的问题、公众上报的问题、在线监测分析出的问题等。

现场执行是指现场养护人员在现场工作过程中上传照片、记录现场执行情况一直到回单的过程。养护人员在执行过程中，可选择“已清扫”（或“已养护”，根据养护内容的不同选项不一），代表任务完成；选择“正常”选项，代表设施正常；选择“未执行”，并说明原因。工单任务执行记录界面如图 10-35 所示。

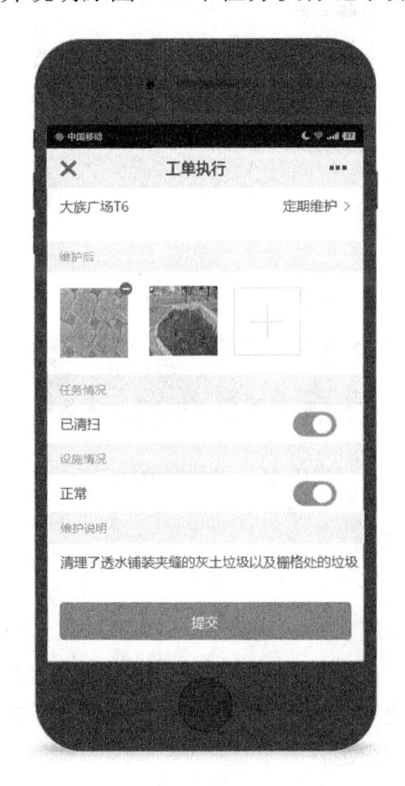

图 10-35　工单任务执行记录界面

现场养护人员完成任务后，可单击回单操作，系统将现场人员上传和记录的信息上传至数据库提交管理人员审核，管理人员可以及时查看养护情况，了解最新进度。

3. 消息中心

消息中心实现消息的统一管理，管理人员派发工单将及时推送，设计界面如

图 10-36 所示。

图 10-36　移动端消息中心

4. 问题上报

养护人员及公众可通过设施上贴的二维码扫一扫登录微信公众号，对现场发现的设施问题进行上报，通过拍照上传和问题描述记录发现的问题，提交给管理人员审核。公众上报功能（图 10-37）让社会大众能够参与城市建设，有助于提高水环境基础设施的安全稳定性。

5. 问卷调查

除了问题上报，公众还可以通过问卷调查参与水环境基础设施养护。通过问卷调查（图 10-38），可以填写对设施建设及养护的直观感受，有助于提高设施的养护及设计的合理性和有效性。

图 10-37　公众上报界面示例图

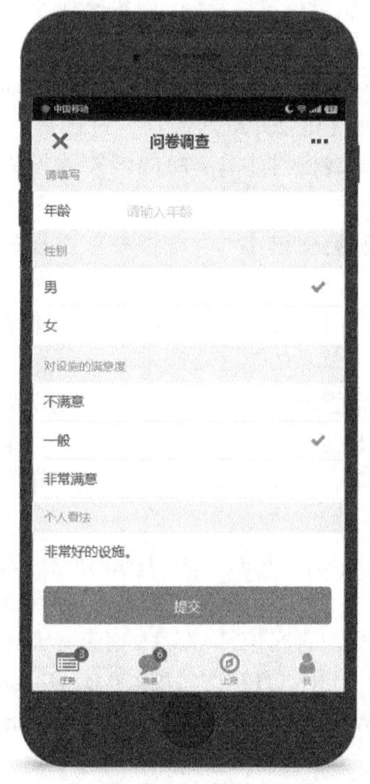

图 10-38　问卷调查

参 考 文 献

[1] 韩志刚, 许申来, 周影烈, 等. 海绵城市: 低影响开发设施的施工技术[M]. 北京: 科学出版社, 2018.

[2] 沈清基. 《加拿大城市绿色基础设施导则》评介及讨论[J]. 城市规划学刊, 2005(5): 98-103.

[3] BENEDICT M A, MCMAHON E T. Green infrastructure[M]. Washington: Island Press, 2006.

[4] 吴伟, 付喜娥. 绿色基础设施概念及其研究进展综述[J]. 国际城市规划, 2009, 24(5): 67-71.

[5] 董淑秋, 韩志刚. 基于“生态海绵城市”构建的雨水利用规划研究[J]. 生态城市, 2011, 18(12): 37-41.

[6] 闫攀, 车伍, 赵杨, 等. 绿色雨水基础设施构建城市良性水文循环[J]. 风景园林, 2013, (2): 32-37.

[7] 中华人民共和国住房城乡建设部. 海绵城市建设技术指南——低影响开发雨水系统构建[M]. 北京: 中国建筑工业出版社, 2014.

[8] 中华人民共和国住房城乡建设部, 中华人民共和国国家质量监督检验检疫总局. 室外排水设计规范(2016 年版): GB 50014—2006[S]. 北京: 中国计划出版社, 2016.

[9] 北京市规划委员会, 北京市质量技术监督局. 雨水控制与利用工程设计规范: DB 11/685—2013[S]. 2013.

[10] SLANEY S. Stormwater Management for Sustainable Urban Environments[M]. Melbourne: Images Publishing Group Pty Ltd, 2017.

[11] 住房和城乡建设部科技发展促进中心. 海绵城市建设先进适用技术与产品目录(第一批)[Z]. 2016.

[12] 住房和城乡建设部科技发展促进中心. 海绵城市建设先进适用技术与产品目录(第一批)[Z]. 2016.

[13] 刘梦云, 常庆瑞, 齐雁冰. 不同土地利用方式的土壤团粒及微团粒的分形特征[J]. 中国水土保持, 2006, 4(4): 47-51.

[14] 生态环境部, 国家市场监督管理总局. 土壤环境质量建设用地土壤污染风险管控标准（试行）: GB 36600—2018）[S]. 2018.

[15] 李春娇, 田建林, 张柏, 等. 园林植物种植设计施工手册[M]. 北京: 中国林业出版社, 2013.

[16] 陈远吉. 景观绿地养护管理[M]. 北京: 化学工业出版社, 2013.

[17] 上海市城乡建设和交通委员会. 城市道路养护技术规程: DG/TJ 08-92—2013[S]. 2013.

[18] 骆辉. 透水沥青路面堵塞行为研究 [D]. 南京: 南京林业大学, 2017.

[19] SIRIWARDENE N R, DELETIC A, FLETCHER T D. Modeling of sediment transport through stormwater gravel filters over their lifespan[J]. Environmental Science & Technology, 2007, 41(23): 8099-8103.

[20] MAYS D C, HUNT J R. Hydrodynamic aspects of particle clogging in porous media[J]. Environmental Science & Technology, 2005, 39(2): 577.

[21] 住房和城乡建设部标准定额研究所. 人工湿地污水处理技术导则: RISN-TG006—2009[S]. 北京: 中国建筑工业出版社, 2009.

[22] GREEN BUILDING COUNCIL. Intensive green roofs (roof gardens) and extensive green roofs technical specification[S]. Technical Specification, 2010.

[23] 车伍, 李俊奇. 城市雨水利用技术与管理[M]. 北京: 中国建筑工业出版社, 2006.

[24] 天津市城乡建设委员会. 天津市水环境基础设施运行养护技术规程(征求意见稿)[Z].

[25] UNITED STATES ENVIRONMENTAL PROTECTION AGENCY OFFICE OF WASTEWATER MANAGEMENT. Fact sheet—asset management for sewer collection systems [EB/OL]. 2002. https: //www3. epa. gov/npdes/pubs/assetmanagement. Pdf [2019-04-13].

[26] PARK T, KIM H. A data warehouse-based decision support system for sewer infrastructure management[J]. Automation in Construction, 2013, 30: 37-49.

[27] RYU J, PARK K. Planning rehabilitation strategy of sewer asset using fast messy genetic algorithm[C]//9th WCEAM Research Papers, Springer, 2015: 61-71.

[28] 许安结, 蒋华栋, 张伟. 揭秘海外如何建设和管理城市地下管网[J]. 中华建设, 2018(11): 32-35.

[29] BLACK & VEATCH CORPORATION. Sanitary Sewer Overflow Solutions Guidance Manual[R]. Washington DC: American Society of Civil Engineers, 2004.

[30] 吴荣安. 基于 GIS 城市排水管网管理系统设计与实现[D]. 济南: 山东大学, 2015.

[31] TORONTO AND REGION CONSERVATION AUTHORITY. Low Impact Development Stormwater Inspection and Maintenance Guide[R]. 2016.

[32] AUCKLAND REGIONAL COUNCIL. GeoMaps Public[EB/OL].http://geomapspublic.aucklandcouncil.govt.nz/viewer/index.html[2019-04-13].

[33] 李俊奇, 徐享, 杨正, 等. 城市雨水系统维护管理模式及关键问题的思考[J]. 给水排水, 2019, 55(2): 45-52.

[34] Thel-mar Portable Volumetric Weirs[EB/OL]. 2019. http: //www.thel-mar.com/[2019-04-13].

[35] 孙秋菊. 长喉槽水力学实验研究及其 CAD 软件系统开发[D]. 武汉: 武汉水利电力大学, 2000.

[36] 中华人民共和国住房和城乡建设部. 城镇排水管渠与泵站运行、维护及安全技术规程: CJJ 68—2016[S]. 北京: 中国建筑工业出版社, 2016.